藍學堂

學習・奇趣・輕鬆讀

看人類如何探索、衡量，進而戰勝風險

風險之書

彼得・伯恩斯坦——著 張定綺——譯

AGAINST the GODS

The Remarkable Story of Risk

BY

PETER L. BERNSTEIN

專業好評

「伯恩斯坦是我最喜愛的投資哲學家。」

——霍華・馬克斯（Howard Marks），橡樹資本創辦人

「伯恩斯坦藉著對風險史和目前風險表現的精彩了解，帶給我們這本財金界史前無例的佳作。我很留心地說：沒人該錯過這本書。」

——高伯瑞（John Kenneth Galbraith），前美國經濟學會主席、經濟史巨擘

「沒人能寫出如此迷人且趣味盎然的書，其重要性無與倫比。」

——海爾布洛納（Robert Heilbroner），《俗世哲學家》（*The Worldly Philosophers*）作者

「對當代的讀者來說，很難想像敬天畏神的古希臘人，竟然相信『秩序』只有在天上才找得到！他們觀察日月星辰的運轉，律動完美，與人世間的紛亂無序形成強烈的對比，無怪乎他們會認為『風險』是諸神恣意作弄良善人類的把戲，把『命運』託付神諭，不思積極掌控不確定的未來，這即是古希臘人與當代人

的最大不同之處吧！讀罷這本書，你會折服於作者伯恩斯坦豐富的專業學養，當代著名的經濟財金學說，經他一指點，令人茅塞頓開，讀來趣味盎然。」

——蔡明興（富邦金控董事長）

「《風險之書》娓娓道來人類自古希臘以來對於『機率』與『風險』的思想沿革，描繪歷世歷代的賭徒、哲學家、數學家、經濟學家、心理學家與投資人、企業家如何從思辨、實驗、實證和經驗中逐步理解風險，為今日的我們面對創新、投資與風險管理，帶來深刻的啟發。」

——馮勃翰（台灣大學經濟系副教授）

「有愈來愈多博學之士能夠清楚地傳遞高深的知識：演化生物學的古爾德（Stephen Jay Gould）、腦神經科學的薩克斯（Oliver Sacks）、遺傳學的道金斯（Richard Dawkins）、物理學的葛雷易克（James Gleick）、經濟學的克魯曼（Paul Krugman）。伯恩斯坦將與這些人比肩。」

——《澳洲人報》

「令人著迷……這本具挑戰性的書會幫助您了解每個投資者都得面對的不確定性。」

——《錢》

「一本針對機率撰寫，充滿野心、可讀性又趣味盎然的入門書，伯恩斯坦把人們從迷信與宿命論的桎梏框架中解放出來。」

——《紐約時報》

「一本非常有娛樂性，又能增廣見聞的書。」

——《華爾街日報》

「《風險之書》對風險建構了一個深具野心的論述，並確實寫出來。」

——美國《商業週刊》

「本書應該、也一定會被廣泛閱讀。」

——《經濟學人》

推薦序　認識過去才能準備未來

財報狗

我太喜歡這本書了，在閱讀的過程中，不斷地將喜歡的段落拍照發限時動態，一位朋友看到後說：「這本書的口吻很像哈拉瑞的《人類大歷史》。」啊，沒錯，很像。正是這種歷史學家的筆法，《風險之書》探討人類在各種不同時期對於風險的觀點，彷彿我們就在旁見證著人類歷史的發展，從人類的混沌時期，一路發展到今日，有一種掌握世間規律的感覺。我們為什麼讀歷史？透過宏觀的角度，快速體驗一遍思想的演進，這不只讓我們更了解當代思想的觀念，也讓我們更珍惜它。透過閱讀這本書，你可以在三個地方得到收穫。第一個就是本書的主軸：風險的歷史。

透過這本書，你可以看到人類試圖掌控命運的過程。正如作者所說，「想要達到與眾不同的成就，必須能掌握風險概念。是什麼讓人類文明大幅成長？正是因為人類開始能夠計算、選擇要承受的風險，懂得自己掌握自己的命運，我們才能在各個領域產生突破性的進步。」在這本書，你可以看到人類為了回答一系列跟賭博、機率有關的問題，一代代撥開層層迷霧，努力掌握風險的精髓。有趣的是，在這過程中，你也會看到人類學習新知的過程中的心態轉變。從一無所知時，將未來全部寄託於外在，到開始有點知識，認為自己可以主宰一切，再到發現自己所知如此之少，有太多是我們不知道的事，轉而以更謙虛的心態承認不確定性的存在。

第二個收穫是對那些我們都聽過、但不熟悉的概念，多一份熟悉感，從每個人都知道的平均數、變異數，到比較專業的虛無假設、貝氏理論、均值回歸。藉由每個觀念的起源背景，了解他們想要解決的問題，我們會對這些概念多一份掌握，知道什麼時候要用，它們又有哪些限制、哪些前提要注意。

這太抽象嗎？舉例來說，賭骰子應該怎麼下注？保險要怎麼決定價格？投資組合要怎麼配置？這些事情在事前都有不確定性，你不會知道結果是好是壞。然而透過機率的運算和風險控制，你可以選擇一個對你最可能有利的作法。透過掌握風險的概念，很多事情不再只是純粹靠運氣的賭博，我們在其中探索各種機率，試圖掌握各種可能的結果，然後承擔我們願意承擔的風險。

第三個收穫，則是從風險的歷史，學習到知識如何傳承和演進。在這本書，每一階段知識的進步，幾乎都包含了三個要素：過去知識的積累、當下時代的問題，以及互相討論的夥伴。每個看起來突破性的思想，都是這群人看到過去知識的不足之處後，彼此討論進而誕生出來的新產物。

知識是不斷前進的，永遠都有新的東西等待我們挖掘。但挖掘之前，你要先對過去有更充分的認識，而這本書，能幫助你做好準備。

（本文作者為台灣最大的基本面資訊平台與社群）

推薦序　面對風險的正確態度

綠角

如何處理風險？這是現代人隨時都在面對的問題。從個人的職業生涯能否持續到意外身故的處理、從金融市場投資到出遊會不會遇到壞天氣。問題或大或小，都和風險相關。

現代人似乎也已經有理性的方法去處理未知的風險。天氣，有氣象局統整歷史經驗與目前狀況，為我們做預測。過早身故的風險，我們可以尋求保單的保障。金融投資，我們知道股票造成短期嚴重虧損的風險就是比債券大。

但這種現代化的風險對應方法，並不是人類天生具有的觀念。作者帶我們回到千年前的過去，描述當時，毫無風險量化概念的人們，是過著怎樣的生活。作者描繪生動，讓讀者體會到古人在沒有風險機率的概念下，認為一切發生的事就是神的旨意，只能逆來順受的態度。

源自印度的阿拉伯數字流傳到歐洲，開啟了可以用筆運算的時代，釋放了數字運算的種種可能。文藝復興與實驗求真的態度，讓人們開始檢視賭局與人類活動中的規律性。

從熱中賭局的卡達諾醫師，到首度統整大都市居民出生與死亡率的葛朗特，他們就是人類挑戰風險的先鋒。

掌握一整群人的死亡率，開創了保險的可能。一個可依賴的可能性數字，加上集結眾人之力，合資形成的保險資金，給予人類對抗個人不幸的工具。當一個人過早去世時，他的家人可以從保險給付中得到未來安定生活的所需資金。人們，不再任自然之力擺布。

對金融市場歷史報酬的系統性分析，歷代學者對於風險與報酬關係的探討，讓當代投資人不僅知道各風險資產的屬性，也促成了投資組合理論與各種避險操作方式的興起。

想要以數字衡量風險，從文藝復興時代開始，部分反應的就是人們不再想被未知的未來隨意擺布的心理。人，想掌握未來。

這個理性的態度，在投資、保險、商業、公共政策制定等許多面向得到很好的應用。但這種可以量化，可以衡量風險的態度，有時卻遭到濫用。

最知名的例子當屬LTCM——長期資本管理公司。這個由數位諾貝爾經濟學獎得主合力主持的避險基金，自以為已經算盡了風險數字，只要靠他們發展出的交易模式，就能保證賺錢。

頭幾年的確如此。直到市場發生了過去歷史從未有過的事情的那一天。一般認為，以本國貨幣計價的公債不會違約。因為國家可以印行鈔票。但一九九八年俄羅斯盧布計價公債違約，拉高了整體市場對風險資產的危機感。投資人紛紛逃離風險資產，尋求安全資產的保護。

持有大量風險資產，同時放空安全資產的LTCM產生嚴重虧損。不僅自身面臨倒閉，牽涉之廣，甚至需要官方出面協調救援。

從任風險擺布，到試著掌握風險、到得到一些成就，到誤以為自己已能掌握未來。

人類從在風險底下委屈求生的物種，演變到野心成為掌握未來發展的新一代天神。

事實證明，對風險過度精密與數量化的分析，有時反而會讓人們忘記什麼叫風險。

風險就是——永遠有機會發生意想不到的事。

《風險之書》，讓讀者看到人類與風險對抗的歷史，也知道面對風險，仍需保有敬畏之心。

（本文作者為綠角財經筆記部落格格主、財經作家）

目次

專業好評 002
推薦序 認識過去才能準備未來 財報狗 005
推薦序 面對風險的正確態度 綠角 007
導　言 普羅米修斯的追尋之旅 013

【第1部】1200年——跟老天開玩笑
第1章 風的崇拜——希臘人敬天畏神 022
第2章 就是這麼容易的Ⅰ、Ⅱ、Ⅲ 034

【第2部】1200年至1700年——輸贏一念間
第3章 賭徒卡達諾 050
第4章 法國大師的時代 067
第5章 鈕釦商人葛朗特 082

【第3部】1700年至1900年——賭徒的理性抉擇
第6章 賭性難移 108
第7章 追尋確定性——精算學始祖普萊斯 124
第8章 至高無上的非理性——股市隨機漫步現象 143

第9章　腦袋不靈光的高爾頓　160
第10章　股市是否反應過度？　178
第11章　創造幸福人生　192

第4部　1900年至1960年——衝破蒙昧

第12章　度量人類的無知　200
第13章　你的決策可以改變世界　217
第14章　遊戲人間的馮・紐曼　232
第15章　有價證券投資風險　249

第5部　信心度——探索不確定的未來

第16章　世無常數　270
第17章　理論警察　284
第18章　衍生性金融商品趕搭發財列車　304
第19章　等待紊亂　328

致　謝　337
參考書目　341

—導言—

普羅米修斯的追尋之旅

過去數千年的歷史跟所謂的「現代」，最大不同點在哪裡？這問題遠非科學昌明、科技進步、資本主義與民主制度勃興所能解答。

久遠的古代也有很多傑出的科學家、數學家、發明家、工程師與政治哲學家。早在基督誕生前好幾百年，人類就已繪製出天文星圖，建立亞歷山大圖書館，講授歐幾里得幾何學；戰爭科技的創新發明供不應求，亦與今日無異。人類利用煤、石油、鐵、銅已數千年，遊記和口述史料則記錄了人類文明的發端。

區隔現代與古代的革命性概念，在於人想支配風險：未來從此不再被神祇擺布，凡人面對大自然不再處於被動。人類跨越這道鴻溝之前，未來只不過是過去的鏡子，是神諭和占卜家壟斷的一片混沌。

本書要說一群思想家的故事，他們非凡的眼界教我們如何運用未來改善現在。他們教世人了解風險的內幕，以及如何評估、衡量個中得失，把冒險變成帶動西方社會踏入現代的催化力量。他們就像漠視眾神禁令的普羅米修斯（Prometheus），深入幽冥，尋找光明把未來從敵人變成契機。他們的成就改變了管理風險的態度，將人類好賭的天性化為經濟成長、生活水準提高、科技發展的能量。

釐清冒險的程序，科學與企業才能進入講求速度與力量、即時通訊、成熟金融體制的現代世界。思想家所發現的風險本質、「選擇」的技巧與學說，則是今日世界各國亟於加入的現代市場經濟的核心。自由經濟縱有萬般缺失，但它以「選擇」為中心的理念，也提供人類前所未有的機會，可以恣意追求生命中的美好。

分辨未來可能發生什麼事，從種種可能性當中做選擇的能力，在現代社會中處處可見。風險管理在決策上的應用非常廣泛，從財富分配到保障公共衛生，從與敵國作戰到實施家庭計畫，從支付保險費到行車扣安全帶，從種玉米到行銷爆玉米花。

舊時代的農耕、生產、商業管理、通訊工具都非常簡單，損壞更是家常便飯，但也不需要找水電工、電腦工程師——甚或會計師、投資顧問——就能解決。一個零件故障，幾乎不可能對其他零件產生直接的影響。然而到了今天，我們所使用的工具變得非常複雜，小毛病可能導致大災難，後果不堪設想，所以必須看牢每一處故障與錯誤。若不熟悉「機率理論」以及其他風險管理的工具，工程師就無法設計跨越寬闊河面的大橋，住家取暖就還得靠壁爐，電力事業會不復存在；我們的子女就還會受小兒麻痺摧殘，天上也不會有飛機，太空旅行就只是夢想❶。若非存在各式各樣的保險提供保障，家庭經濟支柱突遇凶厄，家中幼童就只好挨餓或靠救濟為生，也讓更多人得不到醫療照護，就只有最富裕的人買得起房子。如果農人不能按照收穫前議定的價格出售作物，他們生產的糧食就會遠比現在少得多。

要不是有流動資金市場幫助儲蓄戶分散風險，要是只准許投資人持有一種股票（早期資本主義就是如此），我們這時代最富創意的大企業——例如微軟、默克（Merck）、杜邦、美鋁（Alcoa）、波音、麥當勞——就可能根本不會出現。管理風險的能力，以及隨之而來的從事冒險、前瞻決策的意願，都是推動經濟體系不斷發展的要素。

帕契歐里難題

現代風險觀念的基礎，建立在七、八百年前傳到西方的印度—阿拉伯數字系統之上。但真正的風險研究卻晚至文藝復興時期才開始：那是個擺脫舊體制，公開向存續已久的信念挑戰的時代；是個即將展開地理大發現、大規模開採自然資源的時代；是個宗教動亂、資本主義萌芽、對科學與未來充滿好奇的時代。

一六五四年，文藝復興正值巔峰，稟性好賭又喜歡數學的法國貴族德米爾（Chevalier de Méré）用一道難題向著名的法國數學家巴斯卡（Blaise Pascal）挑戰。題目是：

一個半途中斷的賭局，有兩個玩家，其中一人已經領先，應如何分配賭注？

這個令數學家頭痛不已的難題是兩百年前，由僧人帕契歐里（Luca Paccioli）提出：他讓同時代的商業管理者認識「複式簿記」（double-entry bookkeeping）❷，還教過達文西（Leonardo da Vinci）九九乘法表。巴斯卡向律師出身、同時也精通數學的費瑪（Pierre de Fermat）求助。他們聯手創造機率理論，風險觀念的數學核心就從十七世紀這場乍看無甚意義的猜謎鬥智中誕生。

「帕契歐里難題」（Paccioli's puzzle）獲得解答，代表人類頭一次可以借數字之助，預測未來，做出決

---

❶ 開發土星五號火箭的阿圖爾．魯道夫（Arthur Rudolph）曾啟動阿波羅任務，首度登上月球，他這樣說：「你要一個不洩氣的閥門，會盡可能開發出來；但現實世界給你的是會洩氣的閥門。你必須確定可以容忍洩多少氣。」（阿圖爾．魯道夫的訃文〔Obituary of Arthur Rudolph〕，*The New York Times*, January 3, 1996）。

❷ 有借必有貸，有貸必有借，借貸必相等。

策。中世紀和古代，甚至在文字出現前的時代，人類就一直在做決策，巴望賺到更多好處，生意更興隆，但他們並不了解風險或**決策的本質**。如今我們不需要像古人那麼依賴迷信或傳統，並不是因為現代人變得更理性，而是因為認識風險之後，我們可以做更理性的抉擇。

巴斯卡與費瑪深入機率的世界，完成重大突破的當下，社會也正面臨一波接一波創新、探索的重大衝擊。一六五四年，世人已公認地球是個圓球，陸續發現遼闊的新疆域，火藥把中世紀的城堡炸為齏粉，活版印刷術不再令人覺得新鮮，畫家對透視法的使用已相當熟練，財富湧入歐洲，阿姆斯特丹股票交易所的業務蒸蒸日上。再早幾年，一六三〇年代曾爆發有名的荷蘭鬱金香球莖選擇權大崩盤：這種選擇權已相當成熟，具備今日衍生性金融商品的所有基本特徵。

凡此種種影響廣泛的發展，都使神祕主義只能靠邊站。馬丁·路德（Martin Luther）已完成宗教改革，宗教繪畫中的「三位一體」（Holy Trinity）❸與聖徒，頭上都少了光圈。哈維（William Harvey）發現血液循環，推翻了傳統醫學理論，而林布蘭（Rembrandt）的名作《杜爾博士的解剖課》（*The Anatomy Lesson of Dr. Tulp*），以一具冰冷、蒼白的赤裸屍首為主角。在這樣的氛圍裡，即使德米爾不找巴斯卡麻煩，也早晚會有人建立機率理論。

隨著時間流轉，數學家把機率理論從賭徒的玩具變成了組織、闡釋、應用資訊的利器。創新的觀念層出不窮，風險管理的量化技巧問世，更決定了現代社會的發展速度。

一七二五年，數學家競相建立一套預期壽命表，英國政府則因販賣養老年金而大發利市。十八世紀中葉，倫敦的海上保險業已發展成熟，生意興隆。

一七〇三年，萊布尼茲（Gottfried von Leibniz）對瑞士科學家兼數學家伯努利（Jacob Bernoulli）說：「自然界一再發生的事件，會遵循特定的模式，但並非每件事都符合，只有大部分會如此。」伯努利據此發明了「大數法則」（Law of Large Numbers）以及統計抽樣的方法。現代民意調查、專業品酒、選擇股票、新藥測試等活動，都以此為藍本❹。萊布尼茲的警告：「只有大部分會如此」意義深遠，超乎他想像之外。這句話事實上就是風險觀念的關鍵：沒有這個前提，世上所有的事都無法預測，而如果世界上每件事都跟過去發生的事完全相同，世間就永遠不會有改變。

一七三〇年，棣美弗（Abraham de Moivre）提出「常態分配」（normal distribution）——亦稱為鐘形曲線（bell curve）——並提出「標準差」（standard deviation）的觀念。這兩項通稱為「平均律」（Law of Averages）的觀念，是量化風險的現代技巧的基本元素。八年後，丹尼爾．伯努利（Daniel Bernoulli，伯努利之姪，也是一位知名的數學家）首先解釋了常人做選擇與決策的系統化過程。更重要的是，他提出一個觀念，認為因財富少量增加而帶來的滿足感，「跟原先擁有的財貨數量成反比」。丹尼爾．伯努利根據這觀念說明了，神話中點石成金的邁達斯（Midas）國王為什麼不快樂，一般人又為什麼會排斥風險，商店試圖說服顧客多買時為什麼必須打折。此後的兩百五十年內，丹尼爾．伯努利的觀念主宰了理性行為的模式，並為現代投資管理原則打下基礎。

巴斯卡與費瑪合作後，幾乎正好過了一百年，英國牧師貝葉斯（Thomas Bayes）示範了以數學方法，把新資訊溶入舊資訊中，以做出更有根據的決定，使統計學往前邁進一大步。貝氏理論的重心在於，一般人對於某些事件的機率有非常可靠的直覺判斷，他希望了解如何能隨著實際狀況的發展，調整這些判斷。

---

❸ 即聖父、聖子及聖靈。

❹ 第七章詳述伯努利的成就。本質而言，大數法則是指隨著樣本觀察數量的增加，樣本的觀察值與其實際值之間的差異將減小。

所有我們今天用於管理風險、分析決策與選擇的工具，從「賽局理論」的合理化乃至對「混沌理論」的挑戰，都源自一六五四年到一七六〇年的一連串發展，只有兩個例外。

一八七五年，達爾文（Charles Darwin）的表兄業餘數學家高爾頓（Francis Galton），發現「趨均數迴歸」（regression to the mean），說明了為什麼驕兵必敗，為什麼人處逆境中不該放棄希望。所有基於事態會恢復「正常」的預期而做出來的決定，都是均值回歸的應用。

一九五二年，諾貝爾獎得主馬科維茨（Harry Markowitz）還在芝加哥大學研究所攻讀「作業研究」時，就以數學方法證明，把所有雞蛋放在同一個籃子裡，風險過高，而分散投資卻是最接近享用免費午餐（free lunch）的一種策略，值得投資人與企業經理人使用。他這個發現在知識界掀起狂瀾，使華爾街以及全球各地的企業，財務管理和決策方法整個改觀；它的影響直到今天仍餘波蕩漾。

是科學還是藝術

有人認為，最好的決策應以量化與數字為基準，並且要以過去的模式為依據，但也有人基於自身對不確定未來、較主觀的信念做成決策。我接下來要說的故事，從頭到尾可見這兩種人對峙的緊張局面。兩者之間的矛盾，自古以來都沒能夠解決。

問題的癥結在於，當事人認為，有多少程度的未來是決定於過去？我們無法量化未來，因為它是個未知數。我們只能用數字分析過去發生的事，但我們在判斷未來時，可以依賴過去到什麼程度呢？在面對風險時，眼見的事實與我們對隱藏在時間的空隙中的某種東西的主觀信念，何者較為重要呢？風險管理究竟是一種科學，還是一種藝術？我們是否能精確的知道兩者的界線在哪裡？

建立一套彷彿能解釋一切的數學模式是一回事，但當我們與日常生活搏鬥，面臨不斷的試煉與錯誤，事實的曖昧難明與人類心思的複雜，很快就會把這套模式磨損於無形。現代財務理論的開路先鋒、已逝的費雪．布萊克（Fischer Black），從麻省理工學院轉戰華爾街時曾說：「在哈德遜河畔的銀行裡體驗到的市場效率，比在查爾斯河畔的麻省理工學院觀察到的遜色多了。」

觀察過去經驗而做出量化結論，與依賴主觀信念之間存在著衝突，這項衝突會逐漸產生更深層的意義。以數學為最高原則的現代風險管理機制，含有一種消滅人性自取滅亡的科技因子。諾貝爾獎得主阿羅（Kenneth Arrow, 1921-2017）曾警告：「吾人關於社會或自然界事物運作方式的知識，仍遍布重重疑難。自以為是只會造成嚴重的後遺症。」擺脫歷史羈縛的過程中，我們可能變成新宗教的奴隸，新信條可能跟舊信條一樣的無情、局限、專斷。

生活中到處是數字，我們有時會忘記數字只是工具。電腦沒有靈魂；電腦會變成盲目崇拜的目標。我們很多最重要的決定取決於電腦，電腦像一頭貪婪的怪獸，大口吞噬數字，不斷從愈來愈龐大的數字中，攫取養分、消化、再吐回來。

一部風險史

要分辨今天處理風險的方法究屬有益或有害，我們必須從頭了解它整個的歷史。我們必須知道為什麼從前的人企圖（或不企圖）馴服風險，他們如何面對這件工作，從他們的經驗中產生什麼樣的思維與表達方式，他們的所作所為如何與其他大大小小事件產生互動，從而改變文化的軌跡。這樣的觀照會讓我們對當下的立足點，以及未來的發展方向，有更深一層的了解。

本書後續的內容裡，我們會經常談到機率的賽局，它的應用範圍可能遠超過輪盤賭博。很多最先進的風險管理與決策的觀念，都從分析最幼稚的遊戲開始。我們不須親自下場賭錢，甚至不需要投資，就能理解賭博與投資中揭示的風險。

骰子與輪盤，股票市場與債券市場，都是研究風險的天然實驗室，因為它們隨時都在量化；它們的語言就是數字的語言。這些事物也在相當程度上，向我們揭示我們某一方面的自我。當我們屏住呼吸，目不轉睛看著在轉動的輪盤上跳動的小白球，當我們通知營業員買進或賣出股票，我們的心都在隨著數字起舞。所有依賴機率的重要結果也都是如此。

「風險」（risk）這個字，是義大利文中的「膽敢」（risicare）。在此意義上，風險是一種選擇，跟命運無關。一個人膽敢採取什麼樣的行動，取決於他有多大的選擇自由，而整部風險史談的也就是這一類型的選擇。更有甚者，這樣一部歷史也可以幫助我們界定，做為一個「人」，有什麼意義。

第1部　1200年

跟老天開玩笑

第1章
風的崇拜——希臘人敬天畏神

為什麼操縱風險是現代獨有的觀念？為什麼人類等了好幾千年，直到文藝復興時期才設法打破評估與控制風險的種種障礙？這些問題不易回答，但有一些線索。

從有歷史以來，賭博——冒險行為的本質——一直是廣受歡迎的休閒活動，很多人甚至耽溺上癮。巴斯卡和費瑪破天荒的進入機率的新領域，也是靠賭博遊戲引領，而與資本主義的本質等深奧道理無關。但直到那一刻，所有下注賭博的人都不曾使用如今用來定輸贏的機率系統。大家的冒險行為一律率性為之，完全不受風險管理的理論約束。

人類會對賭博著迷，是因為它讓我們跟命運當面抗衡。我們投身這種令人膽寒的戰鬥，只因自以為有個強大有力的盟友：幸運女神會站在我們這邊，勝算握在我們手中。對人性有獨到研究的亞當．斯密（Adam Smith）把這種動機定義成：「多數人對自己的能力太有把握，以及他們對自己運氣的荒謬信心。」雖然斯密深知人類的冒險傾向有助於經濟發展，但他也擔心，一旦這種傾向失控，社會將未蒙其利，先受其害。所以他慎重的運用道德，制衡自由市場的利益。一百六十年後，傑出的經濟學家凱因斯（John Maynard Keynes）讚許斯密的觀點，並說：「一個國家的資本發展成為賭博活動的副產品時，工作品質就一落千丈。」

但如果每個人都謙沖自抑，不相信運氣，這世界就太單調乏味了。凱因斯說：「如果冒險對人類沒有誘惑力……所謂投資就無非是冷冰冰的謀略。」沒有人預期冒險會失敗。蘇聯試圖透過政府命令與規畫消滅一切不確定，結果是社會與經濟的發展遭到扼殺。

處處是賭局

賭博已讓人流連好幾千年。從社會底層到備受敬重的上流社會，任何地方都有賭局存在。

耶穌被釘上十字架前，彼拉多（Pontius Pilate）手下的士兵抽籤決定誰取得他的袍子；羅馬大帝奧勒利烏斯（Marcus Aurelius）會固定召見他的私人賭場總管。三明治伯爵（The Earl of Sandwich）只因為不願在賭博中途下桌用餐，發明了如今流行全球的三明治，留名千古。華盛頓（George Washington）在獨立戰爭期間，也在自己的帳棚裡聚賭做莊。賭博是美國西部拓荒的同義詞，百老匯輕歌劇《紅男綠女》（*Guys and Dolls*）講的就是一名賭性堅強的賭徒和他起起落落的骰子戲。

連法老王都會作弊

最早的賭博使用距骨（astragalus）❶或關節骨做的骰子。今天骰子的始祖則是取自羊或鹿腳踝的一塊方形骨頭，這種骨頭沒有骨髓，硬得幾乎沒什麼東西能敲碎它。世界各地的考古遺址都發現距骨骰子。西元前三千五百年的古埃及墓室壁畫裡就有丟距骨的場景，希臘花瓶上也有青年男子把骨頭扔進一個圓圈的畫

❶ 編按：高等脊椎動物的跗骨的近側骨之一。

面。雖然埃及懲罰嗜賭成性的人，是逼他們打磨建築金字塔用的石塊，但考古遺跡顯示，連法老王都會在骰子上作弊。美國發明的骰子（Craps），源自十字軍（Crusades）帶進歐洲的數種骰子遊戲。這些遊戲通稱為「哈札」（hazard），有孤注一擲之意，而阿拉伯文的「骰子」就叫作「阿札」（al zahr），是這個字的字源。

紙牌最早在亞洲是做為算命的道具，自從印刷術發明後才開始在歐洲流行。最早的紙牌很大，呈正方形，圖形各不相同，四角也沒有點數顯示。人頭牌（court card，紙牌中的King、Queen和Jack）只印一個頭，而非現在的兩個頭，所以玩家必須從下半身判斷他們的身分——翻轉紙牌，人家就知道你有人頭牌了。尖尖的四角很容易作弊，玩者只要把牌角略折彎，就可辨識下一張會是什麼牌。雙頭人頭牌和圓角切割的紙牌要到十九世紀才開始使用。

只有一百五十年歷史的撲克牌戲，跟Craps一樣，是在美國根據舊有賭博形式加以改良而成。海雅諾（David Hayano）說，撲克牌集「謀略與欺騙之大成，自有看不見的嚴謹結構……玩牌比光看，過癮得多。」他估計，約有四千萬美國人會定時打撲克牌，每個玩家都自以為比對手機警。

近年美國的賭場如雨後春筍，在原本保守沉穩的各地社區中滋生，最容易上癮的賭博方式似乎就是賭場裡那些純靠機率的遊戲。一九九五年九月二十五日《紐約時報》（*The New York Times*）有篇發自愛荷華州戴文波特（Davenport）的文章，聲稱賭博是美國發展最快速的工業，規模達四百億美元，招徠顧客的魅力超過棒球場與電影院。這篇文章引用伊利諾大學一位教授的估計，認為州政府每從賭場收取一美元，就要在社會福利與執法系統多投入三美元——亞當·斯密似乎老早就看到這種結果。

以愛荷華州為例，這個州直到一九八五年才發行獎券，到一九九五年，州內有十家大型賭場。該篇報導還說，十個愛荷華人有九個承認賭博，五·四%的人有賭博成癮的問題，早個五年，這種人還不過一·

七％。最匪夷所思的是，愛荷華州在一九七〇年代曾以經營賓果遊戲的罪名判決一位天主教神父入獄。可見形式最純粹的「阿札」仍與我們同在。

機運與技巧

賭博遊戲可分兩種，一種純靠機運，另一種連賭技也構成決定輸贏的因素。輪盤、骰子、吃角子老虎屬於純靠運氣的賭博，撲克、賭馬、雙陸棋（Backgammon）則除了運氣，還得靠技巧。靠運氣的賭局，只需知道勝算的機率，但是當賭局中運氣與技巧並重時，想做出正確的選擇，就需要更多的資訊才能判斷誰輸誰贏。玩紙牌和賭馬出了不少專業賭棍，但從未聽說有人以丟骰子為終身事業而成功的。

觀察家認為，股票市場比賭場好不到哪兒去——股市決勝究竟是純粹的運氣，或也有需要技巧的成分，我們留在第十二章再談。

賭博有所謂的手氣，贏或輸都會持續一段時間。賭徒處理手氣的態度很不理性，輸錢的時候，他們訴諸平均律，禱告手氣快點轉好；贏錢的時候，他們卻希望打破平均律，祈求手氣永遠不變壞。但是，平均律並不聽人禱告。前一把骰子擲出的結果，對下一把毫無影響可言。紙牌、銅板、骰子、輪盤都沒有記性。

賭徒或許以為他們賭的是「紅」、「七」、「四色」，但**事實上他們賭的是時間**。輸家把長久想成短暫，以為手氣馬上會轉向，贏家把短暫想成長久，以為好運會一直持續。遠離賭桌的保險公司經理，也以同樣的方式處理他們的業務。他們制定的保險費率是用以支應很久以後才會發生的賠償。但萬一地震、火災、颶風同時出現，保險公司短時間內就要負擔可觀的理賠金，日子可就難過了。保險公司跟賭徒不同之處在於，公司有資本，並保留一筆準備金來因應周而復始的厄運週期。

時間決定賭局勝負

時間是賭局的決定性因素。因為每個明天都隱藏著風險，風險與時間猶如銅板的兩面。時間會改變風險，風險的本質決定於時間的長短：以未來為競技場。

當一個決定無法逆轉時，時間的影響力就愈發強大。但很多無法逆轉的決定都被迫在資訊不足的情況下完成。從選擇坐捷運或搭計程車，或是到巴西建汽車工廠、換工作、宣戰，在在都充滿了不可逆的因素。

今天買一種股票，明天就可以賣掉。但是，當輪盤賭局的莊家喊出：「停止下注！」或在牌桌上把賭注加倍，就沒有回頭的機會。我們是否該暫停動作，懷著希望等待光陰的流逝，好使運氣與機率站到我們這一邊？

哈姆雷特抱怨說，面臨不確定時，不能太過遲疑，因為它會讓「果決的本色攙雜思慮的蒼白，染上病容……講究氣勢與時機的冒險，不能付諸行動」。可一旦有所行動，我們就放棄了等候新資訊的權利。結局愈是難測，拖延愈有價值。哈姆雷特弄錯了，遲疑的人只是在到家的半路罷了。

希臘人對風的崇拜

希臘神話在談論世界創造之始，是用一場大規模的骰子遊戲來解釋如今科學家稱之為「大爆炸」（Big Bang）的理論。有三個兄弟為了分配宇宙統治權而丟骰子，宙斯贏得天堂，波塞頓贏得海洋，最大輸家黑帝斯只落得掌管地獄幽冥。

希臘人對賭博非常狂熱，又精通數學、邏輯，凡事要求佐證，由此看來，他們跟機率理論真是天造地設的一對。但儘管他們擁有古代最高的文明，卻從未涉足這個迷人的領域。這點很令人意外，因為有史可稽的文明當中，唯有希臘文明未受到壟斷與神祕力量溝通的祭師階級統治。如果機率理論無需留待一、兩千年後，藉號稱希臘智慧直系後裔的文藝復興人群播種萌芽，文明前進的腳步或許能加快。

希臘人雖重視理論，卻沒有興趣將理論應用於任何足以使他們有能力掌管未來的科技。阿基米德（Archimedes）發明槓桿原理時，聲稱只要找到適當的立足點，連地球都能搬動，但他顯然並不是真的想移山填海。希臘人的日常生活和他們的生活水準，歷時數千年都沒有什麼改變。他們漁獵耕作、生兒育女，包括建築都沿襲早在兩河流域及埃及發展完善的技術。

風的崇拜是他們唯一感興趣的風險管理形式：他們的詩人與戲劇家一再歌詠對風的依賴，為了鎮壓狂風不惜獻上心愛的子女當祭品。更重要的是，希臘人缺少數字系統，所以只能記錄活動的結果，卻無法先做**計算**（calculate）。

我沒說希臘人不曾思考過機率的性質。古希臘字εικος（eikos）意味著「有某種程度的確定性，所以值得期待」，其意義與現代機率觀念相同。蘇格拉底（Socrates）把這個字定義為「似真理」。

似真理不等於真理

蘇格拉底的定義透露一個微妙而極其重要的訊息。**似真理不等於真理**。希臘人所謂的真理，必須能透過邏輯與公理（axiom）予以證明。他們對證據的堅持，使真理與經驗論的實驗恰成對比。例如《理想國》（*The Republic*）的〈費多篇〉（Phaedo）中，希米亞斯（Simmias）對蘇格拉底指出：「靈魂和諧的觀念完全沒有經過證實，只是似真理。」亞里斯多德（Aristotle）抱怨說，哲學家「儘管說得合情合理，卻絕口不提真相」。與蘇格拉底說的「談論幾何學似真理的數學家一文不值」，不謀而合。往後一千年內，**思考**賭博遊戲和實際去**玩**還是截然不同的兩種活動。

以色列歷史家兼科學哲學家桑波斯基（Shmuel Sambursky），提出我所僅見、唯一能令人信服的、有關於希臘人為何沒有朝量化分析機率這方面發展的解釋。他在一九五六年發表的論文中指出，希臘人把真理與機率區分得太過分明，以致無法從日常存在的混亂本質中，找到真正的結構或和諧。儘管亞里斯多德提出，人類做決定應以「有目標的欲望和推理」為基礎，卻沒有就如何實踐這一點提供指引。希臘戲劇敘述一則又一則人類陷於無視人性的命運掌握的故事。希臘人要預測明天會發生什麼事時，只會求神諭（oracle），卻不會找最聰明的哲學家解惑。

希臘人相信只有在天上才找得到「秩序」，星宿以無與倫比的規律性，固定出現在特定的位置。希臘人對天行健有深刻的敬意，他們的數學家全心投入天文方面的研究，日月星辰的完美運轉適足以烘托人間的紛亂無序。更有甚者，蒼穹的軌跡井然跟高高在上的眾神的善變、愚蠢，也形成強烈的對比。

猶太教的法典《塔木德經》（*Talmud*）哲學家或許更有量化風險的傾向，但他們還是沒能發展出管理風險的方法。桑波斯基引用《塔木德經》中的一段為證，其中哲學家解釋說，雖然妻子通姦構成離婚的理由，但如果丈夫聲稱姦情存在於婚前，就不能成立。

法典指出：「案中有雙重疑點。」如果能證明（不論以何種方法）新娘在新婚之夜已非處子之身，一方面我們無法知道新郎是否就是該負責的那個男人，「是他幹的……或不是他幹的？」另一方面，採花折蕊的男子「是使用暴力，或得到她同意？」每一重疑點的兩面都各占一半。哲學家根據相當高明的統計學觀念，做出結論：該名婦人只有四分之一（1/2×1/2）的機率在婚前與人通姦，所以丈夫不能以此為藉口跟她離婚。

靠直覺決定未來

或許有人會假設，發明距骨做的骰子跟發明機率原理，都只是歷史的巧合。希臘人跟《塔木德經》學者，距離巴斯卡與費瑪千百年後完成的分析，不過一線之隔，只要再進一步，就能跨越鴻溝。但這小小的一步未能踏出，完全不是意外。在社會有能力把風險觀念融入文化之前，對未來的看法不可能改變。

直到文藝復興時代，一般人還把未來當作運氣或隨機變化的結果，所以他們多半靠直覺做決定。生活條件與大自然關係十分密切之際，人類的控制力很小，也因求生需求而被局限在生兒育女、耕作、打獵、捕魚、尋覓蔽身之所等基本活動之內，所以很難察覺自己能改變決策的後果。除非未來不再只是個黑洞，否則省一文不見得就是賺一文。

這麼多世紀以來，至少到十字軍東征為止，大多數人的日常生活都一本常規，沒什麼意外。社會結構穩定，一般小民從不把偶發的戰爭或統治者的更替放在心上。天氣是最大的變數，埃及學家法蘭克福（Henri Frankfort）曾說：「過去與未來都包含在現在之中，所以無需在意。」

數個世紀以來，雖然這種態度沒變，文明卻有長足的進步。顯然缺少現代風險觀念也無所謂。同時亦可見，文明進步本身也不構成拓展科學預卜能力的誘因。

阿拉伯人善用數字

基督教傳遍西方，唯一真神的旨意取代人類自古以來膜拜的各種神祇，並成為引領人類未來的明燈。這件事也造成觀念上的一大改變：地上生命的未來仍是一大神祕，但現在接受某一股力量的指揮，只要花時間學習，就可以清楚的了解這股力量的企圖與標準。

因為思考未來是一種道德與信心的表現，雖然人類還是無法用數學解讀未來，但至少不像過去那麼難以理解。早期的基督徒雖然也熱切的禱告上帝照他們的心願影響現世的局勢，不過他們只敢對死後的世界做預言。

改善俗世生活的追尋仍在繼續。西元一〇〇〇年，基督徒已能航海到遠方，同時遇見新的人種與新的觀念。到了十字軍東征，西方勢力接觸到穆罕默德（Mohammed）興建的阿拉伯帝國，並繼續向東擴展到印度。阿拉伯人知識水平遙遙領先，不料卻被這群對未來滿懷信心的基督徒闖入者，逐出他們的聖地。

阿拉伯人因入侵印度而熟知印度的數字系統，得以把東方的智慧融入自己的學術研究與科學實驗。結果先是阿拉伯人，接著整個西方世界，都受到重大影響❷。

印度數字到了阿拉伯人手中，成為數學，以及計算天文、航海、商業的工具。新的計算方式取代了從南美洲的馬雅族、橫跨歐洲、直到印度與遠東、數百年來獨一無二的算術工具——算盤。英文中，算盤（abacus）一字，源自希臘字abax，原意是沙盤，一排排小卵石排在盤中的沙上。而計算（calculate）一字，源自拉丁字calculus，原意是小卵石。

往後五百年，新的數字系統取代簡單的算盤，書寫取代了可增減的計數籌碼。用筆計算助長抽象思考，開啟了嶄新的數學領域。從此以後，海上航行可以走得更遠，計時更精確，建築更宏偉，生產方式更複雜。如果我們還用I、V、X、L、C、D、M，或希臘字母或希伯來字母計數，現代世界就不會是今天這副面貌。

文藝復興與宗教改革是轉捩點

但即使有了阿拉伯數字，歐洲人也還沒有想到發展有系統的機率，也還沒有企圖預測未來，甚至進而在某種程度上加以控制。這方面的進步必須等他們覺悟人不一定要做命運的獵物，塵世的命運也不見得一直由上帝決定，方能開始。

文藝復興與宗教改革是人類掌控風險的第一個舞台。西元一三〇〇年以後，神祕主義被科學與邏輯取代，希臘羅馬的建築形式開始取代哥德式建築，教堂的窗戶轉而重視採光，雕刻家刀下呈現的不再是沒有肌肉與力量、因襲傳統的人形，而是穩穩當當站在大地上的男女。帶動藝術改變的觀念，也帶動了基督新教革命，大大削弱了天主教會的統治勢力。

為自己負全責

宗教改革的意義不僅是改變人與上帝的關係而已，告解儀式被取消後，人類必須靠自己的兩條腿行走世間，為自己的決定及其後果負全權責任。

但如果人類不需要在非人性的神祇或非理性的機會手下搖尾乞憐，在面對未知的將來時，就不會再聽任擺布。他們除了根據比以前更複雜的狀況、花更長的時間，開始自行選擇之外，別無其他途徑。新教徒厲行節儉與禁欲，適足以證明未來相對於現在變得更加重要。隨著選擇與決定的普及，一般人逐漸認知，未來

❷在這一切發展中，彼得．金德（Peter Kinder）曾向我指出歷史的一大諷刺。維京人、某些挪威人曾濫用羅馬文明並摧毀了西元九世紀的學習寶庫，諷刺地再出現於歷史，諾曼人在十二世紀將向阿拉伯學習的成果帶回了西方。

蘊藏危險，但也提供機會，潛伏著變化，卻也充滿著承諾。十六世紀與十七世紀是地理大發現的時代，接觸新土地、新社會，美術、詩歌形式、科學、建築，以及數學實驗層出不窮。「機會」的新觀念帶來貿易與商業的高度成長，也為改變與探險提供強大的新誘因。哥倫布（Columbus）遠征加勒比海並非逛逛而已，他銜命尋找通往印度的新貿易路線。發財的遠景就是絕佳的誘因，不賭博的人很少會發財。

事實當然不是這麼簡單。貿易是一種兩蒙其利的活動，做成交易後，雙方都自覺比以前更富有一些。這是多麼新鮮的觀念啊！直到那時候為止，一般人致富主要都靠劫奪別人的財富。雖然歐洲海盜船仍繼續橫行海上，但在陸地上累積財富的機會卻對多數人開放。這群新富階級都是熱愛冒險、點子奇多的聰明人——多數是商人——而不僅是世襲的諸侯與他們的嬖佞而已。

貿易本身就含有風險的成分。隨著貿易成長，賭博的原則也搖身一變為創造財富，做為風險縮影的資本主義便應運而生。但若少了兩種新活動，資本主義也還是沒有興旺的機會，一種是會計，雖不是什麼了不起的活動，卻有助於散播新的計數與計算技術。另一種是預測，比較重要，也更有挑戰性，把風險與直接的報酬連接在一起。

現在凡是計畫把貨物運過重洋、蒐集商品以便出售、借貸款項之前，都可以先評估一下將來的結果。在顧客上門把錢交到櫃台之前，就應該確保訂購的貨物會準時送達，備妥營業的生財家具。成功的商業經營者先得完成預測，然後才著手採購、生產、行銷、定價、組織。

開始談數字

接下來幾章陸續登場的人物，都非常了解巴斯卡與費瑪的發現意義深遠——不僅是一場與機率有關的鬥智遊戲，更是智慧的啟蒙。他們有足夠的膽識去面對愈來愈複雜、愈來愈重要的難題，處理風險的各個層面，並意識到這些難題牽涉到人類存在的基本哲學。

但哲學先得靠邊站，因為故事要從頭開始講。現代處理未知的方法從度量開始，從勝算與機率開始，所以我們必須從數字開始談。可是，數字又是打哪兒來的呢？

第2章

就是這麼容易的Ⅰ、Ⅱ、Ⅲ

沒有數字，就無從討論勝算與機率；沒有勝算與機率，處理風險就只有求神問卜。沒有數字，風險就成了膽量的同義詞。

我們生活的世界裡，到處是數字和計算，從瞇著眼睛看著鬧鐘爬起床，到就寢前關閉電視頻道。起床之後，我們用湯匙量放進咖啡機的咖啡粉，付錢給管理員，研讀前一天的股市行情，撥朋友的電話號碼，查看車子的油量、碼錶的速度，按辦公大樓的電梯樓層，走進有編號的辦公室。這時，一天才不過剛開始呢！

現在很難想像一個沒有數字的世界。但如果有辦法把一個西元一〇〇〇年的人「搬」到現代，他很可能不認識「0」這個數字，讓他去考小學三年級的數學，大概也不會及格；西元一五〇〇年左右的人也好不到哪裡去。

《算經》出版

在西方，數字的故事始於一二〇二年，當年法國沙特爾大教堂（Cathedral of Chartres）即將完工，英王約翰（King John）也已登基三年，義大利則出版了一本名叫《算經》（*Liber Abaci*）的書，十五個章節全部以手抄寫，因為印刷術還要再等三百年才問世。作者皮薩諾（Leonardo Pisano）年僅二十七歲，他的書榮獲神聖羅馬帝國皇帝腓特烈二世（Frederick II）背書的殊榮，堪稱少年得志。

皮薩諾比較為人熟知的一個名字是斐波那契（Fibonacci），因為他父親名叫柏納奇奧（Bonacio），斐波那契就是「柏納奇奧的兒子」的簡稱。有趣的是，義大利文柏納奇奧的意思是「白癡」，所以斐波那契就是「白癡的兒子」。不過柏納奇奧應該不是白癡，因為他曾代表比薩市出使好幾個城邦，而他的兒子更毋庸置疑不是笨蛋。

斐波那契有次到阿爾及利亞的布吉亞（Bugia），探望在那兒擔任比薩大使的父親，並在那兒得到寫作《算經》的靈感。他向一位阿拉伯數學家學習十字軍東征時引進西方的印度—阿拉伯數字的妙用，發現這套數字系統可以做多種羅馬的字母數字辦不到的計算，於是發狠鑽研其中奧妙。他周遊地中海沿岸，向望重一時的阿拉伯數學家討教，足跡遍及埃及、敘利亞、希臘、西西里、普羅旺斯。

斐波那契辛苦的結果是寫成一本從任何標準來看，都非比尋常的書。《算經》讓讀者知道，用數字取代希伯來、希臘、羅馬的字母計數系統，可以開啟一個嶄新的世界。這本書很快就在義大利和歐洲贏得大批數學家信徒。

《算經》不僅是一本教人如何應用新式數字的啟蒙讀本而已。斐波那契開宗明義就說明如何閱讀數字，分辨個位數、十位數、百位數、千位數，以此類推……（亦即說出它是幾千幾百幾十幾）。以後各章節的難度節節升高，應用到整數和分數、比例、平方根與更高冪次的開方根，甚至有一次方程式與二次方程式的解法。

雖說斐波那契才華洋溢，匠心獨具，但這本書如果只講理論，恐怕也只能做為一小撮數學專家的茶餘消遣。他介紹許多非常實用的應用方法，才是這本書轟動的主因。比方說，他列舉多種用新數字才能辦到的商業簿記方法，包括計算純益率、貨幣兌換、重量與長度的換算，甚至也教人如何算利息（雖然當時很多地區仍嚴禁放高利貸）。

腓特烈大帝獎勵學術

腓特烈二世聰穎過人，他從閱讀《算經》中得到很多樂趣。這位君主於一二一一年到一二五〇年在位期間，對科學、藝術、政治學一直表現濃厚的興趣。他在西西里島摧毀了所有的要塞與城堡，向神職人員課稅，並禁止他們從事公職。他也建立了專業的官僚體制，廢除國內的通行稅，取消進口禁令，關閉國家壟斷的產業。

但腓特烈也有剛愎獨斷，不容異己的一面。他不像祖父腓特烈·巴巴羅沙（Federick Barbarossa），於一一七六年萊尼亞諾之役（Battle of Legnano），在教皇手下吃過敗仗後，就威信掃地。腓特烈二世跟教皇開戰無數次，樂此不疲，這種不妥協的態度讓他兩度被逐出教會。第二度被逐出時，教皇額我略九世（Gregory IX）力主廢除他的王位，痛責他為異端、邪淫、反基督。腓特烈的回應就是對教皇領土展開一輪猛攻；他的艦隊俘獲一大批從各教區兼程趕赴羅馬，準備參加為罷黜他而召開的宗教會議的高級神職人員。

腓特烈延攬當代最傑出的知識分子，邀他們到巴勒摩（Palermo）與他長相左右，建造了若干西西里最美麗的城堡。一二二四年，他成立了一所大學，做為訓練公僕之用——歐洲第一所由皇家贊助的大學。

腓特烈對《算經》激賞不已。一二二〇年代，他趁訪問比薩之便召見斐波那契。晤面期間，斐波那契解開了腓特烈的科學顧問出的代數與三次方程式考題。這次會面促成斐波那契的另一本著作《平方論》（*Liber Quadratorum*），並把這本書呈獻給腓特烈。

斐波那契最著名的是《算經》中一段被比擬為數學奇蹟的論證。文中討論一對兔子經過一年時間，可以生出多少對小兔子。假設每對兔子每個月可以生一對小兔子，而新生的兔子兩個月大時就有繁殖能力。結果斐波那契發現，兩隻兔子在一年後會有二百三十三對後代。

他還有更有趣的發現。假設原始的一對兔子要到第二個月才開始生育，然後每個月可以生一對小兔子，到第四個月時，第一批出生的兩隻兔子就能加入生產行列。整個過程開始運作後，每個月月底的兔子對數總和如下：1, 2, 3, 5, 8, 13, 21, 34, 55, 89, 144, 233……數列中每個數字都是前兩個數字之和。如果兔子照進度繁殖到第一百個月，兔子對數總和將為354, 224, 848, 179, 261, 915, 075對。

「斐波那契數列」不僅有趣，取數列中任一數字，再除下一個較大的數字，從3以後，其商均為0.625，從89以後，其商均為0.618；到更高階的數字，只是小數位數增加，其商幾乎是常數❶。取任一數字，除前一個較小的數字，從2以後，得到的商均為1.6，從144以後，其商均為1.618。

希臘人早已知道這個比例，並將它命名為「黃金分割律」。帕德嫩神廟（Parthenon）、橋牌與信用卡的長寬、紐約的聯合國大廈，都採用這個比例；基督教十字架的豎支架被橫支架切開的點，上下比例通常也符合黃金分割律，亦即寬長之比為0.618。黃金分割律在自然界也俯拾皆是——花序、朝鮮薊的葉片、棕櫚樹的葉柄。人體高度從肚臍劃分，上下比例符合黃金分割律（當然只限於身材比例正常的人）。我們的手指從指尖開始，每根指骨跟相連的下一根指骨之比，也是黃金分割律的實例❷。

❶ 以下是一個數字會產生的奇怪變化，如果你取5的平方根，即2.24，減去1，然後除以2，則可以得0.618；斐波那契數列的代數證明這個結果。

❷ 以術語來說，斐波納契比例的公式如下：較小部分與較大部分的比例等於較大部分與整體的比例。

斐波那契螺旋曲線

螺旋曲線是「斐波那契比例」一種最美麗的浪漫呈現。下面以圖解說明，如何利用一連串面積依「斐波那契級數」增加的正方形，繪製出螺旋曲線。一開始是兩個面積相等的小正方形，銜接一個邊長增為二倍的正方形，接著是一個邊長增為三倍的正方形，接著是五倍，請注意每增加一個正方形，都會跟原有的圖形結合成新的長方形，而這個長方形的長與寬之比，都符合黃金分割律。然後在每個正方形之中，利用兩邊畫出一個最大的四分之一圓，依序不斷銜接就成為一條螺旋曲線。

這條螺旋曲線看來非常眼熟，宇宙中有好幾個銀河就屬於這種形狀，還有羊角、貝殼、海浪的波紋等都是。這種結構能不斷向外擴張，始終不變形：成長不影響其形狀。筆記作家霍佛（William Hoffer）有句名言：「黃金螺旋是大自然不以量害質的高招。」

有些人相信「斐波那契級數」可以做各式各樣的預測，尤其是預測股市；這類預測經常奏效，更加深他們的信念。「斐波那契級數」引人入勝，加州聖塔克拉拉大學甚至有個「美國斐波那契協會」（American Fibonacci Association），自一九六二年以來出版的研究報告厚達數千頁。

斐波那契的《算經》代表人類踏出馴服風險的第一步，但社會還沒有為風險量化做好準備。斐波那契的時代，大多數人仍然以為風險出諸大自然的善變莫測。人類還須學習辨識其中的人為成分，培養反抗命運的勇氣，然後才能認同其技巧。這段歷程至少又耗去兩百年光陰。

最早的天文學家

藉著回顧斐波那契教人分辨十與一百之前的年代，我們可以了解他的成就是多麼了不起。而即使在那

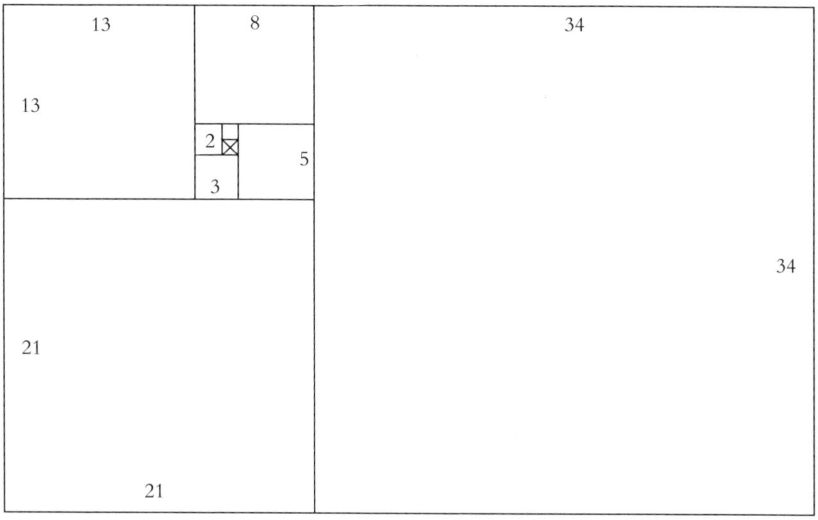

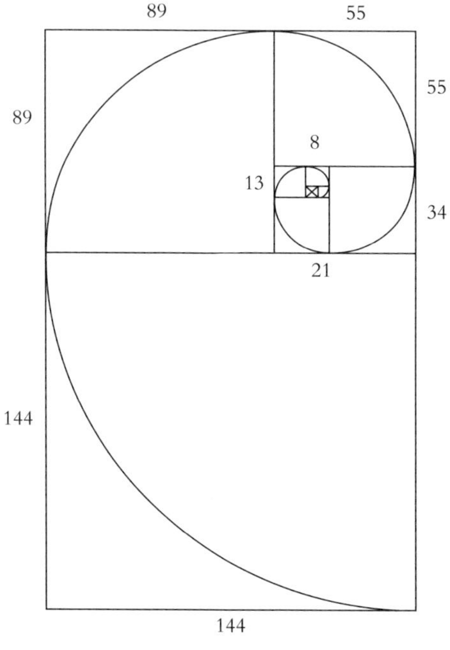

以一個小正方形，連接一個面積相等的小正方形。之後，再以這兩個小正方形，連接另一個邊長二倍的正方形，接著再連接一個邊長增為三倍的正方形，如此循序漸進，連接邊長五倍、八倍、十三倍、二十一倍到三十四倍的正方形。

（Reproduced with permission from *Facinating Fibonaccis*, by Trudy Hammel Garland; Copyright 1987 by Dale Seymour Publications P.O. Box 10888, Palo Atto, CA 94303）

樣的時代，也出現若干偉大的發明家。

尼安德塔人（Neanderthal）已經知道計數，可是他們缺少工具。他們用石塊或木頭計算日子，也記錄殺死的動物總數。太陽是他們的時鐘，差個五分鐘或半小時都沒什麼大不了。

第一套計數系統大約出現在西元前一萬年，當時人類已在底格里斯河、幼發拉底河、尼羅河、印度河、黃河、長江、密西西比河、亞馬遜河等大河流域的河谷中定居，以耕作為生。河流成為通商旅行的大道，富於冒險精神的人沿河而下，進入海洋。對於走得愈來愈遠的旅行者，日期、航海術、地理變得非常重要，需要精確的計算。

祭師是最早的天文學家，數學源自天文。人們發現石塊或樹枝上的刻度不夠用時，就開始把數字每十個或二十個集合成一組，以便用手指腳趾統計。

沒有「改變」的觀念

雖然埃及人精通天文，能預測尼羅河氾濫與洪水退卻的時間，但他們從不曾有過管理與改變未來的念頭。他們墨守成規、恪遵傳統，思考範疇裡沒有「改變」的觀念。

約在西元前四五〇年，希臘人發明了字母系統，包括目前通用的二十四個希臘字母和三個後來廢棄的字母。從1到9的每個數字，都有專屬的字母，倍數也各有一個字母表示。比方說，希臘字「5」（penta）的第一個字母π（pi），意為5；希臘字「10」（deca）的第一個字母δ（delta），代表10；第一個字母α（alpha），代表1；字母ρ（rho）代表100，於是數字115就寫成ρδπ。希伯來文與希臘文系出同源，也用同樣的字母符號計數系統。

對於興建較牢固的房舍、旅行較遠的距離、記錄較精確的時間，字母不能說沒有幫助，但有相當嚴重的局限。用字母做加減乘除非常困難，只能充當記錄計算**結果**的工具，實際計算必須使用算盤等其他工具。算盤是有史以來最古老的計算工具，直到西元一〇〇〇年至一二〇〇年間，阿拉伯數字問世為止，算盤主宰了全世界的數學。

算盤是藉由指定每列中算子數量的上限來運用；在演算加法時，當最右列填滿，多出來的算子會向左移一列，依此類推。「借一位」（borrow one，減法時借位）或「進三位」（carry over three，加法時進位）的概念可以追溯到算盤。

希臘人的求證精神

儘管處處受限，希臘人仍然促成知識的進步，尤其在幾何、天文學、航海、機械等方面。希臘與亞歷山大港的數學家成就尤其驚人。歐幾里得（Euclid）的名著《幾何原本》（*Elements*）重印與再版次數之多，僅次於《聖經》。

不過，希臘人最大的貢獻不在科學新觀念，其實早在歐幾里得誕生前，古埃及與巴比倫的聖殿祭師就已精通幾何學。而小學生都知道的畢氏（Pythagoras）定理——直角三角形的斜邊平方等於其他兩邊平方之和——早在西元前二〇〇〇年，兩河流域已經開始應用了。

希臘人最獨特的是他們求證的精神。他們重視「為什麼？」遠超過「什麼？」。希臘人得以追求這個終極問題的解答，端賴他們的文明有史以來首度擺脫了祭師階級假借神權加諸知識的束縛。專心致志追求真理的態度，也使希臘人成為有史以來最早從事旅行與殖民的民族，使整個地中海成為他們的囊中之物。

希臘人發展出開闊的視界，因而更不願意被動的繼承舊社會傳下的經驗法則。他們對樣本毫無興趣，他們找尋的是放諸萬世萬物皆準的觀念。舉個例子，光憑測量就可證明，直角三角形的斜邊平方等於其他兩邊平方之和。但希臘人要知道，為什麼會這樣，為什麼所有的直角三角形，不論大小都不會例外？歐幾里得幾何學的討論無他，證明而已。從今而後，數學的理論重心就在於證明，而非計算。

這個與其他文明側重分析方法截然不同的突破，使我們再度對希臘人沒有發現機率、微積分，甚至代數學感到大惑不解。或許該怪他們笨拙的字母計數系統吧。羅馬人也備受同樣的困擾，像9這麼簡單的數字，要寫成Ⅸ。羅馬人寫32，不能寫成ⅢⅡ，因為這樣看不出是32、302、3020，或其他由3、2、0組合而成的更大數目。想使用這樣一套系統做計算，根本不可能。

但直到西元五〇〇年左右才出現更好的數字系統，當時印度人發明了我們今天使用的阿拉伯數字。這項奇蹟似的發明究竟是誰的功勞，又是誰把它散播到整個印度次大陸，到今天仍是個謎。穆罕默德在西元六二二年與門徒締造伊斯蘭教，建立強盛的大帝國，東征西討，長驅直入印度約九十年後，阿拉伯人才接觸這套新數字。

數學家丟番圖

新式數字系統西傳，使整個知識活動脫胎換骨。已是學術重鎮的巴格達，頓時搖身變為數學研究中心，哈里發（Caliph）延攬猶太學者，為他翻譯托勒密（Ptolemy）、歐幾里得等數學宗師的作品。所有的數學經典不久就在阿拉伯帝國境內廣為流傳，應用地區在第九及第十世紀已遠及西班牙。

事實上，至少有一個西方人比印度人早兩百年提出一套新數字系統。約西元二五〇年，亞歷山大港的數學家丟番圖（Diophantus）寫了一篇論文，指出以真正的數字系統取代字母數字的優點。

我們對丟番圖生平所知甚少，卻已非常耐人尋味。數學史專家鄧布爾（Herbert Warren Turnbull）蒐集到一首關於丟番圖的打油詩，說他：

「此生六分之一是童年；再過十二分之一而蓄鬚；再過七分之一入洞房；五年後喜獲一麟兒；可惜此子壽命僅父親一半。四年後，老父亦追隨愛子於地下。」

那麼，丟番圖到底活了多久呢？對代數有興趣的讀者，本章末有解答。

丟番圖提出代數學的觀念，即以符號代替數字，這是很了不起的觀念，可惜他未能算出結果。他曾經說：「像$4=4x+20$這麼荒唐的方程式，無解。」無解？荒唐？x解出是個負數：缺少0的觀念（丟番圖正好沒有），負數在邏輯上是不可能存在的。

丟番圖的偉大構想一直遭到忽視。經過一千五百年才有人注意到他的作品。最後他的成就還是獲得應有的待遇：他的論文是促成十七世紀代數蓬勃發展的主要動力。今天我們熟知的代數方程式（$a+bx=c$），亦稱為「丟番圖方程式」（Diophantus equations）。

0的發明

印度阿拉伯數字系統最偉大的發明就是0的觀念——梵文稱之為sunya，阿拉伯文稱之為cifr。從後者發展出英文的（cipher）一字，指算盤上整欄的空行。俄文「數字」（tsifra）也是源於此字。

對只懂得計算被殺死動物的總數、過去的日子、走過長度的人，0的觀念非常難以掌握。正如二十世紀英國哲學家懷特海（Alfred North Whitehead）所說，0跟這一類的計算毫無關係：「0的重要性就在於日常生活運作用不著它。沒有人買0條魚。在某種方面而言，它是所有基數中最文明的，我們為了因應高尚的思考模式所需，不得不用到它。」

懷特海所謂「高尚的思考模式」，顯示0的意義遠不止計數與計算而已。正如丟番圖已經發現的，一套優良的數字系統有助於數學家發展度量的技術，從而發展出一套抽象科學。0消除了觀念與進步的障礙。

0在兩方面改革了舊式的數字系統。第一，它讓人只用從0到9十個數字，就可以做任何計算，寫出任何數字。其次，我們看到像1、10、100這樣的數列，立刻可以料到下一個數字一定是1000，它使數字系統的結構變得非常清晰而一目了然。如果改用羅馬字母，例如I、X、C，或V、L、D，你知道這兩個數列的下一個數字應該是什麼嗎？

「阿格利增」

目前已知最古老的阿拉伯文算術著作，比斐波那契早四個世紀，是西元八二五年左右，一位名叫阿爾—花拉子米（al-Khowârizmî）的數學家所著。雖然受益於他的人大都沒聽過他的名字，但他也算間接在青史留名，因為「阿拉伯數字計算法則」（Algorithm），發音為「阿格利增」，也就是把「阿爾—花拉子米」以很快的速度念一遍。阿爾—花拉子米首創用印度—阿拉伯數字做加減乘除的規則。他在論文〈移項與相消的科學〉（Hisâb al-jahr w'almuqâbalah）中，界定代數方程式的解法。論文名稱中al-jahr一字就是代數學（algebra）的字源。

人生苦短

最重要也最著名的阿拉伯數學家，首推奧瑪·開儼（Omar Khayyam），他大約在一〇五〇年出生，於一一三〇年去世，以詩集《魯拜集》（*Rubaiyat*，意為四行詩，亦譯《狂酒歌》）傳世，其中七十五首精妙絕倫的四行詩，在十九世紀被英國詩人費茲傑羅（Edward Fitzgerald）譯為英文，從此譯為更多外國語言，名聞世界。這本小詩集談的多半是飲酒之樂，以及人生苦短應及時行樂。他在第二十七首中寫道：

我年輕時也常訪聖求賢，
聽講人生大道理
一遍又一遍，但走出門
卻依然故我，毫無長進。

費茲傑羅說，開儼跟兩位同樣資質絕頂的朋友一塊受教育，一位名叫穆爾克（Nizam al Mulk），一位叫薩巴（Hasan al Sabbah）。有天薩巴提議，三人中至少有一人將來必然會飛黃騰達，所以不妨歃血為盟：「不論誰得到幸運之神眷顧，都要毫不保留的跟其他兩人分享好運。」他們都發了誓，後來穆爾克當上蘇丹的首相，兩個老朋友就找上他，他也欣然履行承諾。

薩巴要求做官，也在政府得到一個位置，但他對升遷不滿意，憤而辭官，帶了一小撮宗教狂熱分子興兵作亂，成為回教世界的心腹大患。許多年後，老友穆爾克也遭他暗殺身亡。

開儼則不求官爵名位，他對穆爾克說：「你能給我最大的好處，就是讓我在你的庇護下，平平安安傳播科學的益處，為你祈禱長命富貴，綿延無盡。」雖然蘇丹非常欣賞開儼，對他賞賜不斷，但「他放誕不羈的思想言行卻令同時代的人為之側目」。

開儼用新數字系統發展出一套計算語言，超越了阿爾—花拉子米的成就，奠定代數學的基礎。此外，他也利用技術性的數學觀察改革曆法，並以金三角的數字排列法，使得計算平方、三次方及更高次方變得更容易。十七世紀「選擇論」「機會論」「機率論」的鼻祖、法國數學家巴斯卡發展觀念的基礎，也是這套三角法則。

命運由誰決定？

阿拉伯人驚人的數學成就再次讓我們了解，一個觀念再怎麼發展，仍然可能在得到合理結論只差一步時戛然而止。為什麼以阿拉伯人如此先進的數學，卻沒有朝機率與風險管理的方向繼續發展？我認為答案可能在於他們的人生觀。我們的命運由誰決定：命運、神祇、我們自己？風險管理的觀念只有在大家相信自己握有某種程度的主導權時，才會出現。認命的穆斯林就跟希臘人和早期的基督徒一樣，還沒有準備跨出這一步。

新數字的推行

西元一〇〇〇年時，新數字系統已經在西班牙及其他地區由摩爾人設立的大學，以及西西里島的回教徒之間廣為流傳。一枚由諾曼人發行的西西里錢幣，鐫刻的日期為「主後一一三四年」（1134 Annuy Domini），是目前所知阿拉伯數字實際應用最早的實例。但新數字直到十三世紀才真正廣泛應用。

儘管腓特烈大帝贊助斐波那契的《算經》，而且這部作品在歐洲十分流行，但引進印度—阿拉伯數字系統，截至十六世紀初，仍遭到強烈抗拒。好在我們有辦法解釋這個現象，原因有二：

第一，抗拒來自對沿用好幾百年的舊制度的慣性。有待學習的新方法，向來不可能一開始就受人歡迎。第二個因素更為實際：用新數字作假，遠比舊數字容易。把0改成6或9都容易無比，1也輕易就可改成4，6，7或9（因此歐洲人都把7寫成7）。雖然新數字首先在教育水準較高的義大利站穩腳步，佛羅倫斯卻在一二二九年下令，禁止銀行使用「異教徒」的符號。結果許多有意學習新系統的人，必須偽裝成回教徒才能達到目的。

十五世紀中葉，隨著活版印刷術的發明，終於完全克服反對全面使用新數字的阻力。這麼一來，心懷叵測者沒有法子再竄改數字，大家也終於看清楚羅馬數字是複雜得多麼可笑。這項突破使商業交易大為簡化。從此以後，所有小學生都得背誦阿爾—花拉子米乘法表。機率原理呼之欲出，並賦與賭博全新的意義。

代數題解答

關於丟番圖那首打油詩中的代數題，解答如下：

如果 x 代表他的壽命，那麼：

$$x = \frac{x}{6} + \frac{x}{12} + \frac{x}{7} + 5 + \frac{x}{2} + 4$$

丟番圖一共活了八十四歲。

第2部　1200年至1700年

輸贏一念間

——第3章——
賭徒卡達諾

繪製《聖母子與諸聖人》（*Madonna and Child with Saints*）的法蘭契斯卡（Piero della Francesca），生於一四二〇年，逝於一四九二年，比斐波那契足足晚兩百年。他的生卒年月恰好是義大利文藝復興時代的中期，其作品也正好是十五世紀新思潮與中世紀心靈分道揚鑣的縮影。

法蘭契斯卡畫筆下的人物，甚至包括聖母，都呈現真實的「人」。他們頭頂沒有光圈，雙足牢牢站在地上，都是在三度空間裡平凡人的寫照。畫中人雖說都在歡迎聖母與基督聖嬰，但大多數人的注意力似乎放在別處。在畫中看不見應用建築物陰影創造神祕感的哥德式作風；畫裡陰影的作用就是強調結構的分量，同時勾勒出人物的輪廓空間。

雞蛋乍看彷彿懸掛在聖母的正上方。但進一步仔細推敲，卻讓人難以確定這個神聖的繁殖力象徵究竟掛在哪裡。還有，為什麼這群虔敬的世俗男女，對於就在自己腦袋上空出現的這樁怪現象渾然不覺？

這幅畫表現出，希臘哲學已整個反轉。現在神祕歸於上天，地上的男男女女都是站得四平八穩的人，他們尊敬神聖的象徵物，但並不對它卑躬屈節——這是文藝復興藝術一再透露的訊息。多那太羅（Donatello）的大衛像屬於希臘羅馬古典時期以來，最早的一尊男子裸體雕像；《舊約聖經》中偉大的詩

《聖母》（*Madonna*），費德里科二世．達．蒙特費爾特羅（Duke Federico II di Montefeltro），
布雷拉畫廊，義大利米蘭
（Reproduction courtesy of Scala/Ait Resource, NY.）

人與英雄信心滿滿的站在我們面前，對自己尚屬青春期的肉體毫無愧色，巨人歌利亞（Goliath）的頭顱則放在他腳邊。佛羅倫斯的布魯內萊斯基教堂（Brunelleschi）分量十足的大穹頂，以及不加裝飾的內部，清清楚楚的宣布：宗教要腳踏實地。

大發現的時代

文藝復興是個發現的時代。哥倫布在法蘭契斯卡去世那年出海，不久，哥白尼（Copernicus）推動天體大革命，改變了人類的宇宙觀。哥白尼的成就需要高度的數學技巧，十六世紀數學的進展快速而令人興奮，尤以義大利為盛。自從一四五〇年左右引進活版印刷，許多數學經典陸續譯為義大利文，並以拉丁文或當時方言出版。數學家公開激辯複雜的代數方程式的解法，觀眾為各自擁護的對象高聲喝采。

追溯這些精采發展的成因，應歸功於一四九四年一個名叫帕契歐里的方濟會僧侶出版的一本書。帕契歐里大約在一四四五年出生於聖塞普克洛（Borgo San Sepulcro），跟法蘭契斯卡是同鄉。雖然家人希望他長大後經商，他卻跟隨法蘭契斯卡學習寫作、藝術、歷史，且就近利用烏爾比諾（Urbino）宮廷的著名圖書館。他用功不輟，奠定日後在數學領域出人頭地的基礎。

帕契歐里年方弱冠，就到威尼斯一位富商家中擔任家庭教師。他到處旁聽哲學與神學的公開演講，另外還跟一位私人教師學數學。他天資過人，這段期間就出版了生平第一部有關數學的著作。他還有位叔叔班尼戴托（Benedetto），是駐紮威尼斯的軍官，傳授他建築與軍事知識。

一四七〇年，帕契歐里到羅馬繼續學業，二十七歲那年他出家為僧，加入方濟會，但仍浪跡各地。他待過佩魯賈（Perugia）、羅馬、拿波里、比薩、威尼斯，一四九六年才終於定居米蘭，擔任數學教授，並於十年後獲頒博士頭銜。

帕契歐里的傳世之作叫《算術大全》（*Summa de arithmetic, geometria et proportionalità*，當時比較嚴肅的學術作品，還是用拉丁文撰寫），出版於一四九四年。他在書中讚美「數學的博大精妙」，並自承從斐波那契三百年前出版的《算經》獲益良多。這本書確立了代數學基本原理，並列出一份60×60的乘法表——這在新數字系統借印刷術之助，流傳甚速之際，是非常實用的。

複式簿記革新會計

這本書最長遠的貢獻就是提出「複式簿記法」。雖然帕契歐里不是複式簿記法的發明者，但他卻是截至當時為止，對這套方法提出最廣泛說明的作者。斐波那契的《算經》中，已經存在複式簿記的觀念；一三〇五年，一家義大利公司的倫敦分公司出版的一本書裡，也提到複式簿記。不論其緣起為何，這套革命性的會計方法對經濟的影響非常顯著，可與三百年後蒸汽引擎的發明相提並論。

帕契歐里在米蘭認識了達文西，兩人結為密友。他對達文西的才華非常折服，認為達文西「討論空間運動、撞擊、重量及所有力量」的作品，均極為珍貴。他們之間想必有很多共同點，帕契歐里對數學和藝術的互動關係很感興趣，他曾說：「如果說音樂滿足聽覺……透視法對視覺就更有價值，因為它是通往理解力的第一道門。」

達文西認識帕契歐里之前，對數學所知無多，不過他對比例和幾何有很好的直覺。他的筆記簿裡有一大堆用直尺和圓規繪製的圖形，但帕契歐里鼓勵他進一步學習這些他靠直覺就能運用自如的觀念。達文西的一位傳記作者坎普（Martin Kemp）認為，帕契歐里「誘發達文西的數學野心，影響他的興趣之大，超過所有其他當代思想家」。達文西也為帕契歐里另一部重要作品《神聖的比值》（*De Divine Proportione*）繪製繁複的插圖，以做為回報。這部著作在一四九八年以兩冊精美的手稿問世，印刷版則出版於一五〇九年。

達文西手上有一本《算術大全》，想必他曾經仔細研讀。他的筆記簿裡有很多使用乘法與分數調整構圖比例的運算。有次他還自我提醒：「記得向帕契歐里大師學習平方根的乘法。」由此推測，達文西的算術能力還不到今天小學三年級的程度。

像達文西這麼一個文藝復興的博學天才，都對小學程度的算術感到頭疼，可見十五世紀末，整個歐洲數學程度之一斑。那麼，後來的數學家又如何披荊斬棘，踏進對風險正確評估與控制的大門呢？

如何分配賭注

帕契歐里早已察覺有股神奇的力量蘊藏在數字中。他在《算術大全》書中，提出一個問題：「甲乙二人玩丟骰子，他們協議玩到有一人先贏到六把算一局。但結果是，玩到甲贏五把，而乙贏三把時就停止了。賭注應如何分配？」

這個題目在十六世紀和十七世紀的數學著作中一再出現。其中的細節或有變化，但最後的問題總是千篇一律：如何分配一場未完成賭局的賭注？各家答案不同，引起激烈的爭辯。

這則問題並不像表面上看來那麼膚淺。分配未完成賭局的賭注，其實就是針對機率展開系統分析的起點——把我們對某件事必然會發生的信心程度，當作可計算的標的。換言之，**我們來到了量化風險的門檻**。

迷信心態有礙思考

中世紀瀰漫的迷信心態，是深入探討機率的重大障礙。但為什麼希臘人和羅馬人也未能早早開始尋思帕契歐里難題，卻是個有趣的問題。

希臘人知道，未來可能發生的事比實際上**會**發生的事多。借用柏拉圖（Plato）的詞彙，他們已經知道自然科學是「或然的科學」。亞里斯多德在《論天》（*De Caelo*）中說：「做成功很多事，或做同一件事成功很多次，都非常困難；舉個例子，丟骰子時絕不可能連續丟出相同數字一萬次，但只重複一、兩次卻相當容易。」

只要略作觀察，就能證明亞里斯多德的觀點很正確。但希臘人和羅馬人還是為機率遊戲定了一套在現代人看來毫無道理可言的遊戲規則。其實這類遊戲在當時極為流行（希臘人玩六面骰子已相當嫻熟），整個社會就是一個研究勝算與機率的大好實驗室，但古人卻對機率一無所悉，更令人百思不解。

以牛距骨做的骰子為例，這玩意兒是個長方體，兩面窄，兩面寬。一般的玩法是同時丟四顆骰子。骰子寬的一面著地的機率顯然比窄的一面高，所以得分也較低。可是窄的兩面的分數分別規定為一分與六分，而寬的兩面分別為三分與四分，兩者的總分相同。擲出所謂的「維納斯」（Venus），即擲出的每一個向上的面，數字各不相同——1、3、4、6——得分為最高，但一把擲出四個1或四個6，出現機率與此相同，得分卻少得多。

勝算究竟多少？

連續多次贏錢或輸錢的機率很小，這是人盡皆知的事實：正如亞里斯多德指出，這樣的期望與質有關，而非量的問題。不過，儘管玩家賭興熱烈，卻似乎從沒有人坐下來想想，勝算究竟是多少。

最可能的一種解釋就是，希臘人對實驗不感興趣：他們只重視理論與證明。藉由屢次複製某些現象，以求證某種假設的方法，似乎從來不曾進入他們的腦海。或許因為他們的思維只相信世事沒有常軌可循，精準是神祇的專利。

但到了文藝復興時期，從科學家乃至探險家，從畫家乃至建築師，人人熱中探索、實驗、證明。骰子經拋擲許多次後，點數的出現呈現一種規則性，必然會喚起某些人的好奇。

賭徒中的賭徒

十六世紀有個名叫卡達諾（Cirolamo Cardano）的醫生，就是這麼一個人。這位老兄賭癮之大，夠資格在風險史上記他一筆。但他在很多領域也同樣表現出眾，是位獨特又有趣的人物，堪稱文藝復興時期的代表。如今世人對他所知甚少，實在很令人意外。

卡達諾大約在西元一五〇〇年生於米蘭，死於一五七一年，恰好與契里尼（Benvenuto Cellini）❶。同時，而且跟契里尼一樣，有一部自傳流傳後世。卡達諾的自傳叫《我的一生》（*De Vita Propria Liber*），他一生確實過得精采絕倫。事實上，他對知識的好奇遠超過他的自滿。例如他在自傳中列舉的當代四大成就：前往歐洲人前所未知、占地球三分之二的地區探險、發明火藥、發明羅盤、發明活版印刷。

卡達諾長得非常瘦削，脖子特別長，下唇奇厚，一隻眼睛上生了一粒疣，奇大的嗓門常遭朋友抱怨。他自稱患有腹瀉、脫腸、腎臟病、心悸，甚至乳頭炎。他得意洋洋的說：「我脾氣暴躁、專心一志、放縱女色、足智多謀、尖牙利嘴、工作勤奮、粗暴無禮、多愁善感、詭譎善變、花樣多端、卑鄙可恨、淫猥放蕩、逢迎諂媚、信口胡言。」

卡達諾是賭徒中的賭徒。他自承「喜好各種賭博與骰子，不知節制……多年來……不僅偶爾玩玩而已，我簡直不好意思承認，根本就是每日無此不歡，天天要上賭桌」。他骰子、紙牌、下棋無不精通，還不絕口稱讚賭博的好處，「可以解愁忘憂……天天擲骰子帶給我很大的安慰。」他很瞧不起看牌時多嘴出主意的人，也懂得各種老千騙人的花招。他警告不要跟「在紙牌上抹肥皂，以便抽牌藏匿的人」打牌。他對骰子機率做過數學分析，但強調結論只適用於「沒有問題的骰子」。但他還是經常大把大把的輸錢，所以他說：「最有利的賭博就是不賭。」他可能是有史以來第一個針對機率遊戲做嚴肅分析的作者。

卡達諾不只是賭徒或業餘數學家而已，也是是教皇和歐洲王室爭相延攬的一代名醫。但他對宮廷的鉤心鬥角毫無興趣，所以一概回絕。卡達諾也是第一個記錄傷寒臨床症狀的人，寫過梅毒，還發明一種疝氣開刀的新方法。更有甚者，他認知「人以心智為主；心智失常，整個人就亂了，心智正常，身體其他部分也壞不到哪兒去」。他也鼓吹洗澡沐浴的好處。一五五二年，他應邀到愛丁堡治療蘇格蘭總主教的氣喘病，並以他對過敏症的了解，建議鋪生絲床罩，不要塞羽毛，用麻布枕套，不要用皮革，並使用象牙梳子。自米蘭赴愛丁堡前，他簽約要求每日十個金幣的診金，但他四十天後離開時，病家千恩萬謝，付給他一千四百個金幣，還加贈許多件珍貴的禮物。

卡達諾想必很忙碌。他印行的書有一百三十一本，聲稱還有一百七十本在還沒出版前就被他銷毀，而他去世前還留下一百一十一本書的手稿。他的作品涵蓋各種領域，數學、天文、物理、尿液、牙齒、聖母瑪利亞的一生、耶穌基督的占星圖、道德、不道德、暴君尼祿（Nero）、音樂、夢。他最暢銷的著作是一本叫《事物之妙》（*De Subtilitate Rerum*）的論文集，印行了六版，書中大談科學、哲學、迷信與神怪故事。

卡達諾有兩個兒子，但都帶給他很大的不幸。在自傳中，他說長子嘉巴提斯塔（Giambattista）最得他寵愛，但這孩子「右耳失聰，有雙不停轉動的小白眼珠。左腳只有兩個腳趾，大拇趾到第四趾連成一片。背部略駝……」嘉巴提斯塔娶了一個聲名狼藉的女孩，對他不貞；她還公然承認她生的三個小孩，沒有一

❶ 譯注：一五〇〇－一五七一，義大利佛羅倫斯金匠，曾任佛羅倫斯政府、教皇及法王御用金匠及雕刻師，有自傳及論金工與雕刻的著作傳世。

個是嘉巴提斯塔的種。過了三年地獄似的婚姻生活，嘉巴提斯塔令僕人做了一個攙有砒霜的蛋糕，強迫妻子吃下。她吃完就死了。卡達諾竭盡一切力量救兒子，但嘉巴提斯塔坦承謀殺不諱，大勢無法挽回。他被斬首前，警衛砍掉他的左手，對他施以各種酷刑。小兒子阿鐸（Aldo）則經常偷爸爸的錢，出入當地監獄不下八次。

卡達諾還負責監護一個年輕人，名叫費拉里（Lodovico Ferrari），是位出色的數學家，做過曼圖亞（Mantua）樞機主教的祕書。費拉里十四歲就搬去跟卡達諾同住，對這位前輩敬愛備至，奉他為「再造之父」。他曾經在其他數學家面前為卡達諾辯護，有些權威研究者認為，現在歸功於卡達諾的若干觀念，其實是出自費拉里之手。但費拉里並不能安慰卡達諾養子不肖的悲痛。費拉里花錢無度，生活放浪，曾因在酒店與人爭執，被砍掉右手所有的手指，四十三歲就中毒身亡，下毒者可能是他的妹妹或她的情人。

《賭博手冊》

卡達諾數學理論的壓箱之作是一五四五年問世的《大術》（*Ars Magna*），這本書與哥白尼的行星理論和維薩里（Andreas Vesalius）❷的人體解剖學同時。這本書出版前五年，英國人瑞可德（Robert Record）才在《藝術的基礎》（*Grounde of Artes*）一書中，主張以「＋」為加號，「－」為減號。十七年後，另一本英國人寫的書《礪智石》（*Whetstone of Witte*）才發明等號「＝」，理由是「沒有比兩條平行線更對等的東西」。

《大術》是文藝復興第一本以討論代數為主的重要著作。卡達諾直接討論二次與三次方程式的解法，甚至還設法解開負數的平方根——這種觀念在引進新數字系統後才出現。雖然代數符號還很原始，隨各家自創，但卡達諾首創現在學代數的人都很熟悉的a、b、c。奇怪的是，卡達諾無法解答帕契歐里的骰子難題

——他不是沒試過，但是跟當代其他傑出數學家一樣慘遭敗績。

卡達諾寫的賭博理論名叫《賭博手冊》（*Liber de Ludo Aleae*）。原文書名中的aleae一字，指的就是丟骰子，亦有不確定之意。這很可能是有史以來第一本討論機率統計原理的書，但書中沒有提到機率這個字眼卡達諾的書名和大部分文字都是指「機會」。機率（probability）的拉丁字根是probare及ilis的組合，probare意味著測試、證明或批准，而ilis意味著能夠；以可證明或值得批准的意義上看來，卡達諾可能已經懂機率這個詞。「機率」與「隨機」（randomness，就是碰運氣的遊戲，如賭博）尚未普遍通用——要等到這本書出版後一百年，機率才跟「機會」扯上關係。

在英文裡，probability亦有「可能性」之意。加拿大哲學家海金（Ian Hacking）根據probability的拉丁字根，把它解釋為「值得嘉許之事」。機率長期以來的意思就是如此。有個例子，海金引用狄福（Daniel Defoe）一七二四年的小說《羅珊娜》（*Roxana: The Fortunate Mistress*），羅珊娜說服了一個有能力照顧她的男人，她說：「這是我第一次真正過著舒適的生活，這是一種非常有可能的方式。」這裡的意思是，她已經達到一種生活方式，證明了她值得更高的尊重；正如海金指出的：「她出身貧寒，而成功往上爬。」

海金引用了另一個機率含義改變的例子。伽利略（Galileo）認為哥白尼的地球繞日說乃「不可能」，因為它跟一般人肉眼所見矛盾——太陽明明繞地球運行。這種理論不可能，因為無法贏得「贊同」（approval）。但不到一百年，德國數學家萊布尼茲就認為哥白尼的假設「無疑是最可能的」，因為在萊布尼茲眼中，「可能性決定於證據與理性」。事實上，德文中wahrscheinlich一字充分掌握了這個觀念，它直譯出來的意思是「看起來是真理」。

❷譯注：一五一四—一五六四，出生於布魯塞爾的醫師，曾任神聖羅馬帝國查理五世（Charles V）的御醫。

因此probability一字一直帶有雙重意義，「可能性」直指未來，「機率」解釋過去，前者是我們的看法，後者是我們實際知道的事。這些差異會在本書中一再出現。

在第一種意義，probability意味著相信的程度，或某個意見獲得何種程度的贊同——這是直觀的意義。學術界用「認識論」（epistemological）來傳達這個意義；認識論指的是人類知識的極限，不能完全分析。probability的第一種概念遠比第二種來的古老；測量機率的概念要等很久以後才出現。這種較古老的觀念是從認可（approbation）的概念慢慢演變而成：對於我們所知，我們能夠接受多少？在伽利略的脈絡中，probability是我們有多認同別人告訴我們的事情。在萊布尼茲較現代的用法，則是我們給以賦予證據多少可信度。

直到數學家有能力把過去事件出現的頻率建構成理論，機率的觀念才出現。卡達諾可能是借助統計，設法把機率理論化的第一人，但在他有生之年，機率一詞跟他企圖測量的東西還沒有沾上邊。

存在的理由

卡達諾已察覺他探討的是一種非常重要的東西。他在自傳中提到，《賭博手冊》是他最偉大的作品，揚言「發現了一千個驚人事實存在的理由」。注意他用「存在的理由」一詞，因為書中所討論的機率是所有賭徒都知道的，但解釋機率的**理論**確是破天荒的創新。在這本書裡，卡達諾發表了理論家慣有的悼詞：「……這些事實對理解大有貢獻，卻對實際的應用幾乎毫無幫助。」

卡達諾在自傳中聲稱，他早在一五二五年就寫了《賭博手冊》，當時他年紀還很輕，後來在一五六五年重寫這本書。儘管這本書匠心獨具，富有創意，但很多部分都寫得一團糟。卡達諾把粗略的筆記湊在一塊兒，問題在一處是一種解法，在另一處又採用一種截然不同的解法。數學符號散漫無章，毫不統一，使情況更形惡劣。這本書沒能在卡達諾生前出版，而是在他去世後才從手稿中找到——一六六三年在巴塞爾（Basel）出版，當時已有其他未曾接觸卡達諾開拓性理論的人，在機率理論方面有可觀的發展。

要不是其他數學家又拖了一個世紀才有機會一睹卡達諾的作品，並加以推演的話，他那套在賭博中應用機率的理論，一定能加速數學與機率研究的發展。現在通行的以分數呈現機率的方式，也由他首創：即從事某種活動多少次（分母），可得到期望的結果多少次（分子）。比方說，丟銅板出現人頭的機會是一半一半，也就表示丟兩次應該會出現一次人頭。從一副撲克牌抽出皇后牌的機率是十三分之一，因為五十二張牌裡有四張皇后；但如果要抽黑桃皇后，機率就只有五十二分之一，因為每副牌只有一張黑桃皇后。本章末摘錄有卡達諾是如何詳盡地推理骰子遊戲每一擲的機率。

用數學計量解析風險

我們永遠不知道卡達諾寫《賭博手冊》的目的何在，是傳授賭徒風險管理觀念的啟蒙教材呢？或是討論機率理論的專門論述。以賭博在他一生中的重要性而言，賭博規則必然是他主要的靈感泉源，但這種看法失之過簡。賭博是實驗量化風險的理想場地。卡達諾仗著自己對知識的強烈好奇心，在《大術》一書中大膽提出複雜的數學原理，可看出他必然傾畢生之力，追尋賭桌百發百中的制勝高招。

《賭博手冊》以實驗始，以數字組合觀念終，除了對於機率在機率遊戲中扮演的角色，以及用數學解決問題這兩方面別具觀照之外，書中也首創用數學計量解析風險，成功的奠定了風險管理的方法。

不論卡達諾動機為何，這都是一部充滿創意和數學勇氣的劃時代巨作，但書中真正的英雄不是卡達諾，而是他所生存的時代。卡達諾所發現的一切，已存在數千年之久；印度—阿拉伯數字系統傳入歐洲也已超過三百年，唯一缺少的就是文藝復興時期才迸放的思想自由、實驗熱情，以及控制未來的欲望。

鐘擺原理

研究機率最後一個重要的義大利人是伽利略。他生於一五六四年，與莎士比亞（William Shakespeare）同年，此時卡達諾已垂垂老矣。伽利略時代實驗之風極盛，他不但喜愛實驗，對周遭事物也是興趣十足，甚至用自己的脈搏測量時間。

一五八三年，伽利略有一天在比薩教堂做禮拜時，注意到頭頂上有盞吊燈在搖晃。隨教堂門縫中吹進來的風勢大小，吊燈搖擺的幅度也忽大忽小。伽利略在注視中發現，每次搖擺不論幅度大小，時間長度都相等。這番尋常觀察導出的「鐘擺原理」，成為製作鐘錶的依據。三十年內，計時的誤差從每天十五分鐘縮減為每天十秒。時間與科技就這麼結合在一起。這也是伽利略喜愛的消磨時間的方式。

丟骰子論機率

又過了約四十年，伽利略除了在比薩大學擔任首席數學教授，還兼任托斯卡尼大公科希莫二世（Cosimo II）的御用數學家。他奉大公之命，寫了一篇討論賭博的小論文，題目叫〈擲骰子論〉（Sopra le Scoperte dei Dadi）。行文採用義大利文，而非拉丁文，顯示這個題目在伽利略心目中並不值得嚴肅討論。他似乎純粹為了改善衣食父母大公陛下的手氣，才勉強著手這件繁瑣的工作。

伽利略在文中大量引述卡達諾的作品，雖然卡達諾關於賭博的論著還要再等四十年才出版，但伽利略可能已聽說他的成就。現代歷史學家兼統計學家戴薇（Florence Nightingale David）認為，卡達諾長年思索這些觀念，必然曾經跟朋友討論，而且他還是一位受歡迎的演講家，所以當代數學家很可能都熟知《賭博手冊》的內容，只不過不是從書上讀到罷了。

伽利略跟卡達諾一樣，將投擲一顆或多顆骰子所得各種組合出現的頻率，與獲得的數字分門別類。他在文中指出，這是一套隨便哪個數學家都想得出來的方法。可見在一六二三年，把機率觀念用於賭博上已非常普遍，所以伽利略認為這個領域不會再有什麼新發現。

但沒有發現的東西其實還很多。隨著機率的觀念散播到法國、瑞士、德國、英國，機率與風險的關係也快速建立。

尤其是十七與十八世紀的法國，爆炸性的數學新觀念層出不窮，把卡達諾的骰子實驗遠遠拋在後面。微積分與代數學的進展使觀念愈來愈抽象，提供很多實際應用機率的基礎：從保險、投資，乃至很多相去甚遠的題目諸如醫學、遺傳學、分子運動、戰爭、氣象預測等。

第一個步驟是設計一種測量技巧，以便核算有多少程度的「秩序」存在於不確定的未來。十七世紀初期，已經有人從事這方面的努力。例如一六一九年，一位名叫蓋特克（Thomas Gataker）的清教徒牧師出版了一本極具影響力的作品《論抽籤的性質與應用》（*Of the Nature and Use of Lots*）。他在書中聲稱，機率遊戲的結果是自然律決定，而非上帝的旨意。到了十七世紀末，亦即距卡達諾身故約一百年，距伽利略去世不到五十年，機率分析的大問題就解決了。下一步就是人類應如何檢視機率，並做出適當反應。至此，風險管理與決策是什麼、量化與膽識的平衡點在哪裡，這些問題就躍居人類歷史舞台的中心。

讓我們看看卡達諾是如何詳盡地推理骰子遊戲每一擲的機率。下列摘錄自《賭博手冊》第十五章〈論擲骰子〉（On the cast of one dice）的段落，他闡述了幾個還沒有人提出過的通則：

骰子總面數的一半總是相等；因此樣本空間（circuit，骰面數）為6時，任一指定點數在三次投擲中出現的機率相等；任三指定點數的其中之一在一次投擲出現的機率也相等。例如，我擲出1或3或5和擲出2或

4或6一般容易。如果這顆骰子沒有造假，賭金要依照這種相等的性質來下。

照此推論，卡達諾計算了一次投擲擲出任兩個點數之一（比如一個1或一個2）的機率，答案是每三次會有一次機會，或約三三％，因為這個問題涵蓋「樣本空間」，即骰子六面之中的兩面。他也算出用一顆骰子重複擲出期望點數的機率。連續兩次擲出一個1或一個2的機率的是九分之一，即每三次中一次的平方，或三分之一乘以三分之一。連續三次擲出一個1或一個2的機率是二十七分之一，或三分之一乘以三分之一乘以三分之一，連續四次擲出一個1或一個2的機率則是三分之一的四次方。

卡達諾繼續算出用一對而非一顆骰子擲出一個1或一個2的機率。如果用一顆骰子擲出一個1或一個2的機率是三分之一，按照直覺，用兩顆骰子擲出一個1或一個2的機率會是一顆的兩倍，即三分之二。正確的答案其實是九分之五。擲兩顆骰子的時候，有九分之一的機率兩顆都骰出1或2，但任一顆骰子出現一個1或一個2的機率已涵蓋那個機率，因此我們必須把那個九分之一的機率從直覺預期的三分之二扣掉，也就是$1/3+1/3-1/9=5/9$。

卡達諾繼續給遊戲累積更多骰子和更多連擲次數。最後，他的研究引領他歸納出機率法則，將實驗轉變成理論。卡達諾對於事情發生機率的分析，在從一顆骰子變成兩顆骰子時踏出關鍵的一步。且讓我們跟著他的推理走，但更詳盡一些。雖然兩顆骰子共有十二面，但卡達諾並不認為用兩顆骰子擲出一個1或一個2的機率受限於十二種可能的結果。例如，他明白投擲者可能第一顆骰子擲出3，第二顆骰子擲出4，但同樣可能在第一顆擲出4而第二顆擲出3。

構成「樣本空間」的組合數——可能產生的總結果數——加起來遠比兩顆骰子上總共看得到的十二面來得大。卡達諾認出點數組合所扮演的強大角色，是他發展機率法則的最重要一步。美式雙骰遊戲（craps）即是闡明組合對計算機率有多重要的實例。如卡達諾所證明，擲一對六面骰會造就不是十一種（從2到12），而是三十六種可能的組合，一路從「蛇眼」（兩個1）到「貨車」（兩個6）。

7，雙骰遊戲的關鍵點數，是最容易擲出來的。擲出7的機率是擲出兩個1或兩個6的六倍、另一個關鍵點數11的三倍。有六種不同的方式可以擲出7：6＋1、5＋2、4＋3、3＋4、2＋5和1＋6；請注意這種模式就是三種不同組合的和——2和5、3和4、1和6。擲出11只有兩種方式，因為那是僅僅一種組合的和：5＋6或6＋5。

要擲出兩個1或兩個6都只有一種方式。熟記這張表對雙骰遊戲的愛好者有利無弊：

投擲一對骰子所得點數和的機率

點數	機率
2	1/36
3	2/36或1/18
4	3/36或1/12
5	4/36或1/9
6	5/36
7	6/36或1/6
8	5/36
9	4/36或1/9
10	3/36或1/12
11	2/36或1/18
12	1/36

在雙陸棋（backgammon），另一種玩家要擲兩顆骰子的遊戲，可以把兩顆骰子的點數加起來，或分開來看。舉個例子，這意味著在擲兩顆骰子的時候，一個5可能以十五種不同的方式出現：

5＋1　5＋2　5＋3　5＋4　5＋5

5＋6　1＋5　2＋5　3＋5　4＋5

6＋5　1＋4　4＋1　2＋3　3＋2

所以擲出5的機率是15/36，或四二%左右。

語義學在此很重要。如卡達諾所說，某項結果的機率是期望的結果與總機會組合的比率。某項結果的「勝算」（odds）則是期望的結果與不期望結果的比率。勝算顯然取決於機率，但當你要下注時，重要的是勝算。

如果在雙陸棋遊戲中擲出5的機率是每三十六次擲出十五次，那擲出5的勝算就是十五比二十一。如果在雙骰遊戲中擲出7的機率是六分之一，那擲出7以外點數的勝算是五比一。這意味如果其他人出5元賭下一次不會擲出7，你頂多只能賭1元賭會擲出7。擲銅板出現人頭的機率是50/50，或二分之一；既然擲出人頭的勝算一半一半，在這種賭博，賭注千萬不要下得比你的對手多。如果賽馬場上某匹不被看好的馬的勝算是一比二十（賠率是二十賠一），那理論上那匹駑馬獲勝的機率的二十一分之一，或約四．八％，而非五％。

實際上，勝算會比五％小得多，因為，不同於雙擲遊戲，賽馬不可能在某人家裡的客廳進行。賽馬需要賽馬場，而賽馬場的經營者和核發執照的政府對彩池（betting pool）都有優先主張的權利。如果你把一場賽事每一匹馬的勝算換算成機率——例如那匹勝算一比二十的馬有四．八％的獲勝機率——再把所有機率加起來，你會發現總和超過百分之百。總和與百分之百之間的差，就是經營者和政府要抽的費用。

第4章 法國大師的時代

卡達諾和伽利略都不知道，他們只要再前進個一兩步，就會發現人類有史以來最具威力的風險管理工具——機率。卡達諾雖根據一連串實驗，得出若干重要通則，但他一心想發展的無非是一套賭博原理，對機率毫無興趣。甚至連伽利略都對賭博原理沒興趣，遑論其他。

伽利略死於一六四二年，十二年後，三個法國人就朝分析機率邁進一大步，本章主要就是介紹這件大事。又過了不到十年，這個剛起步的觀念更加突飛猛進，並發展出完整的理論，開啟了應用機率之門。一個名叫惠更斯（Christian Huygens）的荷蘭人，在一六五七年出版了一本讀者甚眾的機率教科書（牛頓〔I. Newton〕曾在一六六四年仔細閱讀此書，並做了筆記）。大約同時，萊布尼茲也在考慮應用機率處理法律問題的可能性。一六六二年巴黎波爾羅亞（Port-Royal）修道院的修士，聯合完成一本破天荒的綜合哲學與機率的著作，書名叫《邏輯》（*Logic*）。一六六〇年，又有一個名叫葛朗特（John Graunt）的英國人，以當地教會保存的死亡率紀錄為統計樣本，出版了一冊人口學的通則。一六六〇年代晚期，傳統靠出售保險年金籌款的荷蘭城鎮，終於為他們的保險找到精算的依據。到了一七〇〇年，正如導言提過的，連英國政府也開始靠賣保險來彌補預算赤字了。

乍看之下，根本不可能湊在一塊兒的三位法國主角，眼光超越賭桌，為測量機率的理論系統奠定了基礎。第一位登場的巴斯卡，年輕時才智過人、縱情逸樂，後來卻熾烈的投身宗教，狂熱到徹底反理性的程度。第二位費瑪，是位成功的律師，業餘鑽研數學。第三個人是出身貴胄的德米爾，既喜愛數學，對賭博也沉迷不可自拔；他唯一的貢獻就是提出一個難題，促使前兩人踏上發現之路。

年輕放縱的巴斯卡和律師費瑪，都沒有像卡達諾那樣透過實驗求證他們的假設。他們用歸納法創造出有史以來第一套機率原理。這套理論提出一個用具體數字計算機率的方法，使過去做決策全憑個人信念的狀態徹底改觀。

巴斯卡登場

以數學成就傳世的巴斯卡，同時也是位哲學家，他生於一六二三年，約與伽利略完成〈擲骰子論〉同時。他生存的時代處於十六世紀宗教戰爭的餘波中，使他一輩子都在追求數學為終身事業，或服從具有反智本質的宗教信仰之間徘徊，難以取捨。雖然他是位出色的數學家，擁有值得自豪的研究成果，宗教狂熱卻宰制了他的一生。

巴斯卡從小是神童，他對圖形與數字深為著迷，在遊戲室地板上自行繪圖，就對歐幾里得幾何學的大部分精髓無師自通。十六歲時，他寫了一篇討論圓錐體的論文；觀念先進，甚至一代宗師笛卡兒（Descartes）都為之折服。

巴斯卡喜愛數學可說是家學淵源，他的父親也算得上是一位數學家，以收稅為生，當時的職稱叫「稅農」（tax farmer），生活富裕。稅農的職責是先拿一筆錢上繳朝廷——等於先播下種子——然後向公民收取稅款——等於收穫。他就跟所有農人一樣，希望回收的錢能比種子多。

發明計算機

巴斯卡少年時代，為了減輕父親每日記帳的辛勞，曾發明一種計算機，並申請到專利。這具機器有齒輪和輪盤，向前轉是加，向後轉是減，跟現代電子計算機的前身非常類似。少年巴斯卡也設法用這具機器做乘法和除法，甚至還研究讓它開平方根。很不幸的是，對往後兩百五十年從事會計、帳房工作的人來說，他的發明因為生產成本過高而無法上市。

巴斯卡的父親知道兒子天資過人，在他十四歲時，就引薦他參加每週在耶穌會修士梅爾勝（Marin Mersenne）位於巴黎皇家廣場的家中舉行的討論會，與會者都是一時之選，主持人梅爾勝修士更是十六世紀前半科學界與數學界的核心人物。他除了邀請學者每週到他家聚會，還用一手潦草難解的筆跡發函，將重要的新發現公告周知。

在沒有學會、專業學報或其他交換觀念與資訊的管道的時代，梅爾勝對新理論的發展與傳播貢獻甚大。巴黎科學院與倫敦皇家學會在梅爾勝去世約二十年後才成立，它們都可說是梅爾勝學術活動的直系後裔。

巴斯卡早年關於幾何學與代數學的論文，雖然讓他在梅爾勝修士家中遇見的大牌數學家心中留下深刻印象，但他不久之後卻對另一個領域產生興趣。一六四六年，他的父親在冰上滑倒，摔斷了髖骨；他的接骨師恰巧是天主教一個旁系「楊森學派」（Jansenism）的信徒。這批人相信，通往救贖唯一的路就是禁欲、犧牲、堅守最嚴格困苦的修行。他們聲稱，一個人若不能在道德上淨化，就會再度墜入罪惡的淵藪。他們只講感情與信心，認為理性妨礙救贖之道。

在接好老巴斯卡的骨頭後，楊森教徒在他們家又待了三個月，並對小巴斯卡的心靈造成影響。小巴斯卡熱烈的接納他們的教義，不但把數學與科學丟在一旁，連過去花天酒地的樂趣也一古腦兒揚棄，把全副心力投注於宗教。對於自己的轉變，他唯一的解釋就是質疑：「誰把我放在這兒？出於誰的命令與授權，讓我擁有此時此地？無盡的空間，永恆的沉默，令我戰慄不已。」

無法克服的戰慄使他在一六五〇年，年滿二十七歲的時候，身體出現半身不遂、吞嚥困難、頭痛等症狀。醫生建議他為了治病，不妨打起精神，恢復過去的尋歡作樂。巴斯卡立刻接受他們的忠告。他在父親去世時告訴妹妹說：「咱們不要像沒有希望的異教徒那樣悲傷吧。」他重拾舊時的生活方式，生活更為放蕩，經常出入巴黎的賭場。

巴斯卡也恢復鑽研數學及其他相關學門。他經由一項實驗證明真空的存在，自從亞里斯多德宣稱自然界不容真空存在，這個問題就引起廣泛爭議。巴斯卡在實驗中示範，使用一支以水銀排出所有空氣的玻璃管，可測量不同海拔高度的大氣壓力。

德米爾的賭法

約在此時，巴斯卡認識了自以為精通數學，能在賭場穩操勝券的德米爾。一六五〇年，他在寫給巴斯卡的一封信中自吹自擂：「我在數學中發現了古代最有學問的人也沒能想到的希罕事，連歐洲最傑出的數學家聽了都會大吃一驚。」

萊布尼茲大概就曾經「吃驚」過，因為他曾形容德米爾為「一個心智敏銳、既是賭徒又是哲學家的人」。但萊布尼茲經過考慮，似乎又改了想法，因為他後來又說：「德米爾寫給巴斯卡的信裝腔作勢，我差點當場大笑出來。」

巴斯卡顯然有同感，他寫信給一位同行說：「德米爾先生很聰明，只可惜他不是幾何學家，你也知道，這是嚴重的缺點。」一副學院中人嘲弄圈外人的口吻，其實他低估了德米爾。

但今天我們對德米爾有所了解，完全靠巴斯卡提供資訊。德米爾似乎對機率有絕佳的直覺，他經常在賭友公認勝算極低的賭局上下注——大家都以為他贏錢純靠運氣。但巴斯卡指出，德米爾早已知道，一枚骰子連丟四次，擲出六點的機率大於五成（51.77469136%）。他的策略是連續下注很多次，只贏一小筆錢。這種賭法需要大筆賭資，因為前面可能連續很多次都沒有出現六點，但後來卻連續出現很多次，最後總平均出現率仍然大於五成。

德米爾曾經嘗試「雙六」（sonnez）的賭法——即賭丟兩枚骰子同時出現六點，他以為這麼連丟二十四次，勝算也會大於五成。但在輸了一大筆錢之後他才發現，連擲二十四次的勝算僅四九．一四%，要連擲二十五次，機率才提高為五〇．五五%。可見風險管理史的一本帳，有赤字也有盈餘。

德米爾遇見巴斯卡時，正與若干法國數學家討論「帕契歐里的陳年難題」——兩個人玩骰子，但賭局並未終局，該如何分配賭注？沒有人能解答。

與費瑪通信

巴斯卡雖然對這個問題很感興趣，卻懶得花力氣深入探討。換在今天，這類題目可能由某個學會在年會中成立一個專題委員會研究，但巴斯卡的時代可沒有這種組織，通常就是由一小撮學者在梅爾勝修士家中聊聊罷了。較正規的做法是跟其他有可能研究這題目的數學家通信，向他們請益。巴斯卡在一六五四年向「梅爾勝集團」中的卡爾卡維（Pierre de Carcavi）求助，卡爾卡維介紹他跟圖盧茲（Toulouse）的費瑪律師通信。

在這個問題上，費瑪是巴斯卡所能找到最得力的幫手。他學富五車，精通歐洲所有主要語言，能用好幾種語文寫詩，經常針對古希臘羅馬文學大發議論，他更是屈指可數的傑出數學家。他在解析幾何上迭有創見、推動早期微積分的發展、曾研究地球的重量，也研究過光線折射與光學。跟巴斯卡長期通信期間，他對機率理論的成形，也有可觀的貢獻。

但費瑪最大的成就在於數字理論——分析所有整數與其他整數之間的關係與結構。這些關係牽涉許多到今天還不見得解決的謎團。例如，希臘人發現所謂的「完美數」（perfect numbers），這些數字是它本身全部因數之和。例如第一個完美數是（6＝1＋2＋3）。6的下一個完美數是28（1＋2＋4＋7＋14），第三個完美數是496，接著是8,128，第五個則是33,550,336。

畢達哥拉斯發現他稱之為「親和數」（amicable numbers）的數字，兩個數字互為對方因數之和，例如284的因數為1，2，4，71，142，相加之和為220；而220的因數為1，2，4，5，10，11，20，22，44，55，110，相加之和為284。

目前還沒有辦法找出所有存在的完美數與親和數，也沒有人能對它們形成的數列關係加以解釋。「質數」（prime number，不能分解因數的數字，例如1，3，29）也面臨同樣的困難。費瑪一度以為他發現了一則其解永遠為質數的公式，但他無法在理論上證明這道公式的解答永遠是質數。他的公式第一個答案是5，接著是17，接著257，接著65,537，這些數字確實都是質數；之後由他的公式算出的數字為4,294,967,297。

費瑪最為世人熟知的應推所謂的「費瑪最後定理」（Fermat's Last Theorem），是他寫在丟番圖的《算術》（*Arithmetic*）一書行間的一個注腳，內容很簡單，證明卻非常複雜。

費瑪最後定理

希臘數學家畢達哥拉斯是第一個證明出，直角三角形斜邊的平方為其他兩邊平方之和。研究二次方程式的開路先鋒丟番圖，也寫過類似的方程式：$x^4+y^4+z^4=u^2$。費瑪問：「為什麼丟番圖不用兩個數字的四次方，使它們的和為另一數字的平方？因為做不到，我可以精密的證明。」費瑪發現，$a^2+b^2=c^2$，但a^3+b^3絕不會等於c^3，而任何大於2的整數也都無法適用這道公式：畢氏定理只適用於直角三角形。

費瑪接著又寫道：「我發現這個命題有個很棒的證明，但書上空白太窄了，無法把它寫出來。」就這麼簡單的一句話，害三百五十年來的數學家，為了求證一個實際應用無誤的理論而絞盡腦汁。一九九三年，英國數學家懷爾斯（Andrew Wiles）宣稱，他在普林斯頓大學的閣樓裡窮經皓首，終於解開了這個難題。他的成果刊登在一九九五年五月號的《數學年報》（*Annals of Mathematics*），但數學界對於他是否真正成功仍有爭議。

「費瑪最後定理」的趣味性高於一切。但費瑪與巴斯卡合作開啟的機率天地，卻奠定了現代保險學與其他形式風險管理的基礎，足以留名千古。

勝率的計算

要解決「帕契歐里難題」，必須先承認在賭局中斷時領先的一家，也是賭局若繼續時，勝算較大的一方，問題是，如何計算他的勝算比對手大多少，落後的一方獲勝的機會小多少？這些疑團如何用科學解答？

巴斯卡與費瑪在一六五四年就這個問題的通信，可說是數學史與機率理論的一大轉捩點❶。他們為解決德米爾對這個古老難題的疑惑，建立了一套分析未來結果的程序。既然將來可能發生的狀況會比實際發生的狀況多，他們提供一套判斷每種可能結果最終會成為事實的程序——假設所有的結果都永遠能用數學方法測量。

他們分頭從不同角度處理這問題。費瑪使用純粹代數，巴斯卡較具創意，用幾何的形式呈現潛在的代數結構。他的方法不但比較簡單，也適用於多種不同的機率問題。

四元玉鑑

這套幾何數學背後的基本數學觀念，早在巴斯卡與費瑪加以利用前就存在，而開儼在四百五十年前，就考慮過這個問題。西元一三〇三年，中國數學家朱世傑也用一種他稱為「四元玉鑑」（Precious Mirror of the Four Elements）的方法處理過這問題，他坦承這方法並非他首創。後來卡達諾也提出這種方法。

朱世傑的「四元玉鑑」到了巴斯卡手中，就成了「巴斯卡三角」（Pascal's Triangle）。巴斯卡在自傳中吹噓道：「我的材料不算新，但我安排的方式確是全新的。大家用同樣的球打網球，可是就有人球發得特別好。」

第一眼看見巴斯卡三角，可能會眼花撩亂，但它潛在的結構非常簡單：每個數字就是上一列位於它左右的兩個數字之和。

分析機率就是統計某一事件發展可能出現的不同結果的總數——卡達諾稱之為「循環」（circuit）。這也就是三角圖形中一排排不斷擴充的數字所提供

						1						
					1		1					
				1		2		1				
			1		3		3		1			
		1		4		6		4		1		
	1		5		10		10		5		1	
1		6		15		20		15		6		1

的資訊。最上層顯示，只有一種必然的結果，毫無不確定可言，這種狀況跟機率無關。第二排開始才涉及機率，它顯示各占一半的可能：就好比如果一個家庭只生一個小孩，生出的會是男孩或女孩，或丟銅板出現人頭的機率，總共只有兩種可能，非此即彼，男孩或女孩，正面或反面；機率都是五〇％。

生男或生女？

沿著三角形往下，發展都一樣，用前一排的數字兩兩相加。第三排顯示，如果一個家庭生兩個小孩，就有四種可能的組合：一種是生兩個男孩的機會，一種是生兩個女孩，生一男一女的機會有兩種——先生男孩再生女孩，或先生女孩再生男孩。由此可見，在四種結果當中，有三種是這家人至少有一個男孩（或女孩），所以有兩個小孩的家庭裡，至少有一個男孩（或女孩）的占七五％；有一男一女的機率是五〇％。這種計算過程採用的數字組合方式，卡達諾無疑已經知道，但巴斯卡卻是將它完整呈現的第一人。

同樣的分析方法也可以解答「帕契歐里難題」。我們不妨把帕契歐里的骰子遊戲改成現代棒球。如果我們的球隊第一場就打輸了，那我們贏得世界大賽的機會有多少？若假設球賽跟機率遊戲一樣，兩隊實力相當，那麼這問題就跟費瑪與巴斯卡要解決的問題如出一轍。

因為對手隊已經贏了一場球，輸隊要贏得獎盃就不是原先的七戰四勝，而必須做到六戰四勝。六次比賽可能有多少種結果？其中又有幾種輸贏分配符合取得獎盃的條件呢？你的隊伍可能打贏第二場，輸掉第三場，然後連贏三場。也可能連輸兩場，接著又連贏四場。也可能一口氣先贏四場，使對手只有一勝的紀錄。

六場比賽中有多少勝負的組合？可以從三角形查到，我們只需找到對應的那排數列。

---

❶ 這封信全文的英譯發表於：David, 1962, Appendix 4.

注意三角形的第二排，亦即機會為一半一半，好比一家人生一個小孩，或丟銅板一次，總共只有兩種可能的結局。下一排顯示生兩個小孩，或丟銅板兩次的結果，就有四種可能，亦即2^2。再下一排好比一家人生三個小孩，或丟銅板三次，有八種可能，亦即2^3。世界大賽還要打六場，應該看的是排中各數字相加之和是2^6的那排，亦即有六十四種可能的勝負組合❷，這一排的數字排列如下：

1　6　15　20　15　6　1

還記得我隊需要再贏四場才能奪標，但對手只需再贏三場嗎？我隊只有一個機會可能贏得以後的每一場比賽，讓對手掛零；最左邊的數字1就代表這種可能。右邊接著是數字6，如果對手只贏一場球，我隊也能奪得錦標，這種機會有六種組合，以A表示我隊贏，B代表對手贏：

BAAAAA　ABAAAA　AABAAA　AAABAA　AAAABA　AAAAAB

至於我隊贏四次，對手贏兩次，組合方式共有十五種。

所有其他的組合，對手贏球的場數都超過我隊，換言之，我隊在輸掉第一場球以後，奪標的機會是1＋6＋15＝22種組合，另外的四十二種組合，都是由對手奪得冠軍。於是機率就成為22/64——略高於三分之一而已。

這個例子有一點不通之處。我隊只要贏得四場，確定獲得錦標後，其實就沒有必要繼續比賽，所以實際比賽的場次不見得那麼多。

雖然現實生活中的球隊，只要冠軍隊伍確立，就立刻中止賽程，但完整而合理的解題方式，卻必須列舉**每一種**比賽結果的組合。正如巴斯卡在寫給費瑪的信中指出，數學法則凌駕參賽者本身的意願之上。他說：「不論他們是否照規定比完，都沒有影響。」

卓越的數學家

巴斯卡與費瑪的通信，對兩人都是深入新知識領域的刺激冒險。費瑪寫信告訴卡爾卡維，巴斯卡「只要動手，就能解決一切難題」。巴斯卡曾在寫給費瑪的信中承認：「你的數列……遠超出我的理解。」他也在別處形容費瑪「才學出眾……無人能及……優秀的作品使他成為歐洲數學家翹楚」。

如何分配賭資？

對虔誠信仰宗教、重視道德修養的巴斯卡和法學專家費瑪而言，這問題不僅牽涉到數學而已。根據他們提出的解答，如何分配「帕契歐里難題」中的賭資也關係**正當的權利**。雖然參加者大可平分賭資，但巴斯卡與費瑪都不能接受這種解決方式，因為這對在比賽中斷時領先的玩者，絕對是不公平的。

巴斯卡就道德問題做了非常清楚的解釋，他指出，「我們必須考慮的第一個問題，就是賭徒就這場遊戲下的賭注，已經不再屬於他們……他們下注後換到一套在一開始就同意的規則，預期幸運會降臨自己身上。」如果每個賭徒決定在遊戲結束之前退出，每個人對賭注的權利就必須重新調整，這時「每人可以取得

❷ 數學家會注意到巴斯卡這裡真正提供的是二項式展開，或者（a＋b）連乘法的係數。例如，第一行是$(a+b)^0$，而第四行是$(a+b)^3=1a^3+3a^2b+3ab^2+1b^3$

的金額，應該跟他們對運氣的期待成正比，這才是最公正的分配方式」。這種完全依照機率原理的分配方式，才是分配賭注唯一最公正的方式。

從這個角度看，巴斯卡與費瑪的解答有非常濃厚的風險管理色彩，雖然他們當時並非採取這種思考的角度。不論玩骰子、買股票、蓋工廠、開刀割盲腸，當遊戲規則曖昧難明時，只有傻瓜才會一頭往裡栽。

但除了道德問題，巴斯卡與費瑪提出的解答也確實導出涉及兩個或更多玩者時，計算機率的通則與規則。他們把卡達諾的理論分析又向前推進一大步，卡達諾只證明了用兩粒六面的骰子（或一粒骰子投擲兩次），可以投出的組合總數為六的平方，而若用三粒骰子，組合總數為六的三次方。

這一系列通信的最後一封，日期為一六五四年十月二十七日。過後不到一個月，巴斯卡經歷一次靈異的體驗，他把這次事件的紀錄縫在外套裡，以示永遠貼近自己的心。他決定「完全而甘美的放棄俗世」。此後他拋開數學與物理，不再過奢華的生活，息交絕遊，賣掉所有財產，只留下宗教書籍，不久，就隱遁到巴黎的波爾羅亞修道院去了。

但他精明的天性並不那麼容易說割捨就割捨，他建立了巴黎第一條商業公車路線，所有利潤都歸波爾羅亞修道院所有。

一六六〇年七月，巴斯卡到柯樂蒙—費杭（Clermont-Ferrand）旅行，此地距費瑪居住的圖盧茲不遠。費瑪提議在一個位於兩座城市中點的地方相見，「擁抱你，跟你好好聊幾天」。但巴斯卡以健康不良為由，拒絕多走這段路。八月他回信道：「我已幾乎不記得數學這種東西了。我覺得數學是無用之物，一位數學家和一個靈巧的工匠又有什麼不同？雖然我承認它是世間最高明的技藝，但畢竟還是一種技藝……我大概再也不會想它了。」

在波爾羅亞期間，巴斯卡把有關人生與宗教的心得撰成一書，命名為《沉思錄》（*Pensées*）出版。海金說，寫作《沉思錄》期間，巴斯卡曾經把兩張紙的兩面都塗寫得密密麻麻，「筆跡縱橫各個方向，到處是擦拭、修改、增補的痕跡」，成為一篇稱作〈巴斯卡的賭注〉（le pari de Pascal）的文章，文中問道：「上帝存在，或不存在。我們應該選擇哪一邊？理性無法答覆。」

巴斯卡在文中根據他研究機率的成果，用機率遊戲來分析他的問題。他假設有種等到無數年後才結束的遊戲，到時要丟一個銅板，你會賭哪一邊——正面（上帝存在）或反面（不存在）？

決定如何行動

海金認為巴斯卡在回答這問題時做的分析，就是決策理論的濫觴。依照海金的說法，「決策理論就是在我們無法確知會發生什麼事時，決定該如何行動的理論。」這個決定也就是管理風險不可或缺的第一步。有時我們做的決定是根據過去的經驗，亦即人生歷程中，自己或別人做過的實驗，但我們無法藉實驗去證明上帝存不存在。唯一的變通方法就是探討相信神或否定神，將來會各有什麼後果。我們無法從頭來過，但是只要活在世上，就不得不玩這場遊戲。

巴斯卡解釋，信神不是一種決定。你不可能某天一大早醒來說：「今天我決定信神。」信就是信，不信就是不信。所以重點在於，你該不該採取某種能幫助自己相信上帝的行動，比方說，跟虔誠的人住在一塊兒，每天讀經禮拜，行善積德。這麼做就是下注賭上帝存在，懶得理會這種事的人就是賭上帝不存在。

巴斯卡把上帝存在與否的選擇，比作無窮盡的丟銅板賭局，因為機率永遠是一半一半，所以不如先考慮哪種**結果**最有利❸。

---

❸巴斯卡這裡的決策分析早於丹尼爾•伯努利一七三八年的劃時代突破，後者我們會在第六章詳盡探討。

如果上帝不存在，你過虔誠的生活或滿身罪孽都無所謂，但假設上帝存在，你生活放縱淫亂，就得冒永墜地獄、不得翻身的風險；賭上帝存在的人，賭贏就可望獲得救贖。贏得救贖顯然比永墜地獄好，所以正確的決定就是假設上帝存在，做個篤信上帝、謹言慎行的好人。「賭哪一邊？」在巴斯卡看來答案很明顯。

《邏輯》出版

巴斯卡決定把公車營運利潤交給波爾羅亞修道院時，有項有趣的副產品。一六六二年，他在修道院的幾位同事出版了一部非常重要的著作——《邏輯》，亦名《思考的藝術》（*l'art de penser*），這本書從一六六二年到一六六八年，一共發行了五版。雖然真正作者為誰從未對外透露，但一般相信主要執筆者（不止一人）是阿爾諾（Antoine Arnauld），海金說他「可能是當代最傑出的神學家」。這本書立刻譯為歐洲其他語言，風行全歐，直到十九世紀仍然是一本重要的教科書。

書中最後一部分用四章的篇幅討論機率，探討如何從有限的已知數據，發展出一套假說。這套程序今天稱之為「統計推論」（statistical inference）。這幾章的內容也包括「以理性判斷是否服從他人命令的規則」、解釋奇蹟的規則、解釋歷史事件的基礎、如何計算機率等。

以1賭9

最後一章討論十名賭徒，每人都企圖下注一枚銅板冒險，以期贏得其他賭徒的九枚銅板。作者指出：「輸一枚銅板的機會為九，贏九枚銅板的機會為一。」雖然這種觀點並無新意，這個句子卻沿用至今。海金說這是有史以來，用數字計算機率，見諸文字的第一次。

不過這句話不朽的原因還不止於此。作者承認他描述的賭局並無足道，但他以自然界的現象做類比。

例如，人遭雷擊的機率很小，但「很多人聽見打雷就害怕」。接著他做了一個非常重要的結論：「對傷害的恐懼不僅跟傷害的嚴重性成正比，也跟受傷的機率成正比。」這又是一大創新：嚴重性與可能性都可能影響到決策。我們可以反過來說：一項決策同時涉及我們對某一特定結果出現的希望強度，以及我們對該結果可能出現的信心強度。

當事人對某件事物的欲望強度（後來稱為「效用」），不久就不再受制於機率。效用即將取代機率，成為所有決策與風險理論的核心，並在以下各章節中一再出現。

風險管理的開端

歷史學家很喜歡討論失之交臂的現象（near-misses）——即某件驚天動地的大事差點發生，卻因為某種緣故未能實現。巴斯卡三角的故事就是失之交臂最好的例子。我們看到如何預測一個有很多子女的家庭中，可能有的男孩數與女孩數。我們也曾預測世界大賽，若各隊實力相當，比賽進行到某個程度時，可能出現的結果有哪些。

簡言之，我們在預測未來！巴斯卡與費瑪掌握了有系統的計算未來事件機率的鑰匙——就算他們還沒有轉動鑰匙，起碼也已將鑰匙插進了鎖孔。他們為商業管理、風險管理，尤其是為保險業開路的工作，即將有其他人接手——阿爾諾的《邏輯》一書，幫助這些人踏出非常重要的第一步。預測經濟趨勢，或使用機率預測財務損失，對巴斯卡與費瑪而言，都還太遙遠，所以他們不知道自己錯失了什麼。我們也是靠後見之明，才知道他們曾經多麼接近目標。

未來必然充滿了不確定，使我們處於希望與恐懼中，永遠無法完全擺脫命運的影響，但從一六五四年開始，求神燒香就不再是占卜未來的主流了。

第5章

鈕扣商人葛朗特

大家都有過只掌握有限數據，就必須馬上做決定的經驗。淺啜一小口，甚至只能聞一下，就要決定一整瓶紅酒好不好喝。追求終身伴侶的時間，遠比跟對方共度的下半輩子短得多。幾滴血中的DNA，就構成定罪或釋放謀殺嫌犯的證據。訪談兩千個人而完成的一次調查，將用來代表全國老百姓的「民意」。道瓊工業平均指數只有三十種股票，但我們用它評估數百萬家庭、數千個大型金融機構、數兆美元財富的起落變化。出了名討厭花椰菜的美國前總統老布希（George H. W. Bush），才吃了兩口就決定一輩子不碰。

大部分重要決策事先都必須抽樣：把整瓶酒都喝光再宣布喝不得，未免太遲；醫生不能把你全身血抽光，再決定開什麼藥，或要不要檢驗你的DNA；總統不能每個月舉行全民公投以了解選民要什麼——當然也不能把全世界的花椰菜都吃下肚，再宣稱他厭惡這種味道。

抽樣是冒險必備的第一步。我們總是根據過去與現在的樣本揣摩未來。常聽人說「平均而言」，但所謂的平均究竟有多可靠？我們據以做判斷的樣本有多少代表性？到底什麼是「常態」？統計學家常開玩笑說，一個人如果把頭放在冰箱，腳放在烤箱，平均而言，應該覺得很舒服。瞎子摸象的寓言講的也就是這麼回事：那麼大一頭象，每個人卻都只抽了極小的樣本。

統計抽樣的發展

統計抽樣的歷史悠久，二十世紀的技巧當然比古老原始的方法進步多了。從前的抽樣方法，最有趣的一種應推英國國王或皇家代表舉行的「貨幣檢定」（Trial of the Pyx）❶儀式，這種儀式在一二七九年愛德華一世（Edward I）時代，已相當完善，法定的程序如下：

這項檢定的目的是確認皇家鑄幣廠鑄出的錢幣成色與重量，都符合鑄幣標準條例的規定。樣本錢幣須放在一個特製的盒子裡：照規定，錢幣應該從鑄幣廠的產品中任意挑選。檢定的依據是收藏在西敏寺一個上了三道鎖的藏寶室裡的原版。檢定手續允許一定範圍內的誤差，因為不可能要求每枚錢幣都做得跟原版完全一致。

一六六二年，也就是巴斯卡與費瑪開始通信的第八年（這一年巴斯卡也為自己解開了上帝是否存在的疑難），有人試圖在統計抽樣方面做更大的突破，並帶來重大影響。一本名叫《根據死亡率所做的自然與政治觀察》（*Natural and Political Observations made upon the Bills of Mortality*）的小冊子在倫敦出版，書中綜合一六〇四到一六六一年倫敦的出生率與死亡率，並用很長的篇幅解釋這些數據。在統計學與社會研究的發展史上，這本小書是一大驚人的突破，使抽樣方法與機率計算法都猛然躍進了一大步——不論從事保險，評估環境危機，乃至設計最複雜的衍生性金融商品，這兩者都是管理風險不可或缺的原料。

該書作者葛朗特既非統計學家，也不是人口學家——那年頭根本沒有這種頭銜。他也不是數學家、精算師、科學家、大學教授或政治家。當時四十二歲的葛朗特，自成年後就一直以販賣縫紉用品為生。

❶編按：對鑄幣廠硬幣的年度檢查，鑑定其重量、質地等是否標準。

葛朗特的生意想必做得不錯，他賺了足夠的錢，而有餘力培養比買賣針線、鈕扣更清雅的興趣。與他同時代的奧布里（John Aubrey）為他作傳，說他「聰明好學……每日早起，趁店鋪開門前自修……口才流利，妙趣橫生」。他跟同時期幾位傑出學者都結為好友，其中配第（William Petty）還曾用人口統計學幫他解決若干複雜的問題。

配第這個人也值得一提，他原來開業行醫，也做過愛爾蘭海關驗貨員、在大學裡教過解剖學和音樂。他趁愛爾蘭戰爭期間大發國難財，暴發致富，寫過一本名為《政治算術》（*Political Arithmetick*）的書，並靠這本書贏得「現代經濟學之父」的封號。

小商人加入皇家學會

葛朗特的書起碼發行了五版，揚名英國與海外。配第在一六六六年發表於巴黎《知識期刊》（*Journal des Sçavans*）上的書評，啟發法國人在一六六七年做了類似的調查。葛朗特的成就引起的廣泛注意，連英王查理二世（Charles II）也提名他加入新成立的「皇家學會」。雖然學會成員對於接納一個小生意人入會，反應非常冷淡，但國王告訴他們：「如果還能找到其他類似的小生意人，都要讓他們入會，不許囉唆。」所以葛朗特順利成為會員。

皇家學會得以成立，應歸功一個名叫魏爾金斯（John Wilkins, 1617-1672）的人，他模仿法國梅爾勝修士的做法，廣邀熟識的學術菁英組成一個俱樂部，在瓦德漢學院（Wadham College）他的宿舍內聚會。後來他又把這種非正式聚會，組織成全世界第一個科學學會，也是十七世紀末成立的諸多類似學術機構中，最具分量的一個；法國科學院不久後也模仿皇家學會的模式跟著成立。

魏爾金斯後來成為契切斯特（Chichester）主教，但他有趣的事蹟卻是撰寫一部與機率有關的科幻小說。這部作品的名字長得有點不知所云，叫作《發現月亮裡的世界，或希望證明月球有可能適合人類居住之論文》（*The Discovery of a World in the Moone or a discourse tending to prove that 'tis probable there may be another habitable world in that planet*），出版於一六四〇年。他不但是凡爾納（Jules Verne）❷式科幻小說的先驅，也曾試圖設計一艘可深入南極海的潛艇。

統計學的緣起

我們不知道葛朗特編纂倫敦出生率與死亡率的靈感打哪兒來，但他自承「從大家一向不屑一顧的死亡率報表中，推演出那麼多出乎意料之外、有深度的結論，帶給我很大樂趣……嘗試新事物，總是趣味無窮」。此外，他還有個嚴肅的目標：「了解各個性別、國籍、年齡、宗教、行業、階級等等的人口，擁有這樣的知識，商業與政府就更穩定，便於正常運作；因為知道以上的數據，就知道這些人消費的數量，不致做出乖離事實的預估。」甚至市場研究的觀念都可說是他發明的，他至少首度提供了政府國內役男的人數。

地區教會一直負責保管出生與死亡資料，從一六〇三年起，倫敦市政府也開始每週做紀錄。荷蘭的數據更多，因為當地城鎮用人壽保險費津貼行政開銷——這種保險是一次付一大筆錢，然後保單持有者有生之年都可以領取年金，有時還可由遺族繼承這項權利。法國教會也保存著出生受洗與死亡的紀錄。

海金認為，葛朗特與配第都沒聽說過巴斯卡與惠更斯的研究，但「不知是天意，或出於賭博、商業、法律的需要，同樣的觀念在很多人心中同時出現」。顯然葛朗特選了一個好時機來出版他分析英國人口組成

❷ 編按：法國科幻小說家，著有《海底兩萬哩》（*Vingt mille lieues sous les mers*）、《地心歷險記》（*Voyage au centre de la Terre*）等書。

的重要心得。

葛朗特對於自己革新抽樣理論的功績，毫無自知之明。事實上，他研究的是全部的死亡率紀錄，根本沒抽樣。但他對原始數據做系統推理的方式，從來沒有人嘗試過。他分析數據的方法，打下了統計學的基礎。英文中「統計學」（statistics）一字，源自分析政府（state）的量化數據。葛朗特與配第可視為這個研究領域的聯合發明人。

人口統計日益重要

葛朗特從事研究時，以農業為主的英國社會正逐步成熟，轉型發展私有財產與海外貿易。海金指出，在賦稅以土地和收成為依據的時代，實際人口數字是個無關緊要的問題。例如征服者威廉（William the Conqueror）曾在一〇八五年做了一次土地勘查，報告書中對地籍詳加記載，對擁有土地的人數卻語焉不詳。

但隨著城鎮人口不斷增加，人口統計也愈來愈重要。配第指出，人口統計在估計役齡男子人數與稅捐收入時，都非常重要。但由葛朗特商人本位的眼光來看，他注意的是景氣，政治考量反而不那麼重要。

還有一個不可忽視的因素。葛朗特的書出版前兩年，被放逐荷蘭的查理二世剛被召回：復辟勢力占了上風，英國終於可以擺脫清教徒加諸整個國家的知識壓迫。專制主義與共和主義垮台，代之而興的自由與進步觀念席捲全國。來自大西洋彼岸的美洲，以及非洲、亞洲殖民地的大筆財富紛紛湧至。年方二十八的牛頓，正領導大家用不同的觀點思考他們居住的行星。人稱「快樂王」（Merry Monarch）的查理二世胸襟開放，從不避諱對人生美好事物的喜愛。

所以當時是站起身，好好看看周遭的時候了。而葛朗特就這麼做了。

統計推論

研究社會學、醫學、政治學、歷史的人，可能都會對葛朗特的書感興趣，但他最大的創新還是在樣本的運用。葛朗特知道他所能取得的統計數字，只代表自古到今，倫敦出生與死亡的人數中的一小部分，但他毫不猶豫的據此做出更廣泛的結論。他的分析方法今天稱為「統計推論」——從樣本數據估計母體現象；而估計值與實際值之間的誤差則留給後來的統計學家思索。葛朗特開天闢地的努力，把收集資訊這麼一道簡單的手續，變成解釋世界的一種複雜有力的工具。

葛朗特收集的材料，都存在倫敦市政府從一六〇三年開始登錄的死亡紀錄裡。伊麗莎白女王（Queen Elizabeth）在該年去世，純屬巧合；這一年，倫敦遭到有史以來最大的一場瘟疫襲擊，使公共衛生數據的精確性變得格外重要。

死亡紀錄不僅記載死亡人數，也記載死因，還列出同一週內受洗的兒童人數。下頁圖是一六六五年兩個星期的文件。❸以一六六五年為例，從九月十二日至十九日那個星期，有七千一百六十五人死於瘟疫，一百三十個教區，僅四個教區沒有死人。

死因離奇

葛朗特對死因，以及一般人長時期在到處蔓延的流行性疾病陰影下生活的情形，尤其感興趣。以一六三二年為例，他列出將近六十種不同死因，六百二十八人死於「年老」，其他人分別死於「驚嚇

❸這份一便士可買到多少麵包的資訊提供了評估生活費用的標準。我們這個時代則以一組商品與服務做為標準。

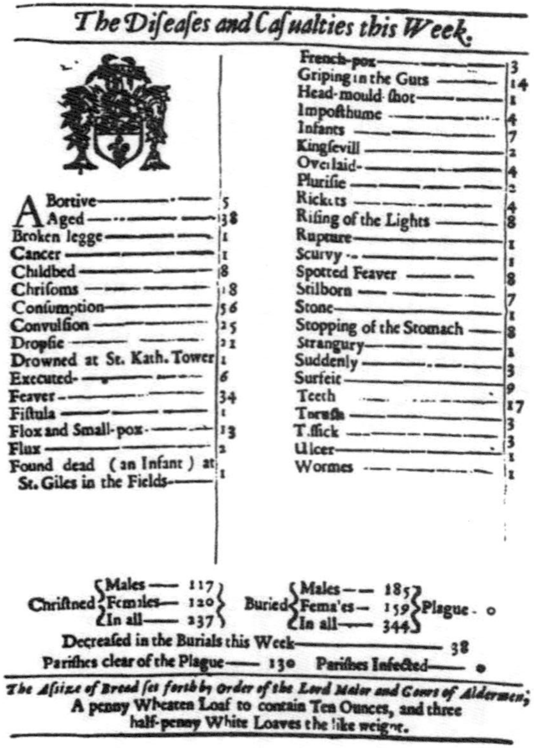

The Diseases and Casualties this Week.

Abortive	5
Aged	38
Broken legge	1
Cancer	1
Childbed	8
Chrisoms	18
Consumption	56
Convulsion	35
Dropsie	21
Drowned at St. Kath. Tower	1
Executed	6
Feaver	34
Fistula	1
Flox and Small-pox	13
Flux	2
Found dead (an Infant) at St. Giles in the Fields	1
French-pox	3
Griping in the Guts	14
Head-mould shot	1
Imposthume	4
Infants	7
Kingsevill	2
Overlaid	4
Plurisie	2
Rickets	4
Rising of the Lights	8
Rupture	1
Scurvy	1
Spotted Feaver	8
Stilborn	7
Stone	1
Stopping of the Stomach	8
Strangury	1
Suddenly	3
Surfeit	9
Teeth	17
Thrush	3
Tissick	3
Ulcer	1
Wormes	1

Christned: Males — 117, Females — 120, In all — 237
Buried: Males — 185, Females — 159, In all — 344; Plague — 0

Decreased in the Burials this Week — 38

Parishes clear of the Plague — 130 Parishes Infected — 0

The Assize of Bread set forth by Order of the Lord Maior and Court of Aldermen;
A penny Wheaten Loaf to contain Ten Ounces, and three half-penny White Loaves the like weight.

1665年4月11－18日

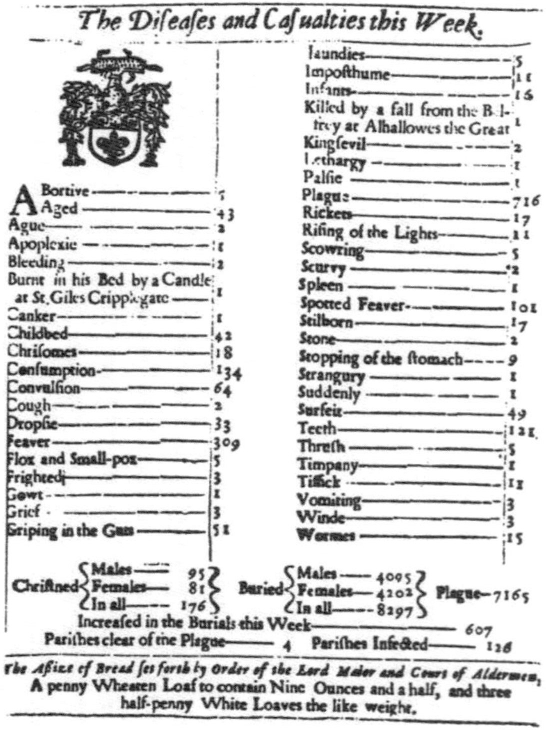

The Diseases and Casualties this Week.

Abortive	5
Aged	43
Ague	2
Apoplexie	1
Bleeding	2
Burnt in his Bed by a Candle at St. Giles Cripplegate	1
Canker	1
Childbed	42
Chrisomes	18
Consumption	134
Convulsion	64
Cough	2
Dropsie	33
Feaver	309
Flox and Small-pox	5
Frighted	3
Gowt	1
Grief	3
Griping in the Guts	51
Jaundies	5
Imposthume	11
Infants	16
Killed by a fall from the Belfrey at Alhallowes the Great	1
Kingsevil	2
Lethargy	1
Palsie	1
Plague	7165
Rickets	17
Rising of the Lights	11
Scowring	5
Scurvy	2
Spleen	1
Spotted Feaver	101
Stilborn	17
Stone	2
Stopping of the stomach	9
Strangury	1
Suddenly	1
Surfeit	49
Teeth	121
Thrush	5
Timpany	1
Tissick	11
Vomiting	3
Winde	3
Wormes	15

Christned: Males — 95, Females — 81, In all — 176
Buried: Males — 4095, Females — 4202, In all — 8297; Plague — 7165

Increased in the Burials this Week — 607

Parishes clear of the Plague — 4 Parishes Infected — 126

The Assize of Bread set forth by Order of the Lord Maior and Court of Aldermen,
A penny Wheaten Loaf to contain Nine Ounces and a half, and three half-penny White Loaves the like weight.

1665年9月12－19日

（Reproduction Courtesy of Stephen Stigler）

而死」、「被瘋狗咬到」（以上各一），還有「寄生蟲」、「扁桃腺發炎」、「奶水不夠吃而餓死」。一六三二年一整年只有七個人被「謀害」，十五個人自殺。

葛朗特宣稱：「被殺害者為數甚少……巴黎卻是一年難得幾天沒有發生命案」，他歸功於倫敦市政府和老百姓天性忠厚。他說，即使革命內戰期間，英國人也很少處決自己的同胞。

葛朗特特別提出某幾年死於瘟疫的人數。一六〇三年災情最嚴重，八二％的下葬者是瘟疫致死。據他計算，一六〇四年至一六二四年，有二十二萬九千二百五十人病死，其中三分之一為兒童疾病。他又算出死於其他疾病者，兒童占半數，因此下結論道：「三六％的小孩會在六歲前夭折」，不到四千人是死於「外傷，諸如癌症、瘻管、潰瘍、四肢跌打損傷、瘰癧病、痲瘋病、癩痢頭、鵝痘、長疣等」。

葛朗特認為，急性流行病「可能因氣候、食物引起，應由政府設法管制」。他指出，很少人挨餓，但市內氾濫成災的乞丐，「看來大都健康、強壯」。他建議政府將乞丐列管，「依照各人的條件與能力」，訓練他們自食其力。

談完意外事故（大都與職業有關），葛朗特又指出，有一種死亡原因「雖然天天討論，卻沒什麼作用」，那就是所謂的「法國天花」（French-Pox），也是梅毒的一種。葛朗特不解，何以紀錄上死於這種疾病的人極少，因為「男人縱欲都免不了沾上這種病」。他的結論是，大部分患潰瘍或傷口破裂的死者，事實上都是死於性病，死亡紀錄上的診斷只是為死者掩飾罷了。葛朗特說，除非病情極其嚴重，相關單位才會承認真正的死因，「只有受人憎恨的人，或者整個鼻子都爛光的死者，才會以性病填報死因。」

雖然死亡紀錄提供豐富的材料，但葛朗特很了解這批數據仍有其缺失。醫療診斷很不可靠，他指出：「即使全教區最聰明的人，也很難從屍體上看出什麼不對勁之處。」而另一方面，受洗紀錄只有英國國教徒列名。換言之，不信國教的人和天主教徒都被排除在外。

葛朗特的估計方法

葛朗特的成就確實可觀。用他自己的話說：「我再三審視這批遭人忽視的文件，發現了一些真相和獨特的見解。我進而考慮這種知識對世界有何助益。」他的分析包括一份逐年各種疾病發生的紀錄，「瘟疫盛行期間」，人口遷進遷出倫敦的情形，以及男女人口之比。

葛朗特最大的貢獻就是對倫敦人口做出第一套合理的估計，並指出人口數據在判斷倫敦人口是增多或減少的重要性，以及判斷這座城市已發展到「夠大或過大」時的重要性。他也發現，對總人口數的估計有助於判斷任何人死於瘟疫的可能性。他還嘗試數種不同的估計方法，以核對他得出的結果是否可靠。

他用的一種方法是假設有生育能力的婦女是出生人數的兩倍，「因為這種婦女通常兩年內頂多生一個小孩」。平均而言，每年下葬人數約一萬三千人——在沒有瘟疫的年代，幾乎都維持這個水準。因為出生人數通常低於死亡人數，所以他武斷地假設平均出生人數為一萬二千人，亦即有生育力的女人有兩萬四千人。他估計「每戶人家」（包括僕人與寄居者）的平均人數為八人，而倫敦市約一半戶口有一個育齡婦女。於是四萬八千戶人家乘以每戶八個人，估計出人口數為三十八萬四千人。這個數字或許偏低，但比起一般認為當時倫敦有兩百萬人口的假設，或許更接近事實。

葛朗特採用的另一種方法，是觀察一六五八年的倫敦地圖，假設每一百平方碼空間裡，住有五十四戶人家，亦即每英畝地上住兩百人。這個假設算出倫敦城牆內住有一萬一千八百八十戶人家。死亡紀錄顯示，在一萬三千名死者中，三千二百人住城內，約相當一比四。四乘以一萬一千八百八十，得到四萬七千五百二十戶人家。至於葛朗特是否從上一個方法倒推而得出這些數據，我們就不得而知了。

已有機率的觀念

葛朗特從來沒用過「機率」這個字眼，但他顯然已有這樣的觀念。很巧合的，他的說法跟《邏輯》一書中，討論常人畏懼雷擊那段話有異曲同工之處：

很多人對某幾種惡名昭彰的惡疾都怕得要命，我要分別列出因這些病致死的人數：各個數字跟二十年來總死亡人數二十二萬九千五百二十比較之下，大家就可以理解這些病的危險性有多大了。

他在別處還提到：「因為是估計的平均值，如果有人多活十年，而另外有十個人每人少活一年，結果並無不同。」這是個機率的狀況，但過去不曾有人從這個角度考慮問題。葛朗特強調他的書「言簡意賅，沒有連篇累牘的推論」，所以也沒有說明他如何得出以上的結論。但他展現了一個別出心裁的企圖：估算平均壽命，這是死亡紀錄沒有提供的一項數據。

葛朗特還根據他「約三六％的小孩活不過六歲」，以及一般人都活不過七十五歲的估計，編了一個六歲到七十六歲的人壽命與存活比例表；為比較上的方便，上表最右邊一欄顯示美國一九九三年同一年齡層的存活比例。

沒有人確知葛朗特這張表是怎麼編出來的，但這份資料流傳廣遠，結果也與事實相當接近，並且提供配第向政府爭取成立中央統計局的靈感。

配第自己也曾嘗試估計出生時的預期壽命，他自稱工具不全，又無外援，實在有巧婦難為無米之炊的無力感。他的估計只是基於愛爾蘭一個教區的資料，所以他為什麼會在數據前冠上「約略」一詞，也就不

推估預期壽命

年齡	葛朗特預測存活者數	1993年美國實際存活者數
0	100	100
6	64	99
16	40	99
26	25	98
36	16	97
46	10	95
56	6	92
66	3	84
76	1	70

資料來源：For Graunt, Hacking, 1975, p.108; for 1993, "This Is Your Life Table," *American Demographics*, February 1995, p.1.

須多費唇舌解釋了。一六七四年，配第向皇家學會報告，嬰兒出生時的預期壽命僅十八歲；葛朗特的估計則為十六歲。

葛朗特蒐集的數據改變了英國人對自己國家真實生活狀況的認知，也使政府把研究國內社會問題、謀求改善列入政治議程。從葛朗特開天闢地的研究可以看出，在不確定的狀況下做決定，需要具備哪些理論觀念。抽樣、平均、界定常態構成日後統計分析科學的支柱，讓我們在做決策時，善用已知的資訊，調節對未來各種可能發展的認知。

《自然哲學的數學原理》

葛朗特的《自然與政治觀察》出版後約三十年，又有一本性質類似、但在風險管理史上的重要性有過之而無不及的作品問世。這本書的作者哈雷（Edmund Halley）是位知名的科學家，他熟讀葛朗特的著作，而且進一步推廣他的理論。但若沒有葛朗特首開先河，哈雷恐怕不會想到朝這方向研究。

雖然哈雷是英國人，他應用的數據卻來自德國東部西里西亞（Silesia）的小鎮布雷斯洛（Breslaw）。這個城市在第二次世界大戰後劃歸波蘭，改名為沃洛茲洛（Wrozlaw）。幾個世紀以來，當地父老一直保存著周詳而完善的出生與死亡紀錄。

一六九〇年，當地一位名叫努曼（Casper Naumann）的科學家兼神職人員，詳細檢閱布雷斯洛的人口紀錄，希望找到一些證據「以駁斥認為月亮週期與所謂『健康巔峰年』有關的流行迷信」。努曼把研究結果送給萊布尼茲，萊布尼茲又把他的報告轉給倫敦皇家學會。

努曼的數據不久就吸引了哈雷的注意。哈雷這時才三十五歲，但已經是英國頂尖的天文學家。事實上，是他在一六八四年說服牛頓出版首先確立重力理論的《自然哲學的數學原理》（*Principia*）一書。哈雷從自己有限的資產中掏錢付印刷費，親自校對，把自己的工作丟在一旁，直到書順利出版為止。歷史學家紐曼（James Newman）認為，沒有哈雷幫忙，《自然哲學的數學原理》可能永遠沒有機會出版。

天文學神童

哈雷自幼就是公認的天文學神童。他到牛津大學女王學院就學時，隨身帶著二十四吋的望遠鏡。但他未得到學位就離開牛津，並開始研究南半球的天空，年未屆二十，這方面的研究已使他名揚全國。他二十二歲時就加入皇家學會，一六九一年牛津拒絕以教授頭銜聘他，理由是他的「唯物主義觀點」與堅守宗教正統的牛津相忤。但到了一七〇三年，校方又回心轉意，把這個職位給了他。一七二一年，他被封為「格林威治御用天文學家」，同時由國王下令，拿到了學位。

哈雷一直活到八十六歲，他性情開朗，精力過人，交遊滿天下，連俄國的彼得大帝（Peter the Great）

都是他的朋友。一七〇五年，他研究彗星軌道有成，鑑定了一三三七年至一六九八年間出現的二十四顆彗星。其中分別在一五三一、一六〇七、一六八二年出現的三顆彗星非常類似，他判斷為同一顆。對這顆彗星的觀察報導最早可上溯到西元前二四〇年，哈雷預測這顆彗星將在一七五八年再度出現。這顆彗星後來果然準時到來，全世界為之轟動。隨著這顆彗星掃過地球，哈雷的名字每七十六年就被世人重提一遍。

布雷斯洛的生死紀錄本不在哈雷的專業領域之中，但他答應皇家學會為新創刊的學報《紀錄》（*Transactions*）撰寫一系列論文，正在蒐羅比較特殊的題材。他知道葛朗特的作品有若干連葛朗特自己都承認的缺點，所以他打算趁此機會，利用布雷斯洛的數據為《紀錄》寫一篇論文，暫別天文統計，換個口味做社會分析。

葛朗特沒有倫敦人口的可靠資料，只好利用支離破碎的資訊做估計。他持有死亡的人數與病因，卻沒有完整的死亡年齡紀錄。加上倫敦那幾年的人口流動頻繁，葛朗特估計的正確性頗引起質疑。

萊布尼茲交給皇家學會的數據，包括布雷斯洛一六八七年至一六九一年的每月人口變動，哈雷說：「這套資料的精確翔實，似乎無可懷疑。」資料記錄了每次死亡的年齡與性別，以及每年的出生人口數。他指出，布雷斯洛離海甚遠，所以「來此的外地人不多」。出生率只比死亡率略高一點兒，人口數比倫敦穩定得多。唯一缺少的是總人口數，但哈雷相信死亡率與出生率的數字已夠正確，可據以對總人口數做一可靠的估計。

他發現五年內，平均每年出生一千二百三十八人，死亡一千一百七十四人，每年約增加六十四人，他判斷「多出來的人數或能與國王徵召入伍、替他打仗的人數平衡」。以每年出生一千二百三十八人，與死者年齡對照，哈雷算出「嬰兒大約有六百九十二人活過六歲」，比葛朗特估計，同年齡兒童六四％活過六歲，比例小多了。另一方面，布雷斯洛有十多人的死亡年齡是在八十一至一百歲之間。在徹底查過各年齡層每年死亡的預估百分比後，哈雷從每年死亡者的年齡配置倒推回去，估計出該鎮總人口為三萬四千人。

下一步就是設計一張把人口依年齡分配的表格，「從出生到耄耋之年」。哈雷認為這張表有多種用途，而且「比任何目前已知的方法，都更能提供一個有關政府與人類處境最公正的概念」。比方說，從表上可以看出，多少男子正處於役齡——九千——哈雷建議，由此推算出的約三十四分之九的比例，同樣可適用於其他地區。

從預期壽命推估保費

哈雷的分析涵蓋了機率的觀念，而且已涉入風險管理的領域。他指出，這張表可以計算屬於同一年齡層的一群人，在一年之內死亡的機率。以二十五歲的人為例，這一年齡的總人數為五百六十七人，而二十六歲的總人口為五百六十人，兩者相差七人。由此推算，二十五歲的人在一年內死亡的機會等於7/567，約八十比一。亦即八十個二十五歲的人當中，會有一人活不到二十六歲。依同樣程式，以兩種年齡人口數之差為分子，以較年輕年齡的人口數為分母，也可從表中算出四十歲的人活不到四十七歲的機率：五．五比一。

哈雷進一步推演：「本表也可顯示任何年齡層的人，平均尚餘多少壽命」。例如三十歲的人口有五百三十一人，半數為二百六十五人，而從表中查出，總人口數為二百六十五的年齡層在五十七歲至五十八歲之間，因此「平均而言，三十歲的人可以合理的預期能再活二十七至二十八年」。

下一種程度的分析最為重要，這張表可以用來估計不同年齡的壽險保費。「一個二十歲的人活不過一年的機率是百分之一，但五十歲的人活不過一年的機率卻高達三十八分之一。」各年齡層的死亡機率就是計算保費的根據。哈雷隨即示範計算保費的細節，甚至保障對象可包括兩、三個不同的人。他還製作了一份對數表，以減輕計算工作的煩勞。

這真是一件社會期待已久的傑作。早在西元二二五年，人類已有保險年金的紀錄；當時一位名叫烏爾比安（Ulpian）的羅馬法律學者，編纂了一套權威的預期壽命表。此後一千四百多年裡，烏爾比安的表就被奉為最高原則。

哈雷的作品隨即在歐洲大陸掀起計算預期壽命的回響，他自己的政府反而沒有立刻注意到他製作的壽命表。英國政府企圖模仿荷蘭人利用保險金籌款的策略，籌措一百萬英鎊。政府出售的年金承諾在十四年內，償付原始購買者全部價款——但合約沒有限制購買者的年齡，一視同仁！結果可想而知，籌得的款項成本奇高。但以相同價格出售年金保險的政策，一直延續到一七八九年。事實上，假設每人從出生的平均壽命為十四歲，起碼已經比早期的假設進步了：一五四〇年時，英國政府還賣過七年就償還全額保費的年金，同樣不對購買者的年齡做任何區分。

《紀錄》於一六九三年刊出哈雷的預期壽命表後，又過了一百年，政府和保險公司才把基於機率編纂的壽命預期表列入考慮。哈雷的表格就跟他的同名彗星一樣，並未轉瞬隕滅：直到今天，他簡單的運算方法仍然是保險業者建立資料庫的依據。

第一個喝咖啡的人

一六三七年某一天下午，葛朗特當時才十七歲，哈雷還沒出生，有位名叫卡諾皮亞斯（Canopius）的克里特籍學者，坐在牛津大學巴里奧學院（Balliol College）的辦公室裡，端起一杯親手煮的濃咖啡。正史記載，卡諾皮亞斯是英國第一個喝咖啡的人，咖啡上市後大受歡迎，倫敦各地不久就出現數百家咖啡館。

保險業蓬勃發展

卡諾皮亞斯的咖啡跟葛朗特或哈雷或風險觀念有何關係？很簡單，倫敦的勞埃保險社（Lloyd's of London）的發源地就在咖啡館，它高居全球最知名保險公司的寶座兩百多年。保險這種行業完全依賴抽樣、平均、獨立觀察，以及葛朗特研究倫敦人口、哈雷研究布雷斯洛人口時最希望得知的所謂「常態」的標準。保險業的蓬勃發展，與葛朗特和哈雷的研究發表幾乎同時，絕非巧合。從這現象可以看出，當時的商業與金融已相當繁榮。

英語中的「股票經紀人」（stockbroker）一詞，最早出現於一六八八年左右，比紐約華爾街開始有人在那株梧桐樹周遭開始買賣股票，足足早了一百年。市面上忽然冒出各式各樣的公司，很多取了稀奇古怪的名字，諸如絲帶公司（Lute-String Company）、織錦公司（Tapestry Company）、潛水公司（Diving Company）。甚至還有一家皇家學會公司（Royal Academies Company）發行彩券，承諾聘請當代最偉大的學者，專門為兩千名幸運中獎者講授他們自選的課程。

十七世紀後半的最大特色，就是百業滋生如雨後春筍。荷蘭人雄踞商業霸主，英國人則是他們最強勁的對手。每天有船隻從全球各殖民地和原料產地抵埠，卸下不計其數的珍稀商品，以及前所未見的奢侈品——糖與香料、咖啡與茶、棉花與細瓷。財富不再需要靠先人遺產，任何人都可以賺、可以累積、可以投資——蒙受損失也有人提供保障。

更有甚者，一六九二年五月，法王路易十四（Louis XIV）入侵英國未果，點燃了一系列所費不貲的大小戰役，直到英國贏得布倫海姆（Blenheim）之役，並於一七一三年簽訂「烏特列支條約」（Treaty of Utrecht）才告一段落——這期間軍費的籌措也讓英國政府傷透腦筋。一六九三年十二月十五日，英國下議院決定發行國債，推出前面提過的一百萬英鎊年金。英國歷史家麥考萊（Thomas Babington Macaulay）一八四九年說：「這是一筆令哲學家深感困惑、令政治家狼狽不堪的驚人大債務之始。」

那是個倫敦對自身和對在世界中扮演的角色重新評價的時代，戰爭加上快速擴張的富裕階級和繁忙的海外貿易，為新近培養出來的圓熟金融技巧提供大顯身手的機會。從世界各個角落傳來的資訊，現在都對國內經濟非常重要。貨運規模不斷擴張，凡是有助於評估各港口之間航行時間、氣象模式、陌生海域潛在的危機等資訊，大家都有熱切的需求。

咖啡館聽小道新聞

缺乏大眾傳播媒體的時代，咖啡館就成為新聞與謠言的交流站。一六七五年，查理二世就像很多統治者一樣，對於公眾交換資訊的場所滿懷猜疑，下令關閉所有的咖啡館。但此舉引起強力反彈，十六天後，他就被迫收回成命。當時有名的日記作者佩皮斯（Samuel Pepys）經常光顧一家咖啡館，以取得他感興趣的船隻入港的消息；他認為咖啡館聽來的小道新聞，比他在海軍部工作崗位上獲得的情報更可靠。

愛德華．勞埃（Edward Lloyd）的咖啡館位於塔街（Tower Street），瀕臨泰晤士河，在一六八七年開張，是停靠倫敦碼頭的船員最喜歡流連的場所。當時的一份刊物聲稱，店中「空間寬敞……裝潢完善，服務良好」。生意太好，所以勞埃在一六九一年遷至隆巴德街（Lombard Street）一家更大、更豪華的店面。有個酒館老闆評論道：「新址的桌面非常整潔，打磨得發亮」。五名侍者除供應咖啡外，兼賣茶和冰飲。

勞埃在護國將軍克倫威爾（Oliver Cromwell）統治時期內成長，經歷過大火、瘟疫；一六六七年，荷蘭人攻入泰晤士河時，他就在現場；一六八八年的光榮革命，他也躬逢其盛。他不僅是個手腕靈巧的咖啡館老闆而已。他對顧客群瞭若指掌，也為了因應他們對資訊無饜的需求，便在一六九六年發行《勞埃目錄》

（*Lloyd's List*），洋洋灑灑記錄所有船隻入港與離港的相關資訊，以及船上和航海狀況的各種情報。資訊都由歐陸及英國各主要港口的特派員提供。定期有人借用勞埃的場地舉行船舶拍賣，他也大方的提供紙張與墨水，以便記錄交易情形。店內一角會保留給船長，供他們比較筆記，研判新關路線上難以預卜的危險——這些路線帶他們深入遠東、南半球，不斷西進。勞埃的店幾乎二十四小時營業，永遠擠滿客人。

當時跟現在一樣，買保險得找經紀人，由經紀人到咖啡館或皇家交易所（Royal Exchange）找個別的保險業者承保。交易完成時，保險業者會在契約下方簽字，以確認他同意在收取特定金額的保費後，一旦投保人蒙受損失，就給予賠償。所以後來就把保險業者稱為「在下面簽名的人」（underwriters）。

景氣繁榮時期的豪賭精神，帶動了倫敦保險業的快速革新。從事這一行的人幾乎什麼風險都敢承保。據記載，竊盜、旅行遇劫、喝杜松子酒送命、騎馬摔死、婦女貞操，都有保險紀錄——目前的保險項目也只少了最後一項。倫敦在一六六六年發生大火後，對火險的需求也快速成長。

勞埃咖啡館仗著在貿易與運輸方面的良好關係，從一開始就是海事保險業者的大本營。《勞埃目錄》最後擴充成為一份專門報導股價、外國市場、倫敦橋漲潮時刻，以及原本就有的船隻出入港時間、意外及沉船事故等消息的日報❹。這份報紙知名度高到特派員寄回來的新聞稿，只要寫上「勞埃」二字即可收到。連政府都利用《勞埃目錄》發布最新的海戰進展。

❹簡單地說，勞埃保險社就是當今龐大的彭博商業新聞網的鼻祖。

英王成立皇家保險公司

一七二〇年，英王喬治一世（George I）據說被三十萬英鎊的賄款所誘，同意成立皇家交易所保險公司（Royal Exchange Assurance Corporation）與倫敦保險公司（London Assurance Corporation），這兩家是英國最早的保險公司，享有獨占權。雖然這麼一來，其他保險公司無法再取得成立許可，但民間的個人業者仍獲准運作。事實上，兩大公司因為無法說服經驗豐富、做慣單幫生意的民間業者加入它們，營運經常陷入困境。

一七七一年，約距勞埃在塔街的咖啡館開張後一百年，在勞埃店內做生意的保險業者中，有七十九人各斥資一百英鎊，聯合成立「勞埃協會」（Society of Lloyd's），加入的個人企業家並未整編，依然各行其是，這批人就是原始的「勞埃會員」；後來會員又稱為「名士」（Names）。每個名士都以所有身家財產做擔保，保證賠償客戶的損失。這樣的承諾就是多年來，在勞埃簽訂的保險業務蒸蒸日上的主因。這就是卡諾皮亞斯的咖啡，帶出了史上最著名的保險公司成立的一段因緣。

一七七〇年代，美國殖民地也出現一家保險公司，不過大部分保單還是在英國本土售出。富蘭克林（Benjamin Franklin）曾經在一七五二年創辦「第一美國保險公司」（First American）；第一筆人壽保險由一七五九年成立的「長老會牧師基金」（Presbyterian Ministers' Fund）賣出。美國獨立戰爭期間，無法再享有勞埃服務的美國人別無選擇，只好自行成立保險公司。第一家發行股票的保險公司是費城的「北美洲保險公司」（Insurance Company of North America），提供火險、海險、壽險等服務，並發行了美國第一種壽險保單——船長可投保六期的壽險❺。

保險的緣起

保險發展完備，同時成為一種商業觀念是十八世紀的事，但保險的歷史卻可以回溯到西元前十八世紀。西元前一八〇〇年完成的《漢摩拉比法典》（*Code of Hammurabi*），有兩百八十二則條文與「船舶押款契約」（botomry）有關，這是船舶出航前，船主借來支應航行開銷的貸款，並未涉及現代觀念中的保險費，只不過，萬一碰到船隻沉沒，債務就一筆勾消❻。這種海事險的原始版本直到羅馬帝國時代，個人保險業者出現後，仍然通用。克勞狄烏斯大帝（Claudius, 10 BC-54 AD）熱心推展玉米貿易，自創了一家不需保費的個人保險公司，為羅馬商人因風雨蒙受的損失負全責，跟現代政府補貼地震、颶風、水災等災區頗為相似。

希臘和羅馬的同業工會都有類似合作社的組織，會員集腋成裘湊一筆錢，一旦有當家的男人早夭，就用這筆錢照顧遺屬。這種措施一直持續到勞埃的時代，「和衷共濟的社團」（friendly societes）仍提供這種形式簡單的人壽保險❼。

中世紀工匠地位提升，加快了保險與金融的發展。阿姆斯特丹、奧格斯堡（Augsburg）、安特衛普（Antwerp）、法蘭克福、里昂、威尼斯都發展成金融中心；一三一〇年，布魯日（Bruges）成立了一個保險商會（Chamber of Assurance）。上述城市即使不盡然是海港，也是當時大部分貿易的必經陸路。為了方

---

❺波士頓的信託公司則由納撒尼爾・博迪奇（Nathaniel Bowditch）在一八一〇年代成立，服務同樣的市場。

❻同樣的原則亦適用於壽險。戰死沙場的士兵，債務會被豁免、不必償還。

❼在美國維持至二十世紀。這在美國稱為「產業工人保險」（industrial insurance），通常只給付喪葬費用。我的岳父有本小帳冊記錄他每星期繳交的保費。

便客戶、貨運商、借貸雙方，以及教會從各屬地匯款回羅馬教廷，匯票便應運而生。

除了金融方面的避險措施，商人也學會以分散投資的方式減少風險。莎士比亞筆下的威尼斯商人安東尼歐是這麼做的：

我不把雞蛋都放同一個籃，金錢不全擺一處；
也不將所有資產孤注一擲，壓寶今年行大運；
這麼做，就無須為滯銷哭紅眼。

《威尼斯商人》第一幕第一景

不僅貨物運輸需要保險。靠天吃飯的農人，更容易受無法預料的災禍播弄，旱災、水災、蟲災都讓保險有用武之地。例如義大利農人就成立了農業合作社，防範天候不佳；豐收地區的農夫同意給天公不作美的區域補償金。義大利數一數二的大銀行「蒙地帕奇」（Monte dei Paschi），就為了協調整合這些機構，而在一四七三年於錫耶納（Siena）成立。目前仍以農業為主的開發中國家，也有類似的措施。

金錢轉手的真實狀況

雖然以上談到的例子，都不過是一方同意彌補另一方的損失而已，但大致而言，保險的精義無非如此。保險公司用沒有遭受損失的人付出的保費，彌補那些確實受到損失的人。賭場經營也是同樣的道理，業者掏錢付給贏家，但這些錢其實是來自所有賭輸的人。保險公司與賭場的中介角色，掩蓋了金錢轉手的真實狀況。事實上，再怎麼精心經營的保險公司或賭場，都不過是「蒙地帕奇」的變體罷了。

《加利利海的風暴》，林布蘭
(Reproduction courtesy of the Isabella Stewart Gardner Museum, Boston)

十四世紀義大利的保險業務，未必都能讓客戶滿意，有時甚至是怨聲載道。佛羅倫斯有個名叫達提尼（Francesco di Marco Datini）的商人，生意遠至巴塞隆納與南安普頓（Southampton），寫信跟妻子抱怨他的保險人說：「他們收錢時甜言蜜語，一旦災禍發生就變了一張臉，人人掉頭就走，千方百計不付款。」達提尼可不是信口開河，因為他去世時遺產中有四百筆海事保險。

保險業在一六〇〇年左右變得特別活躍。當時已相當普遍的「保單」（policy）一詞，來自義大利文（polizza），意為承諾。一六〇一年，培根（Francis Bacon）向英國國會提出規範保險的法案，聲稱「管理國內外商人使用保單方式的時刻到了」。

觀念的革新

投資在需要長距離運輸才能抵達市場的商品，決定利潤的因素就不只是天候而已：貨物自送達以至售出、取款為止，各項利息成本姑且不論，至少還得把對於消費者需求的判斷、價格水平、貨物抵達時的流行趨勢等條件考慮在內。因此，被視為浪費時間，甚至是一種罪惡的預測未來的行為，對於十七世紀那些野心勃勃，情願為了塑造理想的未來而承擔風險的企業家來說，就變得絕對有必要了。

現在看來再普通不過的商業預測，在十七世紀卻是一項重大革新。但是，只要數學家繼續排斥創新理論的商業應用，風險管理的科學就不要想出頭——甚至連在計算平均壽命上貢獻甚大的哈雷，也不過自認完成了一項社會研究，或取悅同儕的數學遊戲而已：他未能把這項研究跟三十年前巴斯卡提出的機率理論結合，就是最好的證據。

從釐清無法改變的數學機率，到研判各種可能結局發生的機率，從收集原始數據到決定如何加以運用，必須先突破觀念上的重大障礙。也從這一階段開始，知識的進展一日千里，遠超出前人之上。

有的革新者從觀星中獲得靈感，也有人以巴斯卡與費瑪做夢都想不到的方式來運用機率觀念。不過，緊接著要討論的這位人物卻是賢者中最具創意的一位；他直接把注意力放在財富上。我們每天的生活幾乎都跟他的心得脫不了關係。

第3部　1700年至1900年

賭徒的理性抉擇

第6章
賭性難移

不過幾年工夫，卡達諾與巴斯卡研究數學的成就，就被提升到他們難以夢想的境界。首先是葛朗特、配第、哈雷應用機率的觀念去分析原始數據。大約在此同時，波爾羅亞《邏輯》一書的作者，也綜合度量與主觀信念，寫道：「對傷害的恐懼不僅跟傷害的嚴重性成正比，也跟受傷的機率成正比。」

一七三八年，《聖彼得堡帝國科學院論文集》（*Papers of the Imperial Academy of Sciences in St. Petersburg*）刊登了一篇主旨為「物品的價值並非決定於其**價格**，而與其**用途**有關」的論文。這篇論文最初是在一七三一年提交科學院，題目叫〈說明計算風險的新理論〉（*Exposition of a New Theory on the Measurement of Risks*）[1]。

據我猜測，這位作者很可能讀過《邏輯》，因為兩者之間有非常密切的知識性關聯。而且，在十八世紀時，《邏輯》在整個西歐引起很大注意。

兩位作者的論點都基於一個假設：凡是與風險有關的決策，都涉及兩種截然不同卻不可分割的因素——對於決策所導致的得失，其渴欲程度的客觀事實與主觀信念。客觀事實與主觀信念一分開就不完整，兩者缺一不可。

他們處理問題的態度也不同，各有所好。《邏輯》的作者認為，做決定時不在乎機率、只顧慮後果的人，想必對風險懷有病態的恐懼。〈新理論〉的作者則認為，光靠機率來做決定，而不考慮後果，才真是有勇無謀。

數理世家伯努利

〈新理論〉的作者是位瑞士數學家，名叫丹尼爾．伯努利，在聖彼得堡科學學院出版文章時，他才三十八歲。雖然只有科學圈熟悉他的名字，但他的論文卻是有史以來最有深度的文章之一，討論的範圍除了風險，還兼及人類行為模式。伯努利側重探討數學測度與膽量之間的複雜關係，幾乎涵蓋了人生的每一層面。

伯努利家世顯赫。從十七世紀末以至十八世紀末，伯努利一門出了八位知名的數學家。歷史家貝爾（Eric Bell）說，這家人「子孫隆盛，而且大都能光宗耀祖——甚至成為一代宗師，從事的行業包括法律、學術、文學、政治、藝術及各種專業，沒有一個不成材」。

伯努利一族的始祖是巴塞爾的富商尼古拉斯．伯努利（Nicolaus Bernoulli），他信奉基督新教的祖先，約在一五八五年逃離天主教徒控制的安特衛普。尼古拉斯很長壽，一六二三年生，一七〇八年去世，生了三個兒子，分別取名傑可伯（Jacob）、尼古拉斯（人稱尼古拉斯一世〔Nicolaus I〕）、約翰（Johann）。不久就會談到的傑可伯，他在《猜測的藝術》（*Ars Conjectandi*）一書中，首倡「大數法

❶ 這篇論文是用拉丁文發表。刊登論文的出版品名為《聖彼得堡翰林院科學解說卷五》（*Commentarii Academiae Scientiarum Imperialis Petropolitanae, Tomus V*）。

則」。傑可伯是位優秀的教師，歐洲各地都有學生向他求教，同時也是公認的數學、工程、天文學天才。維多利亞時代的統計學家高爾頓說他「個性陰沉憂鬱……穩定，但是動作慢」。他跟父親的關係非常惡劣，甚至連座右銘都擺明了：「儘管有這種父親，我仍能與天上星辰並列。」

被高爾頓的諷刺之筆點到名的伯努利，不止傑可伯而已，雖然這個家族完全符合高爾頓的優生學理論，但他仍然在所著《世襲天才》（*Hereditary Genius*）一書中，說他們「善妒好鬥」。

這家人似乎也確實如此。科學編輯紐曼說，傑可伯的弟弟、亦即丹尼爾的父親約翰也是數學家，是個「言行暴戾，為達目的不惜撒謊的人」❷。丹尼爾因研究行星軌道而贏得法國科學院的一個獎，一直渴望獲得這個獎卻未能如願的父親，就把他逐出家門。紐曼說，約翰活到八十歲，「一直把持家中大權，不改壞心眼」。

老二尼古拉斯一世的兒子尼古拉斯二世，也是機率發展史上的重要人物。傑可伯長期生病，一七〇五年去世時，《猜測的藝術》尚未完稿。他死後，年僅十八的尼古拉斯二世應邀將這本書編輯出版。他花了八年時間才完成這件工作！在前言中他承認自己拖延了進度，常受出版商催促。他的藉口是：「我經常旅行」，而且「我年紀太輕，經驗不足，不知該如何完成這本書」。

但我們或許不應太苛責他：他確實花了八年時間徵詢當代一流數學家（包括牛頓在內）的意見。他不但經常以信件跟人交換觀念，還跑到倫敦、巴黎，當面向傑出學者請益。他對書中的數學部分做了增補，有關猜測與機率理論在法律方面應用分析的部分，也是出諸他的手筆。

使情況更複雜的是，丹尼爾有個比他大五歲的哥哥，名字也叫尼古拉斯；傳統上稱他為尼古拉斯三世，祖父的尊諱不加序號，伯父叫一世，堂哥是二世。尼古拉斯三世研究學術卓然有成，丹尼爾十一歲時，就由他啟蒙數學。身為長子的尼古拉斯三世，自幼就受父親鼓勵向數學方面發展，八歲時就能說四國語言，十九歲就獲得巴塞爾大學的哲學博士學位。一七二五年他三十歲時，聖彼得堡大學延聘他為數學教授，但一年後他就患熱病去世。

丹尼爾跟尼古拉斯三世同時獲得聖彼得堡大學的聘書，並在那兒教到一七三三年，重返巴塞爾故鄉時，擁有物理兼哲學教授的頭銜。彼得大帝野心勃勃，企圖把首都建設成世界知識重鎮，他邀請到俄國的第一批傑出學者，丹尼爾就名列其中。高爾頓說丹尼爾「既是物理學家、植物學家，也通曉解剖學、水力學，聰穎過人」。他在數學和統計學上也極具影響力，尤其精通機率。

丹尼爾．伯努利充分代表他所處的時代。前一個世紀的宗教狂熱掀起無止境的戰爭，令十八世紀知識分子產生強烈的反感，因而助長理性的優勢。在血腥鬥爭終於告一段落後，秩序與古典形式取代了反宗教改革的狂熱，以及巴洛克式激情洋溢的藝術風格。啟蒙時代的特徵就是平衡感以及對理性的尊重。在這樣的背景中，伯努利把波爾羅亞沾染神祕色彩的《邏輯》，轉換為替理智的決策者量身裁製的理性論證。

預期效用

伯努利在聖彼得堡發表的論文，一開始就針對他打算攻擊的論點發動攻勢：「從一開始，數學家計算風險，對以下命題的觀點就是一致的：**計算期望值，乃以每一可能出現狀況之所得，乘以其可能出現之總次數，然後除以所有可能出現之狀況的總數。**」❸

❷ 紐曼很難歸類，雖然他的《數學的世界》（*The World of Mathematics*）是本書的重要參考資料。他曾修習哲學和數學，後來成為傑出的律師和公務員。曾任《科學人》（*Scientific American*）編輯委員會的資深委員，熱衷於蒐集具有重要歷史意義的科學文件。他在一九六六年逝世。

伯努利認為，用這個假設描述現實生活中一般人做決定的情形，可說漏洞百出，因為這只討論事實，但忽略了一個人在未來不可知又非做決定不可時，對各種可能發展的後果的評估。價格——還有機率——都不足以決定某件東西的價值。雖然每個人面對相同的因素，「效用……決定於從事評估者的特殊狀況……沒有理由假設……每一個人預期的風險都是等值」。人各有志嘛。

效用的觀念完全憑直覺，它的意義包括有用、令人渴望、帶來滿足。但是伯努利無法苟同的「期望值」（expected value）觀念，純屬技術層面，無非就是把若干種結果中，每種結果的價值乘以其相對於其他可能結果的機率之積。不過，現在數學家仍然偶爾用「數學預期」一詞來代替期望值。

一枚銅板有兩面，丟出後出現正、反面向上的機會各為五〇%。那麼丟銅板一次的期望值是多少？我們用五〇%乘以一，所以丟銅板打賭的期望值就是〇．五。不論賭正面或反面，結果都一樣。

丟兩顆骰子的期望值是多少？如果我們把可能出現的十一種數字——2＋3＋4＋5＋6＋7＋8＋9＋10＋11＋12——都加起來，總和為七十七。丟兩顆骰子的期望值就是77/11，也就是七。

但這十一個數字各自出現的機率不等。卡達諾已證明，有的數字出現的機會比較多，一共有三十六種組合，產生二到十二的十一種結果。二必須兩顆骰子都出現一，四卻有三種可能：3＋1、1＋3、2＋2。卡達諾的表列出各種組合出現的次數，在此非常有用（見下頁表）。

所以丟兩顆骰子的期望值，或數學預期正好是七，跟上面計算的77/11符合。現在我們可以了解，為什麼玩美式丟骰子時，七這個數字那麼重要了。

伯努利認為，這些計算用在機率遊戲上固然毫無不當，但他堅持日常生活又是另一回事。即使機率為已知（後代的數學家會駁斥這種方式過分簡化），理智的決策者追求的還是最大的預期**效用**——有用或滿意的程度——而不是期望值。預期效用的計算方法跟計算期望值一樣，但以效用為評估的標準。

結果	機率	加權機率
2	1/36	2×1/36＝0.06
3	2/36	3×2/36＝0.17
4	3/36	4×3/36＝0.33
5	4/36	5×4/36＝0.56
6	5/36	6×5/36＝0.83
7	6/36	7×6/36＝1.17
8	5/36	8×5/36＝1.11
9	4/36	9×4/36＝1.00
10	3/36	10×3/36＝0.83
11	2/36	11×2/36＝0.61
12	1/36	12×1/36＝0.33
		總和7.00

舉個例子，《邏輯》的作者責備一般人高估了被雷擊中的機率，所以一聽見打雷就害怕。他錯了，其實是他的了解不夠：事實對每個人是一樣的，即使聽到雷鳴就害怕的人也知道，雷要剛好擊中他站立的地方，機會小之又小。伯努利更了解狀況：害怕打雷的人非常重視被雷打中的後果，所以儘管這種事發生的機會極小，還是足夠令他們聞雷色變。

計算的結果決定於膽量。試問在亂流中飛行的飛機乘客，他們焦慮的程度是否相同。大部分人都知道，搭飛機比坐汽車安全，但就是有部分乘客會纏得空服員手忙腳亂，其他人則呼呼大睡，對天氣變化毫無所覺。

❸ 丹尼爾的伯父傑可伯（將在下一章扮演要角）曾寫道：「我們的期望值向來介於我們可寄望的最好結果和我們擔憂的最壞結果之間。」（Hack, 1975, p. 44）

高風險高獲利

這是好事，如果每個人對每種風險的評估都相同，很多帶有冒險性質的機會就沒有人要把握了。在愛冒險的人心目中，高風險的高獲利效用值很高，值得一試。其他人卻對獲利興趣缺缺，因為他們的最終目標只是保本。有人眼中看去陽光普照，也有人只會看見風雨即將來襲；少了那班冒險家，世界運轉的速度會減緩。試想，如果人人都怕打雷，不敢坐飛機，不願投資新興公司，世界會成為什麼樣子。人性對風險有不同的偏好，真是我們的運氣。

風險的主觀考量

伯努利一旦確立人人對風險價值評等不一的基本理論，就導出一個核心觀念：「**財富少量增加產生的效用，與這之前擁有的財貨數量成反比**。」然後他又說：「由人性觀之，以上假設適用於很多人。」

某一決策產生的效用，與決策者在決策之前擁有的財貨數量成反比，這個假設把整個風險史向前推進了一大步。在不到一頁的篇幅裡，伯努利就在處理結果未卜的決策時，把主觀考量引進計算機率的過程中。

伯努利的論點高明之處，在於他能清楚看出，儘管把期望值都統一了（每個人都面對相同的事實條件），但解析事實的主觀過程，卻是因人而異。他甚至進一步提出判斷每人對冒險獲利的渴求程度的系統方法：欲望跟原來擁有的財貨數量成反比。

有史以來第一次，伯努利把一種號稱**不可能度量**的東西放在他的尺下。他結合了直覺與度量。卡達諾、巴斯卡、費瑪提供了計算每丟一次骰子的風險的方法，但伯努利卻讓我們看見**冒險者**——決定下注多少、甚至賭不賭的那個人。雖然選擇還是決定於機率，但伯努利界定了做選擇者的**動機**，開創了嶄新的研究領域與理論體系。他為日後人類在經濟以及生活每一個需要做選擇的層面的發展，奠定了知識的基礎。

彼得堡矛盾

為了說明他的理論，伯努利在論文中列出多種有趣的應用方法。其中最引人好奇、也最有名的一則，後世稱為「彼得堡矛盾」（Petersburg Paradox），最初是由他的堂兄尼古拉斯．伯努利（也就是編纂《猜測的藝術》的那位）提出。

尼古拉斯假設甲、乙二人有一場賭戲，甲丟一枚銅板，直到投出正面為止，他跟乙的賭法是：如果第一次就丟出正面，甲給乙一杜卡特（ducat），第二次才丟出正面，甲給乙二杜卡特，第三次丟出正面，甲給乙四杜卡特，每多丟一次，甲付給乙的金額就要加倍❹。現在問題是——乙保證會贏錢，而且可能贏很多錢，如果有人想取代乙的位置，那麼應付給乙多少杜卡特做為交換？

按照伯努利的說法，矛盾的存在是因為「根據期望值，乙贏錢的機會可能無窮大。但沒有人會願意花太多錢賭他會贏錢……任何講理性的人，只要能以二十杜卡特賣掉這種機會就很高興了」❺。

伯努利根據他「追求財富增加的欲望與最初擁有的財富成反比」的假設，就這個問題做了長篇的數學分析。按照他的假設，乙在銅板丟擲到第二百次時贏的金額，相對於他在丟擲第一百次已經贏得的金額，只

❹在席拉（Richard Sylla）和卡拉波（Leora Klapper）的協助下，我所能取得關於杜卡特價值的最好資訊是一杜卡特可以買到大約等值於今天四十美元的東西。Baumol和Baumol合著論文的附錄大致確認了這個預估值（McKuster,1978 and Warren and Pearson,1993）。

❺伯努利提供的答案備受批評，因為他並未考慮在這個遊戲裡，獎賞增加的速度會比尼古拉斯說明的快。不過，除非玩家對額外的財富毫無興趣，不論獎賞增加得快或慢，彼得堡矛盾最終仍會起作用。

有無限小的效用。甚至早在丟擲銅板到第五十一次時，他的所得已高達一千兆杜卡特（換算成美元，美國政府今天的總國債只有四加十二個零。）

如何評估乙的期望，多年來吸引了多位數學、哲學、經濟領域的傑出學者。一八六五年英國史學家塔德杭特（Isaac Todhunter）出版的數學史中，曾多次提到「彼得堡矛盾」，並討論了歷年數學界各家各派提出的解答——但伯努利以拉丁文寫成的論文，直到一八九六年才譯成德文。雖然一九二一年，凱因斯在《機率論》（*Treatise of Probability*）中，對這個問題有比較成熟而複雜的數學處理，但直到一九五四年——距它最初出版已兩百一十六年——伯努利的論文才被譯為英文。

「彼得堡矛盾」不僅是學院人士發掘與解釋丟銅板趣味的一項練習而已。試想，有一家業績優良的公司，前途光明燦爛，成長永無止境。在此一荒誕的前提之下，我們可以對公司無限多年後的盈餘做正確的預估——我們能正確預估下一季的盈餘就算走運了——那麼這家公司的股票該值多少錢？無限多錢嗎[6]？

有時候活生生而頭腦清醒的專業投資者，也難免懷抱如此瘋狂的夢——把機率拋在腦後。一九六〇年代末至一九七〇年代初，為主要法人管理投資組合的投資經理人，大都被成長的念頭迷了心竅，尤其股票市場看俏的所謂「漂亮五十」（Nifty Fifty，精選五十檔績優股）。為了持有全錄、可口可樂、IBM、拍立得等公司的股票，他們幾乎願意付出任何代價。這些投資經理人認為，投資「漂亮五十」的風險不在於賣價高，而在於**買不到**。成長的展望好到不能再好，未來賺錢與分紅已成定局，所以用任何價格買進都合理。在他們看來，賣價過高的風險，跟低價買進美國碳化公司（Union Carbide）、通用汽車等陷入景氣循環、同業競爭、前途未卜的公司股票的風險相比，真是微不足道。

這種觀念發展到極致，投資者甚至把年營收僅一億三千八百萬美元的美國國際香料香精公司（International Flavors and Fragrances）之類的小公司市價，炒得跟業務乏味、但年營收高達五十億美元的美國鋼鐵公司（U.S. Steel）畫上等號。一九七二年十二月，拍立得的股價高達該年每股盈餘的九十六倍，麥當勞的本益比是八十倍，美國國際香料香精公司為七十三倍；標準普爾五百指數（S&P500）的本益比平均為十九倍。投資「漂亮五十」的報酬還不及購買標準普爾五百指數平均報酬的一半。

「漂亮五十」獲利平平

這場夢幻的果實苦澀不堪。報酬比天高的璀璨展望，到頭來賺進的錢卻少得可憐。一九七六年，美國國際香料香精公司的股價下跌四〇%，但美國鋼鐵的股價卻漲到兩倍有餘。盈餘分配加上股價變化，標準普爾五百指數在一九七六年底再創新高，但「漂亮五十」卻等到一九八〇年七月才再度突破七二年牛市的高峰。更不幸的是，以相同比例購買「漂亮五十」的投資組合，從一九七六年到一九九〇年表現都落後標準普爾五百指數。

但投資世界的無限大在哪兒呢？賓州大學華頓管理學院的席格（Jeremy Siegel）教授，曾詳細計算「漂亮五十」從一九七〇年底到一九九三年底的表現。如果在一九七二年十二月股價的高峰，以同樣比例購買這五十種股票，到一九九三年底，整個獲利只比「標準普爾五百指數」的獲利低一個百分點。如果提早兩年，即一九七〇年十二月以同樣方式購買這五十種股票，投資組合的獲利就是每早一年，就比標準普爾五百指數高出一個百分點；一九七四年崩盤造成的本益比鴻溝也縮小一點。

對於真正有耐心，寧願持有熟悉的績優公司股票，對日常生活經常見到與用到所投資公司的產品，會覺得比較放心的投資人而言，投資「漂亮五十」應該具有相當大的效用價值。但持有五十種股票的投資組

❻針對這個問題的理論性探討發表於一九五九，Durand，該論文預期會發生下面幾段敘述的事件。

合，在等候二十一年後，結果其中有五種確定賠錢，二十種的獲利還不及投資九十天期的國庫券，只有十一種的表現超過標準普爾五百指數，這種投資組合對性急的投資人恐怕沒有效用可言。不過，伯努利在比較輕鬆的場合中可能會說，每個人都以不同的方式處理自己的錢。

人力資源的觀念

伯努利還引進另一個現代經濟學家公認為經濟成長動力的新觀念——人力資源（human capital）。這個觀念源自他對財富的定義：「任何能滿足匱乏的東西……因此除了飢餓而死的人之外，可說沒有人會是真正的一無所有。」

大多數人的財富是以何種形式存在呢？伯努利說，有形的財富與財產所有權，不及生產力有價值，甚至不如乞丐討飯的能力。他認為，找一個每年靠乞討賺十杜卡特的人，給他五十杜卡特要求他終身不得再乞討，很可能會遭到拒絕：因為花光這五十杜卡特，他就沒法子維生。但只要價碼對，必然能使他同意再也不乞討，比方說，一百杜卡特。「這樣我們就可以說，乞丐擁有價值一百杜卡特的財富。」

現在我們把人力資源的觀念——教育、天分、訓練、經驗，結合成為未來賺入財富的泉源——視為了解環球經濟變遷的基礎。人力資源對雇主的重要性不亞於工廠與設備。雖然一七三八年以後，有形財富不斷增加，但對世界絕大多數人而言，人力資源仍然是最大的收入來源。否則就不會有那麼多一家之主花辛苦賺來的錢買人壽保險了。

「機會遊戲」只是伯努利解釋人類追求財富與運氣的工具。他的研究重心是決策，而非機率理論的複雜數學。他從一開始就宣布，他的目標是建立一套「根據本身獨特的財務狀況，評估冒險行動的前瞻規則」。所有現代金融專家、企業經理、投資人仍把這番話奉為圭臬。我們不再視風險為對手；風險其實是一系列隨我們選擇的機會。

效用遞減

伯努利的「效用」（utility）——以及他主張的某種選擇造成財富增加而帶來的滿足感，與選擇前已擁有的財貨數量成反比——都言之成理，留給日後思想家長遠的影響。效用是維多利亞時代經濟學家提出的「供需法則」（the Law of Supply and Demand）的基礎，後者對於市場運作，以及買方與賣方如何在價格上達成協議提出的解釋，為經濟學帶來驚人的大突破。效用影響深遠，在往後兩百年間，效用超越財經的領域，構成解釋人類決策與選擇理論的模型基礎。效用是整個賽局理論系統——二十世紀戰爭、政治、企業管理應用的決策方法——不可或缺的一環。

效用對心理學和哲學的影響也同樣深遠，因為伯努利同時也界定了人類的理性標準。比方說，心理學家——以及道德家——都同意，愈富有就愈誇大財富功利的人，患有精神官能症。伯努利的觀念中沒有貪婪，現代對理性的定義亦然。

效用理論要求理性的人在各種狀況下，根據他對效用的評估做出適當的選擇與決定——由於人生充滿了不確定，這樣的要求非常高。即使所有條件像伯努利所假設的對每個人都相同，這份工作也夠困難的。況且在很多狀況下，每個人的條件因素不見得都一樣。不同的人得到不同的資訊；每個人又用自己的方式闡釋資訊。即使我們之中最理性的人，也往往無法對資訊的意義達成協議。

雖然伯努利的觀念似乎很現代，事實上他還是屬於他那個時代。他對人類理性的觀念與啟蒙時代的知性環境符合。當時的作家、藝術家、作曲家、政治哲學家都擁戴古典的秩序與形式，堅決相信隨著知識的累積，人類必然能勘破生命的祕密。一七三八年，當伯努利的論文出版時，英國詩人波普（Alexander Pope）

事業臻至巔峰，他的詩作中古典典故俯拾皆是，他警告說：「膚淺的知識最危險」，並宣稱：「研究人類應從人開始」。法國的狄德羅（Denis Diderot）不久即將開始編纂二十八巨冊的百科全書，約翰遜（Samuel Johnson）博士也將要著手編著英語世界的第一本字典，伏爾泰（Voltaire）毫無浪漫色彩的社會觀高居當代知識舞台的核心。到了一七五〇年，交響樂與奏鳴曲的古典形式便由海頓（Haydn）確立。

美國「獨立宣言」與憲法都是啟蒙時代對人類能力滿懷樂觀的最好證明。啟蒙精神發揮到暴力的極端，則是煽動法國人民砍掉路易十六（Louis XVI）的腦袋，並且把理性扶上巴黎聖母院祭壇上的寶座。

厭惡風險

伯努利最大膽的創見，就是肯定每一個人（即使最講理性的人）都有一套獨特價值觀，並以之為行事的準則。但他最令人佩服的，是他並不以此為滿足。他繼而建立效用與已擁有的財貨成反比的理論，為人類行為以及在風險下做決策的方式，打開不可思議的新視野。

根據伯努利的說法，我們的決策有一可預測的系統結構。在理性的世界裡，每個人都寧願富不要窮，但致富的欲望強度會因目前的富有程度而調整。多年前，我有位投資客戶在第一次見面時就對我搖手警告說：「年輕人，記住，你不必讓我發財。我已經夠有錢了！」

伯努利對冒險提出有力的新觀點。如果後續的財富增加帶來的滿足感都比前一次增加來得少，那麼同樣數額的一筆財富，損失時產生的負效用都大於獲得時產生的正效用。這就是我的客戶要傳達的訊息。

假設你的財富是一堆磚塊，基地是大塊的磚，隨著高度增加，磚塊也愈來愈小。你從頂端取走的磚塊，尺寸都比你能添加的下一塊磚大，因此失去一塊磚的傷心永遠超過得到一塊磚的愉悅。

伯努利舉了一個例子：兩個各擁有一百杜卡特的人決定進行一次公平賭局，例如丟銅板，勝負機會各半，沒有賭場或莊家居間抽頭。每個人每次賭五十杜卡特。換言之，兩人有均等機會變成持有一百五十杜卡特或五十杜卡特。

一個理性的人會玩這種遊戲嗎？這場遊戲的期望值恰好是一百杜卡特（一百五十加五十除以二），也就是開始時各人財產的總值。即使他們最後決定不賭，期望值仍然不變。

伯努利的效用理論顯示一種不對稱狀態，說明了這種絕對公平的賭局為什麼不會有吸引力。輸家損失的五十杜卡特比贏家獲得的五十杜卡特有更高的效用。就像前面舉的堆磚塊例子一樣，輸掉五十杜卡特的心痛超過贏五十杜卡特的快樂❼。就數學而言，「零和遊戲」（zero-sum game）若以效用論，雙方都成為輸家。最好的選擇就是拒絕參加這種遊戲。

伯努利用上述例子警告賭徒，即使在一場公正的遊戲中，他們仍然蒙受效用的損失。他指出，這種令人沮喪的結果乃是：「大自然警告人不要碰骰子……參加公平的賭博，不論賭的數目多麼小都是非理性的行為……賭徒投入機會遊戲的金額占他財富的比率愈高，就愈是輕率。」

大多數人都會同意，就效用的角度看，公平的賭博中沒有贏家。因為每個人都或多或少有心理學家和經濟學家所謂的「厭惡風險」的心態。

設想你有個選擇的機會，可以保證領取價值二十五元的禮物，或參加賭局，有五〇%的機會贏五十元，還有五〇%的可能是一毛錢也拿不到。參加賭局的數學期望值是二十五元——跟第一項贈品相同——但預期是說不準的。厭惡風險的人寧願選擇禮物，而不參加賭局，但另一批人厭惡風險的程度卻有所不同。

你可以透過「確定等值」（certainty equivalent）檢測自己對風險排斥到什麼程度。亦即在賭博的期望

❼這過分簡化了。任一筆損失的效用要視輸家的財富而定。這裡無疑假設兩名玩家的財富相等。

值多高時，你會願意放棄禮物賭一場？例如賭博的賭金增為三十元，贏了可得到六十元，輸了則一無所有，機會各半，因此期望值為三十元。這個數目是否能取代二十五元篤定可到手的禮物。也許只要期望值提高到二十六元，你就願意參加。甚至你可能**天生愛冒險**，即使期望值還不到二十五元，你也樂意放手一搏。例如在一半一半的勝算下，贏了可以獲得四十元，輸了就一毛錢也拿不到，期望值只有二十元。不過在上述描述的狀況下，多半人都會要求期望值超過五十元。可是樂透的盛行卻又跟以上觀點背道而馳，因為主辦單位抽頭金額龐大，所以這種遊戲絕對是對玩家不利。

這其中有個重要的原則，如果你的股票經紀商推薦你投資一支在極小型上市股票的共同基金，而且過去六十九年來，股市中規模最小的二〇%股票，資本增值加上股利的收入，平均報酬為每年一八%，可說是非常好的報酬。但這個部門起落也非常劇烈，三分之二的報酬介於負二三%與正五九%之間，幾乎每三年就有一年會出現平均高達二〇%的虧損。因此，儘管這類型股票長期持有的回收相當可觀，但在任何一個特定年裡，其前景都非常不確定。

另有一個選擇，假設另有一位經紀商推薦你長期持有標準普爾五百指數股票的基金。這類股票過去六十九年來的平均年報酬率約一三%，但三分之二股票的年報酬介於負一一%與正三六%之間；平均虧損一三%。假設未來發展與現在大同小異，但你不會再有七十年工夫去證明你的投資策略正確，那麼小型股基金較高的預期報酬，是否足以抵銷較大價格波動的風險呢？你會選擇哪一種基金呢？

雄踞兩百年

伯努利改變了風險戲劇的舞台。他指出，人類面對不確定時，可以同時運用計算和膽識下決策，這是一項重大成就。他在論文中吹噓道：「我們的主張既然與經驗符合，就具有不容輕忽的重要性。」

約兩百年後出現的猛烈抨擊，顯示出伯努利的主張漏洞百出，根本談不上「與經驗符合」。這主要是因為伯努利對人類理性做了太多錯誤的假設，嚴重到完全超出生存在啟蒙時代的他的想像。但截至伯努利的觀點遭到抨擊為止，他主張的效用觀念卻已經雄踞理性哲學論辯的講壇兩百年。伯努利自己大概都想不到，他的效用觀念會獨領風騷這麼久——這該感謝那群雖沒讀過他的作品，卻得出相同結論的後代作家。

第7章

追尋確定性——精算學始祖普萊斯

第二次世界大戰，德國對莫斯科發動無數次夜間空襲。某個空襲的晚上，一位聲譽卓著的蘇聯統計學教授來到防空洞——他從來沒在這兒出現過。他常說：「莫斯科有七百萬人，炸彈哪會落在我頭上？」朋友詫異的問他怎麼改變了主意，他說：「是這樣的，莫斯科有七百萬人和一頭大象，他們昨晚炸死了大象。」

這則故事可說是波爾羅亞《邏輯》一書中懼怕雷擊論述的現代版，但是有個重要的不同點。現代版的當事人非常了解被炸彈擊中的數學機率，莫斯科教授的表現說明了，凡是跟機率有關的事，都具有雙重特質：面臨蘊藏風險的選擇時，信心會受過去同一事件發生的頻率影響。

故事還有更深層的意義。它回應葛朗特、配第、哈雷等人關心的各種議題。既然我們不可能完全了解未來——或甚至過去——那麼手上的資訊又有多大的代表性？誰比較具代表性，七百萬人或一頭大象？我們該如何評估新資訊，以及如何把它融入從先前資訊所產生的信念中？機率理論究竟是數學玩具或預測未來的正規工具？

機率理論當然是預測未來的工具，但細節裡卻埋伏著重重陷阱，尤其是用於計算機率的資訊。本章要討論改變十八世紀運用資訊的方式，以及直到現在為止，把機率理論應用於決策的一連串重大變革。

傑可伯與萊布尼茲通信

第一個把機率與資訊品質結合在一起的人也是伯努利家族的一員——他是丹尼爾的伯父傑可伯，生於一六五四年，卒於一七〇五年。當巴斯卡與費瑪成名時，傑可伯還是個孩子，他去世時，丹尼爾也不過五歲。他不但遺傳了伯努利家族的稟賦，也繼承了伯努利家族的壞脾氣和傲慢——他自命能與同時代的牛頓一爭高下。

不過，光憑傑可伯提出的疑問已堪稱知識上的一大突破，更不要說他還有能力找到答案了。據傑可伯自稱，他經過長達二十年的思考，才著手尋求解答；而直到年近五十才完成論著，不久便撒手人寰。

傑可伯的脾氣即使在伯努利家族而言，也算壞得出奇，到晚年尤其嚴重，儘管他生活在一六六〇年查理二世復辟後格外縱情聲色的英國❶。與傑可伯同時期的阿巴思諾特（John Arbuthnot），身兼安妮皇后（Queen Anne）的御醫和皇家學會會員，也算是位社會名流。這位老兄研究數學，對機率很感興趣，而他在論文中舉的例子竟然是「仍是處女的二十歲女子」與「同年齡而沒打過架的小鎮青年」，何者的機率較高？

傑可伯在一七〇三年首先提出應如何用樣本數據推算機率的問題。他在寫給萊布尼茲的信中提到，我們知道擲兩粒骰子時，出現七的機會比出現八的機會高，卻無法知道一名二十歲男子的壽命是否會比一個六十歲的老人長，這實在不可思議。他問萊布尼茲，如果研究很多二十歲和六十歲的人，是否能找到問題的

❶ 傑可伯的靈魂確實富有詩意，要求在墓碑刻上美麗的斐波那契螺旋，聲稱它不會改變形狀的成長是「厄運堅韌恆久的象徵：甚至是我們血肉復活的象徵。」他進而要求題上這句墓誌銘：「Eadem mutata resurgo」（不管怎麼變，它永遠如故）（David, 1962, p. 139）。

答案？

萊布尼茲回信中不表示樂觀，他說：「自然界一再發生的事件，會遵循特有的模式，但並非每件事都符合，只有大部分如此。新疾病不斷侵害人類，所以不論你研究多少具屍體，也不能對事物的本質設限，使它在未來仍保持現狀。」萊布尼茲用拉丁文寫這封信，但寫到「並非每件事都符合，只有大部分如此」時，卻改用希臘文。或許他的用意是強調，傑可伯提到的那種數量有限的實驗，根本不足以構成精確計算大自然布局的樣本❷。

萊布尼茲當頭澆下的這桶冷水，並沒有澆熄傑可伯的研究熱忱，但他把解決問題的方法略做調整，並把萊布尼茲那句希臘文牢記於心。

傑可伯用樣本數據推算機率的成績，記錄在他姪兒尼古拉斯在他死後編輯完成，並於一七一三年出版的《猜測的藝術》一書中。他最感興趣的是證明思考從何處結束，而猜測從何處開始。在某種意義上，猜測就是根據部分來預估全貌的過程。

傑可伯認為，以機率理論對事件的可能發展做出假設時，「只需計算出可能發生的狀況數，然後比較某種狀況與其他狀況發生的機率孰大。」他就從這裡展開分析。他指出，最大的問題在於機率理論幾乎只適用於賭博。截至此時，巴斯卡的研究還被視為純出於知識上的好奇。

對傑可伯而言，這個限制非常嚴重，他有段話與萊布尼茲的觀點如出一轍：

凡夫俗子有誰……能確定疾病的種類，算清所有可能影響人體的案例……一種病致命的威力比另一種病大多少——像是黑死病跟水腫病相比……或水腫病跟發燒相比——然後在這樣一個基礎上預測未來世代的生死關係？

……誰敢自命對人性或人體的奇妙構造有足夠的了解，有辦法在仰仗參賽者……敏銳心智或靈活肉體的遊戲中，預測誰輸誰贏？

傑可伯在機率的實際與抽象應用上，做了非常重要的區分。以帕契歐里的骰子戲，以及本書討論「巴斯卡三角」時所舉的世界大賽為例，兩者都跟真實的狀況毫無類似之處。在真實世界裡，任何一支球隊的每位隊員的「敏銳心智與靈活肉體」各不相同，但是用機率預測未來時，都過度簡化情況，完全不把此列入考慮。巴斯卡三角只能大致預測這類比賽在現實生活中可能的結果。

機率決定勝算

機率理論可以界定賭場或簽賭樂透時的勝算——不需要親自去轉輪盤或統計樂透彩券張數，就能估計結果。但在現實生活中，我們還需要其他相關資訊。頭痛的是，我們永遠無法擁有全部的資訊。大自然設定了若干模式，但並非每件事都有跡可循。從自然界抽離出來的理論比較仁慈：我們已擁有所需的資訊或不需要更多資訊。正如我在導言中引用布萊克的話，從查爾斯河上的麻省理工學院看到的世界，比哈德遜河畔華爾街的一片喧囂，井然有序多了。

討論帕契歐里假設的擲骰子比賽時，歷史紀錄、賭徒的體能與智商都無關緊要，甚至比賽本身的特質也不重要。理論完全取代了資訊。

❷ 在後來與傑可伯的通信中，萊布尼茲寫道：「企圖用倫敦和巴黎的現代觀測資料來判定先父在大洪水前的死亡率，這樣的人顯然嚴重偏離事實。」（Hacking, 1975, p. 164）。

現實人生裡的棒球迷就跟玩股票的人一樣，收集大量資訊無非是為了判斷各球隊與球員的實力——或股票上市公司的獲利能力。但不論研究的對象是體育或股市，即使擁有上千種數據的專家，精心研判的結果仍然不可信賴。

「巴斯卡三角」以及所有早期的機率研究，都只能回答一個問題：這麼做的結果的機率是多少？大部分情形下，答案的效果很有限，因為它不能告訴我們全部的狀況。如果判斷甲選手某場比賽有六〇%的勝算，真正的意義是什麼？這樣的機率是否代表他的技巧足以在比賽時，有六〇%的時間都占上風？如果只贏一次比賽不足為證，那麼甲和乙要比賽多少次，才能確實證明甲比較優秀？我們是否能根據今年世界大賽的結果判斷，冠軍隊不僅在這一屆比賽中脫穎而出，而且永遠都會是最好的隊伍？吸菸者的高肺癌死亡率是否代表吸菸會使人折壽？一頭大象的死又如何能提高防空洞保護生命的價值？

現實人生計算機率的方式，往往就是必須從樣本推及全體。賭博屬於「先驗事件」，在事件發生**前**就可計算機率，但人生中賭博的機會絕無僅有，通常只能從「經驗」歸納，要等事件發生**後**才算得出機率。歸納涉及到實驗和信心的起落，所以莫斯科有七百萬人，但一直要等到大象死於納粹轟炸，教授才決定到防空洞躲避空襲。

現實人生支離破碎

傑可伯．伯努利對於從現實生活提供的有限資訊中推算機率，有雙重貢獻。首先，在所有其他人摸不清問題在哪之前，他就賦予問題清楚的定義。其次，他提出的解決方案只有一個條件：我們必須假設「在類似情況下，未來某件事會不會發生，必定遵守過去觀察到的模式」。

這是個偉大的假設。雖然傑可伯抱怨說，現實生活中，資訊夠完整、可借助簡單的機率法則預測結果的案例極其稀少。但他也承認，除非假設未來一定會重複過去的軌跡，否則就根本無法**根據實際數據**計算機率。道理不言可喻。

過去（不論我們選哪個時代做分析）只是現實的片段；從片段數據中追求全貌，在所難免都是支離破碎。我們知道骰子有六個面，每面代表一個不同的數字，我們也知道歐式輪盤有三十七個空格（美式輪盤是三十八格），每格代表一個不同的數字，但是，在處理現實人生時，我們永遠不可能如此篤定的掌握一切必需的資訊。現實是一連串相依相生的相關事件，但在賭博遊戲中，任何一局的結果對下一局的影響都等於零。在賭博遊戲中可以把任何事都濃縮為一個個確切的數字，但在現實生活中，我們常說「很少」、「很多」、「一點點就好，謝謝」，很少用到精確的計量。

本書接下來的章節安排，就遵循傑可伯的理論。從現在開始，管理風險的論證與他的三大條件假設重疊——資訊是完整的、實驗是獨立的、量化評估是有意義的。計算資訊、預測未來的準確度，就決定於這些假設之上。事實上，傑可伯的假設改變了人類度量過去的方式：一件事發生後，我們是否能說明究竟發生了什麼，或只能統統歸諸運氣——後者其實只是一種承認我們無法解釋某一已發生事件的方式？

大數法則

儘管我們很清楚的知道，現實與理想狀況相去甚遠，但實際的需要卻迫使我們把各種困難擱在一旁，勉強假設傑可伯提出的三大條件都已具備。或許我們的答案因而漏洞百出，但傑可伯與本章介紹的其他數學家研究出來的方法，仍然是根據過去事件有限的數據，推算未來事件機率的好工具。

傑可伯利用已發生事件計算機率的理論通稱為「大數法則」。這個法則不同於一般通行的觀念，它並不設法求證已觀察到的事實，而只當作全盤真相的冰山一角。這個法則也不以為增加觀察的次數，就能提高機率的準確性，也不企圖改善實驗的品質：傑可伯採納萊布尼茲的建議，放棄了透過實驗尋求精確答案的原始構想。

或多或少就是關鍵

傑可伯尋求的是另一種機率。大數法則並不告訴你，連續丟一枚銅板很多次，要丟到多少次，正面和反面出現的機率會最接近五〇%；這用簡單的算術就算得出來，不需要花那麼多力氣拚命丟銅板。相反的，大數法則指出，丟的次數愈多，丟出正面次數的比例或多或少，必然不會恰好是五〇%，不論誤差多麼小。「或多或少」一詞就是關鍵。我們要找的不是五〇%的真正平均值，而是實際觀察到的數值與真正平均值的誤差，就算它二%好了——換言之，丟的次數愈多，觀察到的平均值與真實平均值之差，就愈可能落在二%以內。

不過，這並不代表在丟了無數次銅板以後誤差就不存在——傑可伯明確的排除了這種可能——也不代表誤差會變得小到可以忽視。**大數法則只告訴我們，當丟的次數愈多時，得到的平均值與真實平均值之誤差，會比丟擲次數少時得到的平均值，更有可能小於某一預設的數值**。但是，觀察到的數值與真正平均值的誤差，永遠有可能大於某一預設的數值。像是莫斯科的七百萬人口，顯然就無法滿足那位統計學教授。

大數法則絕不可與平均律相提並論。數學告訴我們，任意丟一次銅板出現正面的機會是五〇%——但每次丟擲之間的關係為零；不受之前丟擲結果的影響，也不能影響之後的丟擲。因此，如果前一百次或前一百萬次丟銅板出現正面的機率為四〇%，大數法則也不保證下一次丟出正面的機會將高於五〇%。如果你手氣一直不順，千萬不要冀望從大數法則中找到翻本的機會。

為了說明大數法則，傑可伯假設有一個裝了三千顆白石頭和兩千顆黑石頭的罐子（類似例子從此成為機率理論家和數學急轉彎難題發明家的最愛）。假設有個人不知道罐裡有多少顆分別為什麼顏色的石頭，只是不斷從罐中取出數量愈來愈多的石頭，每次都記錄下石頭的顏色各為多少顆後放回罐內。如果取出許多石子後，能得到「幾乎可確定為必然」（moral certainty）——意味著可靠，但非百分之百的精確——三比二的結果。傑可伯認為，那麼「就可以統計經過多少次實際操作，歸納出來的結果，其精確度會與先驗得知的結果幾乎一致」。他的計算顯示，從罐中拿取二萬五千五百五十次，結果將有1000/1001的機率，落在真正平均值三比二的二％誤差之內。這樣就算得上「幾乎可確定為必然」。

傑可伯使用「幾乎可確定為必然」一詞，有很深的用意。這個詞引自他參考萊布尼茲的著作後，為機率下的定義。他說：「機率有某種程度的確定性，但與絕對必然不同，就像部分不等於整體一樣。」

但傑可伯對「確定」的定義，還進而超越了萊布尼茲。傑可伯注意到，每個人對確定的意義都有不同的解釋，在我們幾乎有十足把握時，才能說是「**幾乎**可確定為必然」的狀況。萊布尼茲提出這觀念時，稱之為「無限可能」（infinitely probable）。傑可伯認為1000/1001已經夠接近，可是他仍願保留一點彈性：「若能由主管機關出面制定『幾乎可確定為必然』的標準範圍，會有很大幫助。」

數目大得難以忍受

傑可伯成功了。他宣稱，現在根據任何不定量所做的預測，都可以像預測賭博遊戲一般科學。他把機率從理論的世界提升到現實的世界：「即使我們舉的例子不是裝滿石頭的罐子，而是包藏無數過程或疾病的空氣或人體——我們同樣可以透過觀察決定，某件事發生頻率比另一件事高多少。」

但傑可伯的那罐石頭還是有問題。他算出要得到「幾乎可確定為必然」的結論，需要做二萬五千五百五十次實驗，他顯然覺得這數目大得讓人難以忍受；當時他的故鄉巴塞爾總人口數也不到二萬五千五百五十人。我們看得出，他也不知道下一步該怎麼辦，因為他的書就在這兒戛然而止。他只帶點遲疑的補充說，現實生活個案中，要保持所有觀察的獨立是相當困難的事：

如果所有事件直到永恆都可以重複，我們就會發現，世上每件事都有一定的原因，遵循一定的規則，我們會被迫接受大多數表面上為偶發的事件都具有某種必然性，或可謂之「命運」。

儘管如此，傑可伯的黑白石子罐頭仍值得永垂不朽。這些石子是人類首度嘗試測量──其實應該說是界定──不確定性的工具，即使在機率的**真正數值為不可知時**，仍可透過實驗計算出一個非常接近真正數值的數字。

棣美弗的《人壽保險》

傑可伯在一七〇五年去世，他的姪兒尼古拉斯──綽號「慢半拍」（Nicolaus the Slow）──繼續他的研究，除了慢條斯理的編纂《猜測的藝術》外，也試著透過已知的觀察推算機率。尼古拉斯的研究結論發表於一七一三年，與傑可伯的著作同時出版。

傑可伯最初研究機率，以把觀察值與實際值之誤差限制在特定範圍內，做為研究目標；後來他又算出，把機率的準確性提升至該特定範圍內，需做的觀察次數。尼古拉斯嘗試把伯父的機率理論顛倒過來。也就是說，根據已知的觀察次數換算機率的誤差。他採用一個例子，假設新生兒中男嬰與女嬰之比是十八比十七，即一萬四千個新生兒中預期應有七千二百名男嬰。他隨即算出，至少有四十三．五八比一的機會，實際出生的男嬰人數將與期望值有一百六十三人的出入，亦即介於七千三百六十三人與七千零三十七人之間。

一七一八年，尼古拉斯邀請法國數學家棣美弗加入他的研究工作，但棣美弗回絕說：「我希望能把機率理論用在經濟與政治方面，但我寧願把這個機會讓給更優秀的人。」從這段回覆可知，機率與預測的應用，在短短數年間就有長足的進展。

棣美弗在一六六七年——晚傑可伯十三年——出生於法國的新教徒家庭，當時法國對非天主教徒的敵視日深。一六八五年，棣美弗十八歲時，法王路易十四廢除「南特敕令」（Edict of Nantes），這原來是信奉基督新教的亨利四世（Henry IV）在一五九八年頒布，賦與新教徒與天主教徒一般無二的政治權利。平等令取消後，新教全面被禁。棣美弗因信仰而入獄兩年多。他恨透了法國，不願再跟這個國家有任何瓜葛，並設法在一六八八年逃往倫敦，那兒的天主教在「光榮革命」後幾乎蕩然無存，他終生再也沒有回到誕生的故鄉。

棣美弗在英國的生活鬱鬱不得志，到處碰壁。儘管他四出奔走，卻從未覓得合適的學術研究工作。他唯有靠開班授徒教授數學，以及為賭徒和保險掮客計算機率謀生。因此他在聖馬丁巷（St. Martin's Lane）的屠夫咖啡館（Slaughter's Coffee House），設了一間非正式的辦公室。他幾乎每天下午教完課，都會去那兒報到。雖然他跟牛頓是好友，而且才三十歲就被選入皇家學會，但他尖酸、內向、反社會的傾向仍然非常濃厚。他在一七五四年去世，雙眼全盲、貧病交加，享年八十七歲。

一七二五年，棣美弗出版了一本書，名叫《人壽保險》（*Annuities upon Lives*），書中分析了哈雷的「布雷斯洛平均壽命表」。雖然這本書重心放在討論數學，但也就伯努利試圖解決，而棣美弗後來也曾深入研究的難題，提出幾個重要疑點。

研究統計學史的史蒂格勒（Stephen Stigler），在說明棣美弗的養老金研究與機率的關係時，舉了個有趣的例子。根據哈雷的表，布雷斯洛有三百四十六個五十歲的男人，其中只有一百四十二人會活到七十歲，亦即四一%的比率。這是個非常小的樣本。我們若把這種結論推廣到所有五十歲男人的預期壽命，可做到什麼程度？棣美弗當然不能據此認定，所有五十歲男人活到七十歲的機會都小於一半，但他可以回答這個問題：「如果機率的實際值是二分之一，出現像142/346這麼小或更小的比例，機率會是多少？」

損失的可能性

棣美弗第一部直接探討機率的著作，名叫《抽籤計算法》（*De Mensura Sortis*）。這本書首次發表於一七一一年皇家學會的出版品《哲學會報》（*Philosophical Transactions*）中。一七一八年，棣美弗出版英文版，將內容大量擴充，更名為《機會論》（*The Doctrine of Chances*），他把這本書題獻給好友牛頓。此書一出就大獲成功，在一七三八年和一七五六年分別再版。牛頓很欣賞這本書，曾告訴他的學生說：「去請教棣美弗先生吧，這方面他懂得比我多。」《抽籤計算法》可能是最早明確把風險界定為「損失的可能性」的著作：「損失任何金額的風險均與期待相反；其計算方法是將投資的金額，乘以蒙受損失的機率之積。」

一七三〇年，棣美弗終於用伯努利的預測方法，求知某一樣本相對於它所從中抽離的現實世界，究竟具有多少代表性。他在一七三三年出版完整的解答，並將之增補在《機會論》的第二版與第三版裡。他一開始就承認傑可伯和尼古拉斯「數學技巧極高明……但還需要進一步的增補」。最大的問題在於，伯努利伯姪的處理方式「顯得很累贅，也非常困難，很少人願意接著做」。

做二萬五千五百五十次實驗，是很明顯的障礙。即使如紐曼建議的，傑可伯願意接受「不確定為必然」的結果，容許抽石子推論只有一半機會落在實際值三比二的二%誤差範圍內，也仍然需要抽籤八千四百次。照今天的標準來看，傑可伯選擇的1000/1001機率，本身就很奇怪，大多數現代統計學家都認為，二十分之一的成功機率就足以證明一種結果有意義（即「幾乎可確定為必然」的現代說法）。

棣美弗解決這些難題的貢獻，可列入數學史上最重要的成就。他應用微積分和「巴斯卡三角」潛在的結構，即通稱的「二項展開式」（binomial theorem）證明任一組隨機抽樣，例如傑可伯的黑白石子罐實驗，能自動在一定誤差的範圍內，分布在平均值周圍。舉個例子，假設你從傑可伯的罐子裡抽出一百顆小石頭，每次抽完都記錄黑白的比例，並把石頭都放回去。然後假設你又每次抽一百顆石頭，一連抽了若干次。棣美弗就都能事先告訴你，抽出的各次比例之中，大約有多少次會與前一梯次抽籤算出的平均值非常接近，還有各次得出的比例相對於總平均值的線形分布情形。

如今我們把棣美弗發現的分布曲線稱為「常態曲線」，也因為它形狀像個鐘而稱作「鐘形曲線」（bell curve）。將各次分布點畫成曲線就可以看出，大部分的觀察值集中於中央，接近總平均值。然後曲線對稱的向兩旁下傾，總平均值兩側有相等的觀察次數，先是急遽下降，然後依平緩的坡度下斜而結束。換言之，跟平均值差距大的觀察次數，遠比接近平均值的觀察次數少。

棣美弗曲線的形狀，使他能夠計算在平均值周圍的統計學離差（dispersion）。算出的數值現在稱為「標準差」（standard deviation），是判斷任一組觀察值可否視為足以代表其所屬範域（universe）之樣本的決定性因素。在常態分配下，約有六八％的觀察值會落在全部觀察之平均值的一個標準差之內，九五％會落在平均值的兩個標準差之內。

標準差可以告訴我們，目前處理的個案是否有頭在烤箱，而腳在冰箱的傾向——這個可憐人的平均體溫不能告訴我們他真正的感覺。大部分的數據都跟他身體中段的平均感覺相去甚遠。標準差可以告訴我們，傑可伯抽取鵝卵石二萬五千五百五十次，可得到對於罐內黑石與白石之比、極為接近正確數字的估計。因為相對而言，只有極少數的觀察結果會大幅偏離平均值。

神的計畫

隨著隨機而不相關的觀察次數增加、產生的結果愈顯得井然有序，此一現象令棣美弗印象深刻；他把這種秩序稱作「神的計畫」。其中有種承諾，只要在適當狀況下，我們可以靠計算超越不確定性，制服風險。棣美弗總結他的研究成果說：「**雖然機率會產生例外，但遵守規律的可能性卻大於一切，所以只要時間夠久，這些例外發生的次數跟符合原始設計、自然而然產生的秩序重現的次數相比，根本不成比例。**」

特定誤差範圍

棣美弗對數學的貢獻就是提出估算機率的工具。他發現，經過一定次數的觀察後，觀察值會落在實際值的特定誤差範圍內。這個發現有很多實際的應用。

比方說，所有製造商都擔心瑕疵品會通過裝配線流出廠外，送到顧客手中。在絕大多數情況下，百分之百的完美都無法實現——我們熟知的世界似乎與生俱來有排斥完美的惡習。

假設有位製針工廠的經理，試圖把瑕疵針的數量減至每十萬根中僅十根，亦即〇．〇一％的比例。他為了了解進展，於是從裝配線上隨機選取十萬根樣本針，並發現有十二根沒有針頭——比他希望達成的平均十根瑕疵多出兩根。這個差別有多重要？如果工廠每製造十萬根針，**平均**有十根有瑕疵，那麼從十萬根樣本裡發現十二根瑕疵品的機率是多少？棣美弗提出的常態分配與標準差就能回答這個問題。

但一般人想解答的不是這個問題。通常他們無法確定工廠平均會生產多少件瑕疵品。再怎麼求好心切，到頭來瑕疵品的比例仍可能超過十萬分之十。十萬根針的樣本，對於全體產品中的平均瑕疵比例會不會超過〇．〇一％，提供了什麼樣的訊息？如果樣本擴大為二十萬根，我們可以多知道些什麼？什麼樣的機率之下，平均瑕疵比例會落在〇・〇〇九%與〇・〇一一%之間？或〇・〇〇七%與〇・〇一三%之間？我隨手拿起一根針就是瑕疵品的機率又是多少？

在這種情形下，數據是已知數——十根針、十二根針、一根針——機率是未知數。以這種方式提出的問題，就是所謂**逆機率**（inverse probability）：十萬根針之中有十二根瑕疵，如果實際的平均瑕疵率是〇・〇一%，這種事發生的機率是多少。

統計學家貝葉斯

處理這類問題最有效的方法，由一位名叫貝葉斯的牧師提出，他一七〇一年出生於英國肯特郡（Kent）。貝葉斯是不信奉英國國教的基督徒；他反對自亨利八世（Henry VIII）宣布脫離天主教以來，英國國教保留的天主教儀式。

貝葉斯雖然也是皇家學會的會士，但他的身世我們所知不多。一本相當枯燥、不涉及人性的統計學教科書，甚至形容他為「謎樣」人物。他在世時不曾出版任何數學著作，死後也只留下兩件作品，但問世時並未引起注意。

不過其中的一篇論文〈試解決機會論的一個難題〉（Essay Towards Solving a Problem in The Doctrine of Chances）卻極富創意，使貝葉斯躋身統計學家、經濟學家，以及其他社會學門的專家之林，名垂不朽。這篇論文奠定了現代統計推論方法的基礎，解決了最初由傑可伯・伯努利提出的大問題。

貝葉斯在一七六一年去世時，他在前一年寫的遺囑中，指定將這份論文和一百英鎊遺贈給「目前大概是在紐恩登林蔭路（Newington Green）做牧師的普萊斯（Richard Price）」。貝葉斯對普萊斯的所在語焉不詳，實在很奇怪，因為普萊斯來頭頗大，不僅是肯特郡的一名小鎮牧師而已。

普萊斯道德水準很高，熱烈相信全人類都應享自由，尤其是宗教信仰的自由。他深信不疑自由乃上天所賜，所以是一切道德行為不可或缺的要素；他聲稱，寧可自由而犯罪，也不要做別人的奴隸。他在一七八〇年代寫了一本談美國革命的書，書名很長：《論美國革命之重要性以及使它裨益全世界的方法》（*Observations on the Importance of the American Revolution and the Means of Making it a Benefit to the World*），他在書中發表自己的信念，認為獨立革命是上帝注定。他還冒了個人風險去照顧轉運到英格蘭境內俘虜營裡的美國戰俘。他跟富蘭克林是好友，跟亞當．斯密也有點頭之緣。斯密撰寫《國富論》（*The Wealth of Nations*）時，普萊斯與富蘭克林都看過部分草稿，並提出批評。

有一種自由令普萊斯不安——借錢的自由。他非常關切方興未艾的國債金額因對法戰爭與對北美殖民地作戰而不斷膨脹。他抱怨這筆債務是「為永恆籌款」，為它取了別號叫「國之大惡」。

普萊斯還不僅是牧師和捍衛人類自由的鬥士而已，他也是一位數學家，憑著研究機率的成就，贏得皇家學會的會士資格。

一七六五年，一家名叫「公平協會」（Equitable Society）的保險公司派了三名員工去拜訪普萊斯，請他協助設計一個死亡率統計表，以便計算壽險的保費與年金。在研讀哈雷、棣美弗及其他人的著作後，普萊斯在《哲學會報》上發表了兩篇論文；據他的傳記作者康恩（Carl Cone）報導，普萊斯灌注全副精力撰寫第二篇論文而一夜白頭。

精算學始祖

普萊斯從研究倫敦保存的紀錄著手，但紀錄中的預期壽命比實際死亡統計低太多。接著他又去查紀錄保存較完善的北安普頓郡（Northampton）。他在一七七一年出版一本名叫《保險金償付論》

（*Observations on Reversionary Payments*）的書，公開研究結果。這本書直到十九世紀都還是這方面的聖經。這部著作為他贏得精算學（actuarial science）——今天所有保險公司做為計算保費根據的複雜機率演算——始祖的頭銜。

但普萊斯的著作也有不少嚴重而昂貴的錯誤，一部分是因為他採用的資料中，遺漏了大量未登記的出生人口所致。更有甚者，他把較年輕者的死亡率高估，又把年齡較長者的死亡率低估，他對遷入和遷出北安普頓的人口數估計，更是錯誤百出。尤其要命的是，他似乎也低估了預期壽命，以致人壽保險的保費遠高於實際需要。「公平協會」靠著他的錯誤大發利市，英國政府也用同一套表格決定養老年金付款標準，結果虧損慘重。

瑕疵率

兩年後，貝葉斯已去世，普萊斯把一份貝葉斯「極具創意」的論文送交皇家學會另一位會員坎頓（John Canton），所附的信函讓我們對貝葉斯撰寫這篇文章的動機有更多的了解。一七六四年，皇家學會終於把貝葉斯的論文刊登在《哲學會報》上，但即使此時，他的創新研究還是乏人注意，又被埋沒了二十年之久。

貝葉斯對他試圖解決的問題說明如下：「已知某一未知事件發生與未發生的次數：要得知只試一次時，該事件發生的機率處於什麼範圍之內。」在此提出的問題恰好是傑可伯六十年前界定的問題的逆轉。貝葉斯問的是，如果我們只知道某件事曾經發生多少次，還有其他多少次不曾發生。那麼，在對其他條件一無所知的狀態下，如何判定一件事會不會發生的機率。換言之，一根針可能有瑕疵，也可能完美無缺。如果我們在一百根樣本當中找到十根有瑕疵的針，那麼**所有**生產的針之中——不僅那一百根樣本——瑕疵率介於九％到一一％之間的可能性是多大？

機率絕非猜測

從普萊斯附寄給坎頓的信可知，短短一百年工夫，機率分析應用在實際決策上已有相當進展。普萊斯寫道：「凡是有判斷力的人都知道，在此討論的絕非機會學說中一個有趣的猜測而已，而是吾人為了要根據過去事實，推演未來發展，建立一個牢靠的基礎，必須先行解決的問題。」他並指出，傑可伯與棣美弗都未能完全依照這種措辭說明問題所在，不過棣美弗曾經把他個人解題時所遭遇的困難，形容為「機率領域中最難的問題」。

貝葉斯證明他觀點的方式甚是古怪，考慮到他身為反對國教的牧師身分，更是難以想像：他選中了撞球台為例。一個球滾過台面，可自由停頓於任何位置。接著以同樣方式滾動第二個球，記錄它停在第一個球右側的次數。這個數字就是「未知事件發生的次數」。失敗——上述結果未發生——即球滾到第一球左側。第一球落點的機率——只試一次——可從第二球的「成功」與「失敗」中推論。

貝葉斯系統的主要應用是在利用新資訊修訂根據舊資訊建立的機率時，或用統計學家的話說，就是拿時間順序在後的機率，跟時間順序在前的機率做比較。以撞球台為例，第一個球代表事前，藉著重複滾動第二球，修訂對第一球落點的估計，後者即「事後的機率」。

貝葉斯提出這道隨著新資訊湧進，修訂根據舊資訊所做推論的手續，在哲學觀念上極其現代化：在動態世界裡，狀態不確定時，就沒有單一答案存在。數學家史密斯（A. F. M. Smith）說得好：「在我看來，任何尋求以單一答案解決複雜的不確定狀態的科學推論方法，都是基於威權心態，對理性學習過程的拙劣模仿。」

雖然貝葉斯的推論系統過於複雜，無法在此詳加說明，不過本章之末的附錄中，還是介紹一個貝葉斯分析的典型應用實例。

不確定性可以計算

本章介紹的各種成就，最令人興奮的一個大膽創見就是，不確定性可以計算。不確定性代表未知的機率；倒轉海金對確定性的描述：若我們的資訊正確，而某件事未若預期發生，或我們的資訊錯誤，某件事卻發生了，我們就可以說這件事不確定。

傑可伯、棣美弗、貝葉斯教我們如何根據實驗中得到的數據，推算原先不知道的機率。他們的成就需要可觀的心智活力，以及探索未知的勇氣。棣美弗提出**原始設計**（original design）的觀念時，毫不掩飾對自己的成就深感自豪的心理。他經常公然表達這種觀點，有次他寫道：「只要人類不用玄學的塵沙蒙蔽自己，就可採取明顯的捷徑，認清萬物的偉大**創造者**與**統治者**。」

我們現在已來到十八世紀後期的啟蒙時代，這時代高唱：追求知識是人類最崇高的活動。這是一個科學家拭去眼睛上的玄學塵沙的時代。探索未知、創造新事物，再沒有任何禁忌。一八〇〇年以前，致力馴服風險的人類，已獲得可觀的進展，這方面的活動也隨著新的世紀來臨而有更大的動力──維多利亞時代會提供更多的誘因。

附錄：貝葉斯統計推論的實例

我們回頭談製針公司。這家公司有兩個工廠，舊廠的產量占總生產量的四成，亦即隨機選取的針，不論有無瑕疵，有四成機會是來自舊廠，這是「事前機率」。我們發現舊廠的產品有瑕疵者是新廠的兩倍。如果顧客打電話來抱怨買到瑕疵針，經理應該通知哪家工廠？

根據「事前機率」，瑕疵針比較可能來自新廠，因為它生產六成的針。但另一方面，這家工廠只生產瑕疵針總數的三分之一。我們根據這項新資訊來修訂事前機率後，新廠生產這枚瑕疵針的機率就降低為四二·八％，舊廠出紕漏的機率則為五七·二％。這個新數據就是「事後機率」。

第8章

至高無上的非理性——股市隨機漫步現象

高斯（Carl Friedrich Gauss）活到一八五五年，享年七十八歲。在高斯人生的最後二十七年裡，只有一次離開家鄉到哥廷根（Göttingen）去外宿。他極端厭惡旅行，甚至多所歐洲知名大學請他去擔任教授或頒贈榮銜給他，都被他回絕了。

高斯跟古往今來的許多數學家一樣，自幼頭角崢嶸，聰穎過人——但他的父母對這件事的反應卻是南轅北轍。他的父親是個粗魯的勞工階級，輕蔑這孩子的早慧，並刻意讓他的日子非常難過。他的母親盡心盡力保護他，鼓勵他上進；母親在世時，高斯也一直非常孝順她。

在高斯的傳記中，有一大堆他在別人連二十四除以十二都要算個老半天的年紀，就創造數學奇蹟的故事。他對數字的記憶力奇佳，能背整個對數表，隨手拈來，毫不費力。十八歲時，他發現正十七邊形；可說是自從兩千年前希臘數學大放異彩以來的第一人。他的博士論文〈每個有理數整數的一元方程式都必須有複根的新證明〉（A New Proof That Every Rational Integer Function of One Variable Can Be Resolved into Real Factors of the First or Second Degree），被學界公認為代數學的基本定理。這觀念本身並不新，但證明方法卻是新的。

高斯在數學領域的聲望讓他成為世界級名人。一八〇七年，法軍進逼哥廷根，拿破崙下令部隊放過這個城市，因為「有史以來最偉大的數學家住在那裡」。這是君王的恩典。但聲望過高也有不利的一面。法軍大獲全勝後，決定向德國人徵收罰金，高斯被勒令償付兩千法郎。這筆錢的購買力約相當今天的五千美元——對大學教授可是一筆不小的負擔❶。有位富裕的朋友自告奮勇要幫忙，但高斯一口回絕了他。在高斯來得及說第二個不之前，知名的法國數學家拉普拉斯（Pierre Simon de Laplace, 1749－1827）侯爵替他付清了罰金。拉普拉斯對外揚言，這項義舉乃是因為，他認為比他年輕二十九歲的高斯，是「當今世界最偉大的數學家」，此話似乎又把高斯從拿破崙的讚譽中降了好幾級。後來又有一位不願透露姓名的德國仰慕者，送給高斯一千法郎，讓他得以償還一部分拉普拉斯的債務。

拉普拉斯一生多采多姿，值得暫時岔開正題提一下；我們還會在第十二章再度碰到他。

高斯曾深入探究若干吸引拉普拉斯投注多年精力的機率領域。他跟高斯一樣，曾經是個數學神童，也對天文學深感興趣。但我們會發現，兩人的類似之處只到此為止。拉普拉斯的事業跨越法國大革命、拿破崙時代，以及君主復辟。在這種時代，凡是有登龍野心的人，手腕都非靈活不可。拉普拉斯就靠著萬丈雄心和長袖善舞，竄升到相當高的地位。

一七八四年，法王任命拉普拉斯為皇家砲兵部隊的稽核官。這位置的薪水極高，但共和政權一起，拉普拉斯立刻一馬當先表明他「對王室無法泯滅的仇恨」。拿破崙當權後，他又立即公開表態，毫無保留的支持新領袖，隨即贏得內政部長的任命和伯爵的封誥；內閣中有一位法國最受敬重的科學家，當然能提升羽毛未豐的拿破崙政府的聲望。但拿破崙不久就決定把拉普拉斯的官職賞給自己的親弟弟，六週後就將拉普拉斯革職，聲稱：「他是最蹩腳的行政官員，言辭迂迴閃爍，把政務辦得小家子氣到極點。」這就是過於接近權力核心的學者的下場！

後來拉普拉斯總算報了仇。他曾於一八一二年把權威著作《機率分析理論》（*Théorie analytique des probabilités*）題獻給「拿破崙大帝」，但一八一四年這本書再版時，他決定抽掉這句獻詞，還在論述中大談政治風向的變化。他寫道：「渴望獨霸全球的帝國自取滅亡的機率極高，凡是熟知機率的人都預測得到。」路易十八（Louis XVIII）登基時，就對這句話表示適當的關切：晉封拉普拉斯為侯爵。

早慧天才

高斯跟拉普拉斯不一樣，他深居簡出，對隱私非常堅持。他遲遲不出版許多重要的數學研究——多到其他數學家不得不針對很多他已經完成的工作重做研究。更有甚者，他已經出版的作品，也側重結果，而非他的研究方法，也讓後世的數學家不得不回頭追溯他得出結論的途徑。高斯的傳記作者貝爾認為，如果高斯個性更開放一點，整個數學史的發展會比現在進步五十年。「埋藏在他日記裡數十年的資料，若一開始就出版，可以讓他大大出名五、六次。」

聲望加上對私密的偏愛，使高斯成為一個無可救藥的知識勢利眼。雖然他主要成就在數論方面，而費瑪同樣也對這個領域很感興趣，但費瑪的開拓工作對高斯幫助不大。一百多年來的數學家公認最引人入勝的挑戰——「費瑪最後定理」，對他毫無吸引力，他說，那只是「一個孤立的命題，我可以輕而易舉提出很多個類似的、既無法證明、也無法駁斥的命題」。

這可不是吹牛。一八〇一年，高斯二十四歲的時候，就用優雅的拉丁文出版了《整數論研考》

❶在那些年，法郎和美元的匯率出奇穩定地保持在五比一左右，也就是兩千法郎大約等同於四百美元在一八〇七年的購買力。一八〇七年的一美元大概可以買到今天一美元十二倍的東西。

（*Disquisitiones Arithmeticae*），在數論研究史上是一部開天闢地的巨著。這本書大都不是寫給數學門外漢看的，但在高斯自己耳中，這部作品卻不亞於美妙絕倫的天籟。他在數論中發現「神奇的魔力」，從發現和證明類似如下的通則，得到極大的樂趣：

$$1=1^2$$
$$1+3=2^2$$
$$1+3+5=3^2$$
$$1+3+5+7=4^2$$

從1這個數字開始，n個連續奇數之和是n的平方。換言之，前一百個奇數，亦即從一加到一九九，其和為一百的平方，亦即一萬，而一到九九九，所有奇數相加之和為二十五萬。

還好，高斯頗為樂意證明，而他的理論性著作在實際應用上極為重要。一八〇〇年，有位義大利天文學家發現一顆新的小行星，命名為穀神星（Ceres）。一年後，高斯著手計算這顆星的軌道；在此之前，他已經算出一個可計算出任何一年復活節的日期的萬年陰曆表。此舉完全出於他贏得公譽的欲望。他更希望能步歷代數學宗師的腳跡——從托勒密、伽利略乃至牛頓——涉足天體力學的研究，尤其渴望在天文領域上超越與他同時代、又是他恩人的拉普拉斯。而且不管怎麼說，這個問題本身就很吸引人，因為相關數據十分貧乏，而穀神星繞日運轉的速度又非常之快。

經過一陣狂熱的計算，他做出非常精確的解答，可以指認穀神星在任何時間的精確位置。高斯在計算過程中，也磨練出嫻熟的天體力學運算技巧，只需一、兩個小時就能算出彗星的軌道，其他科學家得花三、四天才辨得到。

天文學後來成為高斯特別自鳴得意的一門學科，因為他最崇拜牛頓。對所謂牛頓發現萬有引力，是因為蘋果打在頭上而帶來靈感一說，他嗤之以鼻。他批評這則傳說：「愚不可及！只不過因為有個好管閒事的笨蛋問牛頓，他怎麼會發現萬有引力定律。牛頓一心想快點擺脫這個只有幼童智力的傢伙，就答稱，是因為有個蘋果掉下來，打中他的鼻子。那人聽了就心滿意足的離開，覺得上了極有收穫的一課。」

高斯孤芳自賞，對日漸受歡迎的民族主義和好戰情緒都深為唾棄，開疆拓土在他心目中是「不可理解的瘋狂」。憎恨女性的心態也或許正是他大半輩子都不願遠離家園的主因。

大地測量計算誤差

高斯對風險管理本身不感興趣。但他對機率理論、大數法則，以及傑可伯・伯努利首倡，棣美弗與貝葉斯後繼的抽樣研究，卻是興趣濃厚。他在這些領域的成就可說是現代風險管理技巧的核心。

高斯研究機率最早的著作是一八〇九年出版的《天體運動論》（*Theoria Motus*），討論天體的運行。高斯在書中說明，如何根據多次個別觀察中最常出現的軌跡來估算星球的軌道。拉普拉斯一八一〇年讀到《天體運動論》時，大喜過望，立刻著手釐清了大多數高斯未能充分解釋的疑點。

不過，高斯對機率最有價值的貢獻，來自他在全然無關的大地測量學方面的研究。這個領域主要是利用地球表面的弧度，使地理測量更為精確。由於地球是圓的，地表兩點之間最短的距離跟鳥在這兩點之間飛行的距離會有誤差。這種誤差在距離短時不需要列入考慮，但是若距離超過十哩，就變得相當重要。

一八一六年，高斯應邀到巴伐利亞（Bavaria）主持一項測量任務，並把測量結果與其他人在丹麥與德國北部已經完成的測量銜接起來。這份工作對高斯這種足不出戶的學究可能頗感無趣。他必須跋涉崎嶇的地形、到戶外工作，還得跟公務員以及知識遠遜於他的各色人等——包括科學界同行在內——溝通。研究拖到一八四八年才告一段落，並出版了字體密密麻麻的十六大冊報告。

測量地球表面的每一吋面積，實際上並不可行，因此大地測量必須根據研究地區內的採樣標本做評估。高斯分析這些估計值的分配，發現起伏甚大，但隨著估計樣本數增多，數值會呈現集中於某一中心點的狀態。這個中心點也就是所有觀察的平均值；而所有觀察值又會在平均值兩側呈對稱分布。高斯做的測量愈多，圖形就愈明顯的類似八十三年前棣美弗發現的鐘形曲線。

風險與測量地表弧度的關係，遠比表面上看來更為密切。日復一日，高斯在巴伐利亞山區做大地測量，試圖估算地表的弧度，直到他收集到大量的測量數據為止。正如我們在做決策時，會根據過去累積的經驗來評估事物發展的可能方向，高斯也以排比各次的測量結果來評估地表弧度對巴伐利亞各地點之間距離的影響。

他試圖解決的問題，跟我們做風險決策時面對的變數，並沒有兩樣。例如，平均而言，紐約在四月間下雨的機會多大？如果我們這期間到紐約度週末，有幾成把握可以安心把雨衣丟在家裡？如果我們駕車橫越美國，在長達三千哩的車程中，出車禍的機率是多少？明年股市下跌一〇%的風險又有多大？

鐘形曲線

高斯發明的一套解答這些問題的系統，如今大家已用得習以為常，很少有人停下來思考其來處。不過，要是沒有這套系統，我們就不可能有條理的分析手頭資料的正確性，並決定該不該冒某種險，或評估面臨的危機——降雨率、八十五歲男性的死亡率、股市下挫二〇%的機會、俄國佬能否贏得台維斯盃（Davis Cup）、民主黨會不會成為美國國會中的多數黨、安全帶會不會失效，或有沒有可能在某個從不曾鑽探到石油的地區發現油井。

整個過程都從鐘形曲線開始：主要目標不在於發掘正確答案，而是挑出錯誤。如果每次的估計都正確無誤，那故事就沒得講了。如果每個人、大象、蘭花、嘴尖如刀的海雀（auk）都跟同物種的其他生物長得一模一樣，地球上的生命狀態會跟現在截然不同。但生命原本就只是相似，而不是相同；沒有任何單一次觀察能完美的呈現全貌。鐘形曲線展示正常的分配情形，從混亂中理出頭緒。下章要介紹的高爾頓，對常態分配就津津樂道：「『錯誤頻率法則』……在最大的混亂中不動聲色的占有優勢。亂象愈是來勢洶洶……這法則的影響力也愈大。從混亂的元素中大量抽樣之後……就會發現出人意表的完美規則性一直都存在，而且非常顯而易見。」

很多人都在小學時代就接觸過鐘形曲線。老師打甲乙丙丁，就是一種「畫曲線」的行為，等第不是實際的得分。一般水準的學生拿到一般水準的等第，較差或較好的學生的評等，分配在平均分數的兩邊，呈對稱狀態。即使所有的人都考得很好或不好，最好的人還是會拿個甲上，最差的人得丁下，其他人的評等就處於這兩極之間。

常態對稱分配

很多自然現象，諸如一群人的身高或他們的中指長度，都落在正常的範圍之內。正如高爾頓所說的，要發現常態或對稱分配的觀察結果，有兩個條件。第一，觀察次數必須相當多。第二，必須每次都是獨立的觀察，就像丟骰子一樣。**除非先有無秩序存在，否則就沒有秩序可言**。

不具獨立意義的採樣數據，會使人犯下嚴重的錯誤。一九三六年，有家現在已停刊的《文摘》（*Literary Digest*）雜誌舉行模擬投票，預測即將舉行的總統大選中，羅斯福（Franklin Roosevelt）和蘭登

（Alfred Landon）兩人誰會當選。這家雜誌社從電話簿和監理所資料挑選對象，一共寄出一千萬張回郵明信片。寄回的明信片比率相當高，其中五九%的人支持蘭登，四一%支持羅斯福。但選舉當天，蘭登只贏得三九%的選票，而羅斯福贏得六一%。問題出在，一九三〇年代中期，大多數人還買不起電話和汽車，而美國人民當中擁有這兩項奢侈品的人，不能算是隨機樣本。

符合期望值

真正獨立的觀察能提供很多有用的機率方面的資訊。下面暫以丟骰子為例。

骰子的六個面出現的機率都相同。在只丟一次時，如果我們用圖形表示，每個數字出現的機率就是一條高度在六分之一處的水平線。這樣的圖形跟常態曲線毫無類似之處；只丟過一次的樣本，也不能告訴我們骰子的本質。只看到朝上那面的點數，我們就像企圖靠觸摸了解大象全貌的瞎子。

現在我們連擲骰子六次，看看會發生什麼事——我交給電腦來做，以確保所得結果是亂數。第一組結果是四個五、一個六和一個四，平均值為五。第二組結果是三個六、兩個四和一個二，平均值為四・七。得不到什麼有意義的資訊。

做完十組測驗後，平均值開始集中在三・五左右，這也正好是1+2+3+4+5+6，亦即骰子六面數字的平均值——也剛好是同時投兩枚骰子的數學期望值的一半。六組的平均值低於三・五，而四組高於三・五。第二次的十組測驗，結果還是很含糊：三組的平均值低於三、四組高於四，而高於四・五和低於二・五各有一組。

實驗的下一步是統計十組的總平均值。儘管每組的平均值很不相同，但總平均卻是三・四八！這個數字令人信心大增，但標準差高達〇・八二，卻遠超出預期❷。換言之，十組中有七組的結果介於3.48+0.82

與3.48－0.82之間，亦即介於四．三〇與二．六六之間；其餘則跟平均值差得更遠。

現在我讓電腦模擬二百五十六組，每組丟六次骰子。第一輪的總平均值幾乎完全符合三．四九的預期值；標準差降低為〇．六九，三分之二的每組平均值介於四．一八與二．八〇之間。只有一〇%實驗組的平均值低於二．五或高於四．五，半數以上都落在三．〇和四．〇之間。

電腦繼續投擲，二百五十六組的實驗重複了十輪，這十輪的總平均算出來是三．四九九——我列出三位小數值，為的是顯示它跟三．五可以接近到什麼程度。但更值得注意的是，每輪的平均值標準差大幅降低為〇．〇四四。換言之，十輪中有七次的平均值介於三．四五五與三．五四三的狹小範圍中。而且五次大於三．五，五次小於三．五，非常接近完美。

正如伯努利的發現，數量很重要。這項根據他的創見發展出來的定理——即平均值的平均值對應於總平均值的誤差，有奇蹟般的減少——叫作「中央極限定理」（central limit theorem）。這項理論最早是由拉普拉斯在一八〇九年提出。

平均值的平均值還有一種更有趣的特質。前面提出的丟骰子實驗，使用一般的六面骰子，每一面朝上的機會完全均等。因此它的線形呈一水平直線，與鐘形曲線毫無類似之處。但在電腦投擲多次，收集愈來愈多的樣本後，我們就收集到更多有關骰子特性的資訊。

連擲六次的平均值，很少會很接近一或六；大都介於二與三，或四與五之間，正好符合兩百五十年

❷ 標準差（standard deviation）是棣美弗發現，用以評估觀察所得數據值在平均值兩側分配情形的工具。約三分之二的觀察值（六八．二六%）會落在距平均值一個標準差的範圍內；九五．四六%會落在距平均值兩個標準差的範圍內。

前，卡達諾摸索機率原理的過程中，為他的賭徒朋友找到的架構。丟同一顆骰子很多次，平均值是三・五。因此，丟兩顆骰子很多次，平均值就是三・五的兩倍，也就是七。卡達諾證明，大於七或小於七的平均值出現的頻率，在七的兩側呈對稱型態逐漸減少，至二與十二為止。

獨立觀察

常態分配是大多數風險管理系統的核心。保險業搞的無非也就是常態分配這一套，因為芝加哥大火絕不可能是亞特蘭大的火災所引起，某個人在某時某地死亡，跟另一個人在另一個時間、另一個地點死亡，也扯不上關係。保險公司收集數百萬個不同年齡、男女兩性的樣本後，就發現預期壽命沿著一條常態曲線均勻分布。於是，保險公司就可以對每個團體設定可靠的預期壽命。他們不僅可以預估平均壽命，還可以計算不同年齡的人，預期壽命增減的上下限。再搭配更多數據，諸如就醫病歷、吸菸與否、家居與職業活動等，修訂這些估計數字，就可以算出更精確的預期壽命❸。

有時，常態分配能提供比評估樣本信度更重要的資訊。在各次觀察之間有依賴關係時——例如，一件事的機率決定於先前的另一件事——常態分配雖非不可能，卻較少出現。比方說，如果數字在連續增加兩次後，再出現連續三次增加的機率很高。又比如說，如果弓箭手視力有問題，他的失誤往往是射到箭靶的左邊，而不是平均分布在箭靶兩側，分配就不大可能呈常態。如果骰子灌了鉛，使某個數字面朝上的機會遠超過其他五個，就不能預期常態分配。這些情形下，觀察結果不會沿平均值兩側對稱的分布。

在這種情形下，我們應該倒過來推理。如果獨立是常態分配的必要條件，我們可以認定，依鐘形曲線分布的數據，來自各自獨立的觀察。現在我們可以提出幾個有趣的問題。

捉摸不定的股價變化

股票價格變化跟常態分配有多密切的關係?有些研究市場行為的權威人士認為,股價捉摸不定——就像一個想抱緊路燈杆的醉漢,沒有目標、沒有計畫。他們認為股價就像輪盤或兩枚骰子般毫無記憶,每次觀察都與前次的觀察無關,今天的價格會是什麼樣,就是什麼樣,不論前一分鐘、昨天、前天、大前天發生了什麼事。

判斷股價變動是否確實獨立於其他條件之外,必須觀察它是否符合常態分配曲線。有相當可觀的證據肯定股價是落在常態曲線上。這實在不足為怪。像美國股市這麼一個流動性大、競爭激烈的資本市場,每個投資人都企圖智取所有其他人,新資訊很快就反映在股價上。如果通用汽車公司收益令人失望,或默克大藥廠宣布推出新藥,在投資人思索消息的意義時,股價絕不可能原地踏步。沒有一個投資人承受得了等候其他人先採取行動的代價,所以他們會成群結隊的行動,立刻把通用汽車或默克的股價推到足以反映新資訊的價位。**但新資訊以隨機的方式出現**,使股價的動向完全無法預測。

一九五〇年代,芝加哥大學教授羅伯斯(Harry Roberts)提出支持這個觀點的有趣證據。他設計了一個與股市價格變動有相同平均值與相同標準差的數列,並用電腦從這個數列隨機取樣,同時根據這些亂數的起落畫出一個表。結果與股市分析家預測市場動向時使用的線形圖完全相符。真正的價格波動與電腦選取的亂數,根本無法區分。或許,股價真的沒有記憶。

附圖的表格顯示標準普爾五百指數股票月、季、年的波動百分比,這是專業投資人最愛用的一種股市

❸普萊斯的經驗提醒我們數據本身的品質必須要好才行。否則,垃圾進、垃圾出。

八百四十個月（一九二六年一月至一九九五年十二月）

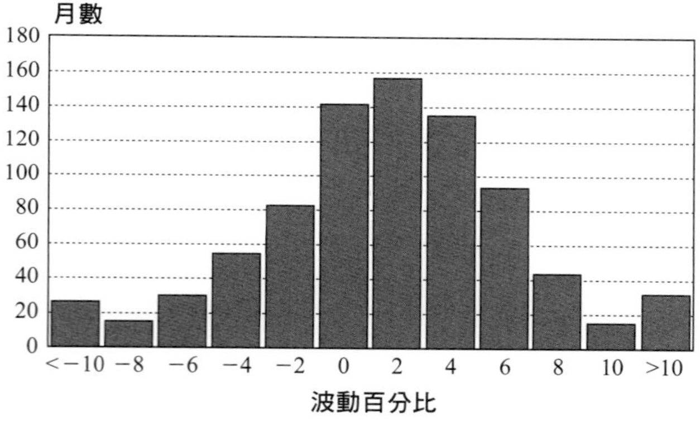

二百八十季（一九二六年第一季至一九九五年第四季）

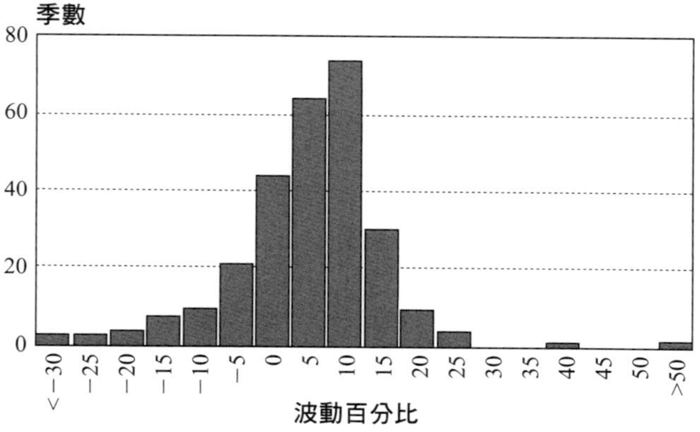

七十年（一九二六年至一九九五年）

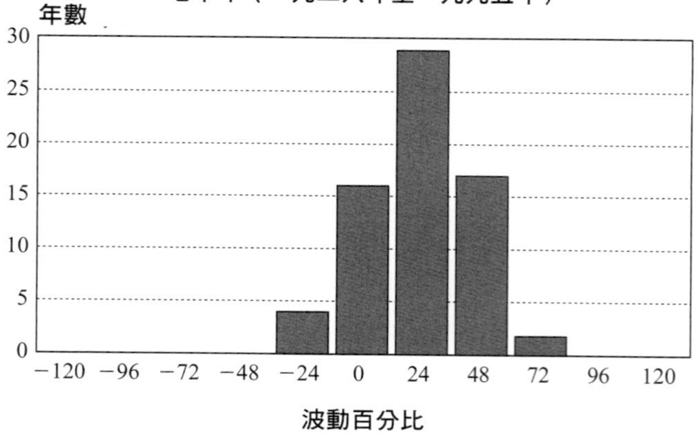

標準普爾五百指數股票月、季、年的波動百分比，自一九二六年一月至一九九五年十二月。

指數：數據涵蓋一九二六年一月至一九九五年十二月，觀察時段長八百四十個月，亦即二百八十季或七十年。❹

表格雖規模各不相同，卻有兩種共同的特徵。首先，正如摩根（J. P. Morgan）的名言：「凡是市場，就會波動。」股市是個變化多端的地方，上漲下跌存在著許多變數。其次，上漲趨勢所受的觀察總比下跌趨勢多：一般而言，股市上漲的時候也比下跌多。

隨機漫步

常態分配對「隨機漫步假設」（random-walk）是一種更嚴格的考驗。但有一點很重要。即使「隨機漫步現象」能有效描述股市的現實——即使股價變動完全符合常態分配的原則——平均值也不會是零。多頭的走勢是意料中事。長期持有股票，投資人的財富會隨著經濟和企業營收成長而增加，也因為股價波動向上比向下多，所以股價的平均變化應該是個正值。

逐年的數據顯示，每一年度的股價變動沒有典型可言。變化的幅度以七・七%為平均值，起落毫無秩序可言。❺標準差是一九・三%。換言之，在任何一年中，股價會有三分之二的時間在正二七・〇%與負一二・一%的範圍裡波動。雖然只有二・五%的機會——亦即四十年裡只有一年——股價上漲四六・四%，但所幸也只有二・五%的時間出現市場大空頭，股價下跌三一・六%。

❹精通統計學的讀者會堅決認為我該在下面的討論運用對數常態分析。對沒那麼精通的讀者來說，這種方式的呈現會容易理解得多，雖然沒那麼精確，但差異甚小，因此我覺得不必增添其複雜性。

❺此處數據只談股價的變動，不包括股利等。如以總報酬而論，平均值增為十二・三%，標準差是二〇・五%。

抽樣的七十年間，有四十七年股價上揚，亦即三分之二的機會。換言之，有二十三年股價是下跌的：但其中只有十年（或將近一半），股價跌幅超過標準差——亦即超出一二．一%。事實上，壞年頭的平均跌幅為一五．二%。

七十次觀察是否能提供充分的證據，夠我們確認股市的行為模式可視為「隨機漫步」？也許不能。我們知道丟骰子每次之間完全獨立，但只試六次得到的結果可能跟常態分配截然有異。只有增加丟擲的次數，大規模的試驗，理論與實際才開始契合。

據二百八十條季線的觀察，比年線更接近常態曲線。儘管如此，各數據還是分散得很開，而且毫無對稱之感，只是一小撮變化很大的數字。每季的平均變化是二．〇%，但標準差是十二．一%，由此可知，我們根本不能預期每季的波動會符合二．〇%這個標準。四五%的季波動小於二．〇%，而五五%大於二．〇%。

假設一位投資人購買一籃子股票並持有七十年，其收益會相當可觀，但冀望每三個月賺二．〇%的投資人則是個傻瓜。

八百四十個月的波動就比年或季的變化來得密集，看起來也更有秩序。每月平均變動是正〇．六%。如果我們從每次觀察減掉這麼多，以校正長期以來市場自然的上升趨勢，平均變化就是正0.00000000000000002%，旺月是五〇．六%，而衰月是四九．四%。觀察第一組四分位數（quartile），有二〇四次位於平均數之下，即負二．七八%，觀察第三組四分位數也有二〇四次位於平均點之上，即正二．九一%。可說是相當完美的對稱。

八百四十個月變動的隨機性質，也可從上漲或下降趨勢很少能持續到兩個月的現象，獲得證實。只有半數情況下，連續兩個月，股價朝同一方向移動；僅一〇%的情況，股價會朝同一方向移動持續五個月之久。因此，至少根據這八百四十個月的變動而言，股市紀錄與「隨機漫步」類似。要是股價波動不互相獨立，數據就不會以這種方式——就像是丟骰子——沿平均值分布。校正過上升趨勢後，變化就微乎其微；與時間對應的變動指數，跟理論的預期非常接近。

預估股票風險

假設我們採用傑可伯．伯努利的限制，即未來會與過去類似，就可以計算任何一個月，特定股票的風險。標準普爾指數表中，股價的平均月波動是〇．六%，標準差是五．八%，如果價格波動隨機分布，就有六八%的機會，任一月的價格跌幅不超過負五．二%，漲幅也不超過正六．四%。假設我們要知道任何一個月股價下跌的機率，答案是四五%——或略少於半數的時間。但同一個月跌幅超過一〇%的機率，僅三．五%，亦即每三十個月才會發生一次；每十五個月會出現一次上漲或下跌超過一〇%的現象。

事實上，我們觀察的八百四十個月中，有三十三個月（或四%），波動超過月平均值正〇．六%兩個標準差，亦即跌幅超過一一%，或漲幅超過一二．二%。雖然三十三次的大幅波動少於一般對完全隨機觀察的預期，但其中有二十一次是下跌；而純從機率考慮，應該是十六次或十七次才對。一個擁有與生俱來的上升趨勢的市場，在八百一十六個月之中，發生的災難次數應該少於十六次或十七次才對。

從極端的角度而論，市場不是「隨機漫步」；從極端的角度而論，市場較可能毀滅財富，而不是創造財富。股市是個高風險的地方。

分辨常態與非常態

截至目前為止，我們的故事一直與數字有關。從古印度、阿拉伯、希臘，乃至十九世紀高斯與拉普拉斯的創新，數學家始終居於歷史舞台中心的地位。我們討論的主題是機率，而非不確定性。

但現在場景要改變了。現實人生跟帕契歐里的骰子遊戲不一樣，現實不是一連串互不相干、毫無關係的事件。股市看起來很像隨機漫步，但這方面的相似性非常不完美。某些情形下，平均值可充作有用的指南，但在很多其他情形下卻造成誤導。還有些數字根本派不上用場，我們唯有靠猜測向未來匍匐前進。

不過，這不代表數字在現實生活裡沒用。要緊的是有能力判斷它何時有影響，何時則無。所以我們現在得解答一整套的新問題。

例如，被炸彈擊中的風險用什麼界定，七百萬人或一頭大象？我們該用哪種平均數界定股市的正常表現：一九二六年到一九九五年的平均每月價格波動正〇．六％，一九三〇年至一九四〇年不夠塞牙縫的平均波動正〇．一％，或一九五四年至一九六四年誘人的正一．〇％？

換句話說，我們說的「常態」是什麼意思呢？任何特定的平均值都適合拿來形容常態嗎？若將平均值視為行為的指標，那夠穩定、夠強大嗎？當觀察資料偏離過去的平均值，未來它們有多可能回歸平均值？如果它們真的回歸平均值，它們會停在平均值，或是衝過去呢？

股市連續上漲五個月的難得情況又如何呢？「漲多必跌」當真是必然？驕兵是否必敗？一家陷於困境的公司整頓成功的機會多大？亢奮的躁鬱症患者是否不久就又會墜入憂鬱症的情緒谷底，而且交替循環？旱災何時會結束？市場榮景是否即將捲土重來？

這些問題的答案，都決定於分辨常態與非常態的能力。很多冒險行為都仰賴從偏離常態發展出來的機會。分析家告訴我們，他們最看好的股票價格被「低估」，真正的意思是，投資人可以馬上買進這支股票，等它的價格回升到正常水準。另一方面，躁鬱症這種心理疾病可能一輩子都不會好。正如一九三二年的美國經濟，一點振興的生機都沒有，連胡佛（H. Hoover）總統和他的顧問都認為，政府再怎麼鼓勵和干預，充其量不過是妨礙它自行找到復甦的途徑罷了。

所謂「正常」，無非就是「平均」。但維多利亞時期的英國業餘科學家高爾頓卻利用高斯和其他前輩為平均的觀念奠定的基礎——常態分配——提出一套新架構，幫助一般人區分可度量的風險，以及只能靠猜測的不確定性。

高爾頓不是個追求千古不易真理的科學家。雖然他是個務實的人，對科學滿懷熱情，但畢竟還是業餘者。但他的創新與成就，無論對數學發展或日常世界的決策，都有持續的影響。

第9章

腦袋不靈光的高爾頓

高爾頓（一八二二—一九一一）出身世家，一輩子沒靠自己的力量賺過一文錢。他唯一的工作經驗是二十出頭時，在一家醫院打工，但他卻是那個時代最迷人、最受歡迎的人物。他是達爾文的嫡親表弟，偶有小發明，熱中非洲探險。他對風險管理理論有舉足輕重的貢獻，可是這份貢獻卻是他鍥而不捨追求一個邪惡的觀念所得來的結果。

數字是高爾頓的嗜好——說得更精確，是他的偏執。他總是說：「只要辦得到，就一定要算清楚。」他記錄頭顱、鼻子、手臂、腿的尺寸、身高、體重、眼睛的顏色、女繼承人的生育力、聽眾在演講中表現坐立不安的次數，以及德貝（Derby）賽馬會中馬匹奔馳時觀眾的臉色變化。他把街上看見的女郎，依吸引力分門別類：如果她長得不錯，就在左邊口袋的一張卡片上刺一個洞，如果她相貌平庸，就在右邊口袋裡的卡片上打個洞。根據他的英國「美人圖」，倫敦女子得分最高，亞伯丁（Aberdeen）女孩最差。他研究了一萬份判決書，發現刑期以三、六、九、十二、十五、十八、二十四年最多，沒有人被判十七年，只有極少數判十一和十三年。他在牛隻博覽會中，把八百名參觀者猜一頭公牛體重的數據列成一張表，發現「一般人的猜測都相當正確，跟實際值的誤差不到一％」。

高爾頓一八八四年成立「人體測量實驗室」（Anthropometric Laboratory），測量和追蹤人類身體所有可能測量部位的尺寸上下限和特徵，甚至連指紋也包括在內。高爾頓對指紋深感興趣，因為它不像身體其他部位，不會隨年齡而改變形狀。一八九三年，他出版一本兩百頁的書討論這件事，成為警方廣泛應用指紋辨案的先河。

高爾頓對數字的執念，甚至在一八四九年遠赴如今稱作納米比亞（Namibia）的非洲地區，狩獵大型野獸時也表露無遺。他在霍屯督（Hottentot）人的村落，發現「會讓我國的婦女自慚形穢的身材——有資格對裙襯架不屑一顧的身材」。有名婦人特別引起他注意。他表示，身為科學家，他極端渴望獲知她三圍的精密尺寸。儘管他不通霍屯督語，也不確定這項迫不及待的研究工作該如何著手，不過他還是達成了目標：「我的目光忽然落在六分儀上；我有了一個精采的好點子，我從每個角度觀察她的身材……然後我大膽的掏出皮尺，量出我跟她之間的距離，取好底邊長度與角度後，我就用三角函數和對數算出我要的數字。」

高爾頓是維多利亞時代英國人的典型，他們趾高氣揚的走遍全世界，好像隨便什麼地方都是他們的私產。還有一次，他去非洲打獵，發現當地酋長有攻打營地之虞。他便穿戴好紅色的打獵外套、帽子、過膝的長筒靴，再騎上一頭公牛，向村中最大的一棟茅舍衝去，牛角插進茅舍的牆壁。後來他的營地一直未遭侵犯。

在另外一座村子裡，他又犯了一個社交大忌，拒絕參與一項儀式：因為主人在儀式中，要用一種液體漱口，然後把這種漱口水吐到客人臉上。後來尼革羅王（King Nangoro）要把夏班姬公主（Princess Chapange）賞他享樂一晚，高爾頓見她「塗了滿身赭土和牛油的顏料」，盛裝而來，實在敬謝不敏。「我穿了一套精心保養的白麻紗西裝，所以我不浪費什麼客套，就把她請走了。」

尼革羅王不相信世界上竟然有些地區，居民全部都是白皮膚。他認為高爾頓和他的朋友是種罕見的移居型動物，或根本就不正常。高爾頓有位旅伴，一再被要求當國王的面脫光全身衣服，好證明他從頭到腳都是白皮膚。

高爾頓的好奇永難饜足。他在劍橋就讀時，有個旅行馬戲團路過那兒，他就直接跑到獅籠裡去——他是該馬戲團成立以來第四個這麼做的人。他最喜歡的讀書時間是從深夜十點到清晨兩點，他用一台「提神機」（Gumption-Reviver machine）防止打瞌睡，這種不斷用冷水沾濕頭部的機器是他親自發明的。後來他又發明了可以在水中讀書的機器；有次他整個人鑽在洗澡水底下讀一本精采的好書，差點把自己淹死。

用機率衡量風險

我們不久就會發現，高爾頓對數字的酷好和他的發明天才，為他帶來的不幸後果。但是，他對統計學和風險管理的貢獻甚大，功不可沒。他跟卡達諾一樣，儘管他主要的目標並不是追尋新理論，卻仍堅持透過實驗測試新觀念，並從中催生了許多新統計理論。

高爾頓把我們帶進日常生活的世界，人類在此世界中呼吸、流汗、交媾、思考未來。現在我們早已遠離賭桌和觀星等古代數學家用來校正理論的工具。高爾頓不僅發現理論，還追溯運作的原因。

雖然高爾頓從未引用傑可伯·伯努利的資料，但他的研究成績卻反映了伯努利的信念，即機率研究是分析疾病、心思敏捷、體能等方面不可或缺的工具。他也追隨葛朗特與普萊斯的腳步，以人類社會組織而非自然科學為研究重心。高爾頓和其他改革者從研究中不斷發掘新知，終於造就了今日企業與財金兩界操縱與衡量風險的複雜工具。

「腦袋不靈光的人」

高爾頓家庭富裕，知性活動也非常活躍。他的外祖父依拉士摩．達爾文（Erasmus Darwin）是一代名醫，本行之外的興趣也非常廣泛。他投資開發一種不靠獸力，而是靠機械推動的渡輪，以及自動沖水的馬桶，實驗過風車與蒸汽機，還寫了一本《植物之愛》（*The Loves of the Plants*）詩集，以兩千行詩句，描述多種不同植物繁殖過程的科學細節。一七九六年，依拉士摩．達爾文在六十五歲時出版了兩巨冊的《世代論》（*Zoonomia, or the Theory of Generations*）。雖然這部書在七年裡印了三版，卻未能引起科學界的重視，因為它理論多而證據少。儘管如此，《世代論》跟六十三年後，依拉士摩光耀門楣的孫子查爾斯．達爾文的《物種起源》（*The Origin of the Species*）卻有驚人的類似之處。

高爾頓在四歲時就能讀所有英文寫的書。他能背誦「全部拉丁名詞表、形容詞及主動動詞，外加五十二行拉丁詩」，還會做乘數為2，3，4，5，6，7，10的乘法。

他十六歲就到伯明罕學醫，但他巡視病房與屍體解剖的感想卻是：「可怕！可怕！可怕！」查爾斯．達爾文建議他改讀數學，所以他便轉往劍橋，攻讀數學和古典文學。

高爾頓二十二歲時，父親便去世了，同時留下大筆遺產給七名子女。他決定從此開始隨心所欲，不久便輟學。達爾文的加拉巴哥群島（Galápagos）之旅給他很大啟發，他選擇前往非洲，先坐船溯尼羅河而上，然後坐駱駝到喀土木——全程一千哩。回到英國，他鬼混了四年，第二度前往非洲。一八五三年，他寫了一本關於非洲的書，贏得皇家地理學會的會員資格和一枚金動章，也得到科學界的接納。一八五六年，他成為皇家學會的一員。

高爾頓二十七歲的第二度非洲之旅，使他「健康大受損害」，造成肉體上的倦怠，和他下半生經常復發的短期憂鬱症。他自稱，每當病發就變成一個「腦袋不靈光的人」。

高爾頓與優生學

身為業餘科學家，高爾頓對遺傳的興趣遠超過商業或經濟。他在「理想中庸型」、「親型」、「一般祖型」的研究，讓他發現了應用在預測與風險管理的統計方法。

遺傳學研究智力、眼睛的顏色、體格大小、行為模式等主要特徵在世代間的傳遞。記錄異常個案——特徵乖離常態的個體——但更重視同一物種外觀雷同的傾向。這種同質（homogeneity）趨勢——平均特徵占優勢的傾向——的背後，潛藏著與風險管理有關的統計工具。

高爾頓想了解才華（talent）如何在家族中代代相傳，包括達爾文家族以及伯努利家族。高爾頓希望能目睹子孫繼承自己的才華，可惜他和妻子、他的兩個兄弟和一個姊姊都沒有生育。最主要的，他企圖辨識，被他區隔為最有才華的家族中，什麼是「與生俱來的過人之處」。

一八八三年，高爾頓把這方面的研究命名為「優生學」（eugenics）。半個世紀後，納粹就打著這個旗號，殺害了數以百萬計、他們認為沒有才能、毫無價值的人。

至於高爾頓是否應為後來的惡果負責，一直引起激烈的爭辯。但他個人絕不會姑息如此殘暴的行徑。在他心目中，社會負有幫助與軟化「天資優異的個人」的責任，而不論他們出身的貧富、階級、種族。他主張招攬外國移民與難民到英國，鼓勵他們的後裔成為英國公民。但同時他似乎也想限制才智低落、罹患惡疾者生育後代；他認為優良的社會中，「弱者可以在獨身的修道院裡獲得庇護」。

不管別人如何利用高爾頓的優生學研究，這門學問的意義遠超出他最初狹隘的期許。簡言之，它肯定「變化給人生帶來調劑」的老生常談。伊諾巴柏斯（Enobarbus）讚美埃及豔后克麗奧派特拉（Cleopatra）

說：「歲月不能使她凋謝，習俗也無法侵蝕她無窮的變化。」同樣的一個她，可以是情人、朋友、冷淡、熱烈、誘惑者、仇敵、柔順、霸道。集千種面目於一身。

但如今全世界五十五億人口❶，每個人都是一個獨立的個體。佛蒙特州有不計其數棵楓樹，每棵都長得跟其他棵不一樣，但沒有一棵會被誤認成樺樹或鐵杉。奇異公司和百樂健（Biogen）製藥公司都列名紐約證券交易所的股票上市公司，但它們兩者卻面臨截然不同的風險。

埃及豔后千種面目中的哪一張、全世界數十億人口中的哪一個、佛蒙特的楓樹樺樹或鐵杉中的哪一棵、紐約交易所股票的哪一支，可視為同類中的原型？每一階級中的成員彼此有多少差異？烏干達的兒童跟斯德哥爾摩的老婦人有何不同？他們的差異是有系統的，或只是隨機影響造成？再一次，我們所謂的常態到底是怎麼回事？

高爾頓在找尋這些問題的答案時，幾乎絕口不提前輩數學家的研究，也無視葛朗特之類的社會統計學家。但他大量引用一位名叫凱特爾（Lambert Adolphe Jacques Quetelet）的比利時科學家在一八二〇年代到一八三〇年代做的研究。凱特爾比高爾頓年長二十歲，畢生孜孜不倦研究社會現象，而且跟高爾頓一樣對數字極為著迷。

凱特爾《論人類及其才能的發展》

凱特爾在二十三歲就獲得當時新成立的根特大學第一個科學博士學位。當時他已經研究過藝術、寫過詩，還跟人合寫了一齣歌劇。

❶編按：這是一九九六年的人口數字。

他是個統計史學家史蒂格勒所謂的「科學企業家兼科學學家」。他協助成立了好幾個統計機構，包括倫敦的皇家統計學會（Royal Statistical Society）和國際統計學代表大會（International Statistical Congress），也曾任比利時政府統計局的地區特派員多年。一八二〇年左右，雖然他對天文學不甚了然，卻主導爭取在比利時興建新天文台。布魯塞爾皇家天文台成立後，他又說服政府提供他一筆經費，花三個月時間到巴黎進修天文學和氣象學，以便管理這座天文台。

在巴黎期間，凱特爾結識了很多法國一時翹楚的天文學家和數學家，從他們學到很多機率的知識。他甚至可能見過當時已七十四歲、正待完成最後一部巨著《天體力學》（*Mécanique céleste*）的拉普拉斯。凱特爾對機率深感興趣，後來就這個題目寫了三本書，最後一本在一八五三年出版。他也實際應用這方面的知識，收效宏大。

雖然凱特爾一八二〇年自巴黎返國後，就一直在皇家天文台工作，也做了一些法國人口統計的研究，並規畫一八二九年的人口普查。一八二七年，他出版了一份叫作〈低地王國人口、出生、死亡、監獄與貧民住宅等項目研究〉（Researches on population, births, deaths, prisons, and poor houses, etc. in the Kingdom of the Low Countries），並在文章中抨擊當時收集與分析社會統計資料的程序。凱特爾企圖沿用拉普拉斯一七八〇年代估計法國人口的方法，即針對三十個多樣化的區域隨機抽樣，並用這些樣本為基礎對全體人口進行估計。

一位同事不久就說服凱特爾放棄這個念頭，問題在於執行法國人口普查的官員無從得知他們的樣本有多大的代表性。每個區域都有某些足以影響出生率的風俗與傳統。而且正如哈雷與普萊斯發現的，即使在很小的地區，人口的動向也足以影響一項調查的代表性。凱特爾發現，法國社會結構太多變，根本無法根據有限的樣本做推論，於是他決定做一次全面普查。

這次經驗使凱特爾開始在研究中應用社會度量來解釋人、地之間的差異——變化從何而來？如果差異是隨機，那麼無論何時做抽樣，數據看起來應該都一樣；但如果差異自成系統，每個樣本都會有差別。

這也使凱特爾展開一連串計量活動，史蒂格勒說：「他每月調查城市居民的出生率與死亡率，根據氣溫、時間……做分類。他調查不同年齡層、職業、區域、季節、坐牢、住院的人的平均壽命。他斟酌……身高、體重、成長率、體力……針對酗酒、瘋狂、自殺、犯罪做統計。」

調查結果成為《論人類及其才能的發展》（*A Treatise on Man and the Development of His Faculties*）。這本書在一八三五年出版，然後翻譯成英文。凱特爾用法文「社會生理」（physique social）一辭，對應「才能」，其聲譽由此確立。一流學術期刊連載三期的書評，盛讚道：「本書一出，文明史就步入了新時代。」

「平均人」觸動大眾想像

這本書不是只有枯燥無味的統計學和字斟句酌的正文而已，書中主角「平均人」（average man）一直活到今天。觸動了大眾的想像，更加提升凱特爾的聲望。

凱特爾致力界定「**平均人**」的特徵，使他成為他出身的特定團體的代表，不論這團體是罪犯、酒鬼、軍人、死者。凱特爾甚至假設，「如果任一時代、社會裡一個具備所有平均人特徵的人，就足以代表一切的偉大、善或美。」

不見得每個人都同意這種論調。批評凱特爾這本著作最激烈的庫爾諾（Antoine-Augustin Cournot），是位知名的數學家兼經濟學家，也是機率權威。庫爾諾堅持，非得遵守機率的規則，「才會對科學觀察中所做計量的精確度……或商業投機成功的條件有清楚的概念。」庫爾諾大加嘲弄平均人的觀念。他說，把許多直角三角形的各邊平均後，結果就不再是個直角三角形，完全符合平均的人，也不再是個人，而是個怪物。

凱特爾不為所動。他確信年齡、職業、地點、種族，都可以找到平均人。甚者，他宣稱有辦法預測為什麼某人會屬於某團體，而非另一個團體。這是個嶄新的方向，到這時為止，還沒有人敢用數學和統計學區分事情的因果。凱特爾寫道：「果對應因成正比。」然後他特別強調的指出：「**接受觀察的個體數量愈多，生理與道德上的個別特徵就愈被泯滅，使一般性的條件更加彰顯，而社會就生存在這樣的基礎上。**」一八三六年，凱特爾將這些觀念擴充，成為一本探討如何將機率應用於道德與政治的書。

凱特爾的因果研究讀來引人入勝。例如，他用大量篇幅分析，哪些因素會使刑案的被告獲判有罪的比率升高。在所有的被告中，平均六一．四％被判有罪，但如果犯行對象是「人」，被判罪的機率低於五○％，而如果犯行是針對財產，被判罪的機會就超過六○％。如果被告是個三十歲以上、受過教育的婦女，且自動自發出庭受審，被判罪的機會就低於六一．四％。凱特爾也試圖確定，偏離平均值六一．四％的誤差，究竟是具有顯著意義或隨機出現：他在懲戒不道德的審判中，找尋近乎精準的確定性。

凱特爾放眼所及都是鐘形曲線。幾乎在所有的情況下，相對於平均值的偏差都乖乖遵守拉普拉斯與高斯的預測——呈對稱分配於平均值兩側。這個以平均值為頂點的巧妙平衡，使凱特爾更加肯定，他鍾愛的「平均人」觀念正確無誤。他的統計學研究所有的推論都以此為基礎。

例如在一項實驗中，凱特爾量了五千七百三十八名蘇格蘭士兵的胸圍。他先算出這群人的常態分配，然後用實際度量的結果跟理論值比較。兩者幾乎完全一致。

偏差純屬隨機

高斯的常態分配在自然界無所不在，已經獲得證明，現在看來，也存在於社會結構和人類的體能特徵之中。因此，凱特爾下結論道，從蘇格蘭士兵的極端符合常態分配，可見相對於平均值的偏差純屬隨機現象，而非源自這個團體內部有系統的差異。換言之，這個團體本質上非常平均，一名平均的蘇格蘭士兵足以代表所有的蘇格蘭士兵。再怎麼樣善變，埃及豔后還是一個女人。

但凱特爾有一項研究卻非常嚴重的偏離常態分配。他分析十萬名徵召入伍的法國士兵，發現他們大都身材偏矮，以致不符合常態分配。但由於個子矮是豁免兵役的好藉口，他猜測是有人為了逃避兵役，從中竄改數據。

庫爾諾則一口咬定平均人是怪物，由此可見，他對於機率逾越自然範疇，應用於社會性數據頗有反感。他認為人類可有無數種分類方式。但凱特爾相信，從度量人類得到的常態分配可知，他檢驗的人類樣本中，差異均為隨機性——但庫爾諾不同意：「以任一年新生男嬰人數的分類方式為例：父母的年齡、地理位置、星期中的哪一天、種族、體重、懷孕的時間長短、眼睛的顏色、中指的長度，都可做分類的標準，以上不過是少數例子。那你怎麼能有十足把握的說，哪個嬰兒是**平均**嬰兒呢？」庫爾諾聲稱，根本沒法子決定哪種數據有意義，而其他數據純屬偶然：「同樣大小的偏差，可以有許多種解讀方式。」但庫爾諾沒提到一件現代統計學家熟知的事實，人體的度量大都反映營養上的差異，換句話說，這也就反映了社會地位的差異。

今天的統計學家把引起庫爾諾反感的那種方法叫作「資料探勘」（data mining）。他們認為，只要把數字折騰得夠久，數字就能證明任何你想證明的東西。庫爾諾認為，凱特爾從有限的觀察推出如此廣泛的結論，立足點岌岌可危。觀察一個同樣規模的團體，所得出的第二套數據就可能顯現跟前次截然不同的模式。

凱特爾對常態分配太過著迷，以致確認了不該確認的事。不過，他的研究在當時影響廣大，後來著名的數學家兼經濟學家艾吉渥茲（Francis Ysidro Edgeworth），就發明了一個字「凱特爾兮兮」（Quetelismus），以形容學術界日益氾濫的在根本不存在常態分配之處，或不符真正常態分配的條件時，宣稱發現常態分配。

尋求差異而非同質性

一八六三年高爾頓第一次讀到凱特爾的著作，就留下深刻的印象。他寫道：「平均不過是單一現象，但如果加上另一個事實，就帶出一個跟已觀察到的現象相通的常態規畫存在的可能。有人聽到統計學一詞就避之唯恐不及，可是我覺得統計學富有美感與趣味。」

高爾頓對於凱特爾所謂常態分配無所不在，尤其適用於身高與胸圍，感到十分興奮。高爾頓自己就發現，七千六百三十四名劍橋學生的數學期末考成績，從最高分到「不知多低」的分數，呈鐘形曲線分布。他更發現山德斯特（Sandhurst）皇家軍事學院入學考試的成績，也出現類似的模式。

高爾頓對鐘形曲線最感興趣的一點，就是它顯示某些數據屬於同一類，應該視為一個整體加以分析。反過來也是如此：沒有常態分配就代表「不同系統」。高爾頓強調：「這個假設沒有出過錯。」

但高爾頓追逐的不是同質性，而是差異——是埃及豔后，不是女人。探討他獨創的優生學新領域時，他甚至在特徵符合常態分配的團體中尋求差異。他的目標是把人依照「天賦才能」分類，說得更清楚點就是：「……鼓勵人向上，使他做出偉大事蹟的智力與氣質特徵……我指的是一種靠他自身的力量，在與生俱來的刺激策勵下，不斷上進，而且其力量足以使人出類拔萃的天賦……傑出的人和生來能力高人一等的人，有很多方面相同。」

高爾頓從事實著手。一八六六年到一八六九年，他蒐集大量證據，證明才華與聲望是遺傳的特質。然後他在最重要的著作《遺傳天賦》（*Hereditary Genius*）（這本書附錄中討論凱特爾的著作，並對伯努利家族說話刻薄的典型性格做了尖酸的評估。）中，對自己的發現做一總結。這本書從評估高爾頓心目中的「傑出」人士在一般大眾中占有的百分比開始。以倫敦《泰晤士報》的訃聞版和一本傳記手冊為根據，他算出已過中年的英國人，大約每四千到五千人中，有一人擁有傑出的評價。

高爾頓自稱不介意跟天賦低的人打交道。據他估計，英國兩千萬居民中，約有五萬名「白癡與蠢才」，亦即每四百人中有一個，是他心目中傑出公民的十倍之多。他下結論道，沒有人能懷疑「偉人的存在，他們是自然界最出色的貴冑，生來就注定要成為王侯」。

高爾頓相信，如果凱特爾的假設能適用於身高和胸圍，那麼也該適用於頭圍、腦重量、神經纖維，以及心智能力。他證明凱特爾的發現，符合他自己對從最傑出乃至癡傻的英國人的估計。他得到一個「不可否認，但出乎意料的結論，資質優異的人遠超出平庸之上，而白癡遙遙落在平庸之後」。

高爾頓更希望證明，特殊才能**只**跟遺傳有關，跟「育幼院、中小學、大學或職業都無關」。遺傳似乎真的很重要，至少從高爾頓設定的參數看來是如此。例如他發現，在二百八十六位法官的近親中，有九分之一是法官的父親、兒子或兄弟，這比例遠比一般人高。甚者，他發現很多法官的親戚做到將軍、小說家、詩人、醫生❷——高爾頓刻意把神職人員排除在他定義的傑出人士之外。但他失望的指出，他的研究方法無法區隔傑出者和「與生俱來的白癡」。

高爾頓也發現，遺傳上的傑出持續不了幾代，借用物理學家的術語，傑出的半衰期很短。他發現只有三六%傑出的人有子繼承衣缽；更糟的是，他們的孫子只有九%能跟祖父看齊。他試圖用發跡的人喜歡娶繼

---

❷高爾頓當然應該承認卡達諾是個傑出人才，但不知他對卡達諾的不肖子作何感想？高斯當然傑出，在遺傳上的成績也還過得去。他有五名子女存活，其中一人是著名的工程師，兩人移民美國，經商很成功——一部分是為了逃避專制的父親；其中一人身兼出色的語言學家、賭徒以及數學家。

承大筆遺產的女人這一普遍現象來解釋他們家族的沒落史。天可憐見，這群富婆有什麼地方不對？高爾頓辯稱，她們大都來自生育力不振的家庭，否則就會有一大堆兄弟姊妹分享家族的資源。這個說法倒滿令人意外的，因為他自己就跟六位兄弟姊妹分享父親的遺產，而日子還是過得相當舒適。

常態分配左右對稱

達爾文讀了《遺傳天賦》後，告訴高爾頓：「這是我這輩子讀過最有趣、最具創意的作品……令人難忘。」達爾文建議他繼續研究遺傳統計分析。不過高爾頓根本不需要鼓勵，他已全心投入推廣優生學，熱心發掘和保存他以為有益人類的東西。他要求最傑出的人多生育，資質欠佳的人多節育。

但「離均差定律」（law of the deviation from the mean）卻頑固的礙他的事。他必須設法解釋常態分配**內部**的差異。他發現唯一的出路就是從頭釐清數據為什麼會形成鐘形曲線。高爾頓這方面的研究讓他完成了影響我們今天大、小決策的偉大發現。

高爾頓在一八七五年發表的一篇論文中，報導了他的第一步驟。他提出，沿平均值兩側、無所不在的對稱分配現象，可能是一系列根據常態分配的影響力所造成——從最不常見的狀況排列到最常見的狀況，然後是相反影響力的排列，從最常見排到最不常見。高爾頓假設，即使在各種影響下，還可以細分為從力量最弱到力量最大，然後又遞減至力量最小。他中心的論點就是，不論好壞，「溫和」的影響總比極端的影響更為常見。

一八七四年，高爾頓以一台叫作「梅花彈珠台」（Quincunx）的儀器，在皇家學會之前證明這個觀念。「梅花彈珠台」看起來像一台垂直放置的彈珠機，有個與沙漏類似的狹窄頸部，這區域羅列了約二十枚彈針。底部是「梅花彈珠台」最寬的部位，有一排小格子。彈珠通過頸部時，會隨機碰觸彈針，然後以高斯模式的典型分布在小格子裡——大多數集中在中間，愈向兩側，數量愈少。

一八七七年，配合「遺傳典型法則」（Typical Laws of Heredity）的宣讀，高爾頓提出一款新型的「梅花彈珠台」（我們不知道機器是否他親手製造的）。這個新機種裡的小格子有分層，彈珠就跟第一個機種一樣，會落在第一層格子裡。但若打開中間的格子，落入其中的彈珠會再度落到底部，排列的方式就是常態分配。

這個發現非常重要。每個團體不論多小，也不論跟其他團體多麼不一樣，就是會以常態分配排列，大部分落在中央，落在平均值上。而當所有團體都綜合為一體時，就像「梅花彈珠台」所展示的，彈珠也會排列成常態分配。因此，常態也就是各小團體平均值的平均。

「梅花彈珠台」二號為高爾頓在一八七五年，根據達爾文的建議而做的一項實驗中，所發現的一個觀念提供了機械證明。這個實驗沒有用到骰子、星星或人類，用的是豌豆——帶莢的豌豆。豌豆生命力強，繁殖力也強，但很少混種交配。豆莢裡的豌豆體積基本上是一致的。在秤過和量過幾千顆豌豆後，高爾頓取七種不同重量的豌豆、各十個樣本，分給散居英倫三島各地的九位朋友，包括達爾文在內，指示他們依照特定的條件，小心培植這些豌豆。

高爾頓在分析結果後說，七種不同豌豆的後代，重量分配的模式跟「梅花彈珠台」預測的一模一樣。每組標本栽培出來的豌豆重量，都呈常態分配，而七種豌豆中的任一種，栽培出來的豌豆，也呈常態分配。他聲稱，這個重要的結果「絕非隨便幾種微小影響力的組合」。事實上，「遺傳的力量……非常重要，不容等閒視之。」因為隨便一群人當中，因傑出人才難能可貴，所以這群人的子孫就很少會傑出；因為大多數人都只是一般水準，他們的子孫也就只是一般水準。平庸的人數總比才華出眾的多。豌豆小—大—小的分布——即常態分配——證實了高爾頓的觀點，子女特質絕大部分決定於父母。

這項實驗還透露另一件事，如下面親系豌豆與子系豌豆直徑表所顯示。

注意，親系豆直徑之差遠大於子系豆。親系的平均直徑是〇．一八吋，實際大小在〇．一五至〇．二一吋之間，亦即在平均值兩側〇．〇三的範圍之內。子系的平均直徑是〇．一六三吋，實際大小在〇．一五四至〇．一七三吋之間，或僅在平均值兩側〇．〇一的範圍之內。子系的分布比親系更緊密。

高爾頓根據這個實驗提出一個如今稱為「均值回歸」（regression to the mean）的觀念。他說：「回歸是理想的子系平均型，脫離親系典型，而返回祖先狀態的傾向。」如果沒有這種緊縮的程序——如果大豌豆的後代一代比一代更大，小豌豆則一代比一代更小——世上就只有侏儒和巨人。每一個世代都變得愈來愈奇怪，各朝我們無法想像的極端發展。

高爾頓以戲劇性的段落，總結了這些觀察：「孩子的遺傳一部分得自父母，一部分得自祖先……族譜向上追溯愈久遠，祖先人數就愈多，也更加多樣化，最後就跟採自任何種族、人數一樣多的任意樣本，沒什麼差別……這一法則使任何天賦都不可能完全遺傳……它執法很公平；對壞品質和好品質課徵相同的遺產稅。一方面打消了卓越的父母讓子女繼承他們所有才能的奢望，另一方面也緩和了子女繼承父母所有缺點與疾病的恐懼。」

不論說得多麼好，這對高爾頓是個壞消息，但它也激勵高爾頓更加努力推廣優生觀念。最明顯的解決方案就是盡可能擴大「原始型」的影響，限制遺傳特質拙劣的人生兒育女，使應居於常態分配左側的人數減少。

高爾頓一八八五年被選為不列顛科學協進會（British Associatiion for the Advancemnet of Science）主席時，發表了一篇報告，以及證實「均值回歸」存在的實驗。應公眾要求，且獲得經費支持，他觀察二百零五對父母的九百二十八名已成年子女，為這項實驗收集到大量數據。

高爾頓的研究以身高為主。他的目標跟豌豆實驗相同，即了解某些特質如何經由父母遺傳給子女。為了分析觀察所得，他必須針對男女身高差異做校正；他把每個女性的身高都乘以一．〇八，把父母的身高相

豌豆直徑比較表

（單位：1%吋）

親系	15	16	17	18	19	20	21
子系平均值	15.4	15.7	16.0	16.3	16.6	17.0	17.3

加再除以二。他把得出的數值叫作「父母平均身高」。他也必須確認沒有高男人娶高女人，或矮男人娶矮女人的系統化傾向；他的計算「夠接近」，足供他斷定這一傾向不存在。

從下頁表可知，結果很驚人。從左下角到右上角的數字，呈對角線排列，較高的父母會生較高的子女，相反亦然——遺傳確實有影響。較大的數字集中在中間，子女的身高呈常態分配，而每組父母生育的子女，身高亦呈常態分配。最後，比較最右邊一欄與最左邊一欄（「中位數」的意思是，團體中一半人高於此數字，另一半人矮於此數字）。父母的平均身高超過六十八．五吋時，子女的平均身高都低於父母平均身高；父母平均身高若低於六十八．五吋，子女身高往往超過父母平均身高，跟豌豆如出一轍。

常態分配與均值回歸的一致性，讓高爾頓可以用數學計算這一程序，例如最高的父母生育比同儕高、卻比父母矮的子女的比例。高爾頓在獲得一位專業數學家肯定時，寫道：「我對數學分析的偉大，從來沒有這麼佩服過。」

高爾頓的分析最後導向「相關」（correlation）的觀念，即任兩個數列對應變化的關係密切到什麼程度。討論的對象可能是父母與子女的身材、下雨與農作物收成、通貨膨脹與利率、奇異公司和百樂健製藥公司的股價。

科學觀念的革命

高爾頓的主要傳記作者皮爾生（Karl Pearson），自己也是位優秀的數學家，

205個中等身材的父母與其928個成年子女的高度對照表

父母身高（吋）	成年子女的身高														成年子女的總人數	父母的總人數	中位數
	<61.7	62.2	63.2	64.2	65.2	66.2	67.2	68.2	69.2	70.2	71.2	72.2	73.2	>75.7			
>73.0	-	-	-	-	-	-	-	-	-	-	-	1	3	-	4	5	-
72.5	-	-	-	-	-	-	-	1	2	1	2	7	2	4	19	6	72.2
71.5	-	-	-	-	1	3	4	3	5	10	4	9	2	2	43	11	69.9
70.5	1	-	1	-	1	1	3	12	18	14	7	4	3	3	68	22	69.5
69.5	-	-	1	16	4	17	27	20	33	25	20	11	4	5	183	41	68.9
68.5	1	-	7	11	16	25	31	34	48	21	18	4	3	-	219	49	68.2
67.5	-	3	5	14	15	36	38	28	38	19	11	4	-	-	211	33	67.6
66.5	-	3	3	5	2	17	17	14	13	4	-	-	-	-	78	20	67.2
65.5	1	-	9	5	7	11	11	7	7	5	2	1	-	-	66	12	66.7
64.5	1	1	4	4	1	5	5	-	2	-	-	-	-	-	23	5	65.8
<64.0	1	-	2	4	1	2	2	1	1	-	-	-	-	-	14	1	-
總人數	5	7	21	59	48	117	138	120	167	99	64	41	17	14	928	205	-
中位數	-	-	66.3	67.8	67.9	67.7	67.9	68.3	68.5	69.0	70.0	-	-	-	-	-	-

（From Fanscis Galton, 1886, “Regression Toward Mediocrity in Hereditary Stature,” *Journal of the Anthropological Institute*, Vol.15, PP.246-263）

他指出，高爾頓「對我們的科學觀念發動一場革命，修正了我們的科學哲學，甚至也校訂了人生」。皮爾生沒有誇大其詞；均值回歸影響宏大，高爾頓讓機率從一個跟隨機、大數法則有關的統計學觀念，轉變為注定局外人（outlier）的後代要加入主流團體的動態過程。從邊緣往中心的變化與移動，乃是持續不斷、無可避免、可以預測的結果。此一過程不可遏止的力量，使常態分配成為唯一可想像的結果；永遠有一股向平均值推進、回歸常態、成為凱特爾所謂的「平均人」的動力。

均值回歸幾乎是所有冒險與預測的原動力。它是「盛極必衰」、「驕兵必敗」、「樂極生悲」等老生常談的基礎。它是《聖經．創世記》中，約瑟（Joseph）對法老王預言，七年饑荒後有七年豐收時，心中想到的世間事物注定的秩序。它是金融大王摩根所謂「凡是市場就會波動」一語的真諦。它是所謂反向操作投資人心目中的圭臬：他們說某一支股票的市價被「高估」或「低估」，意思就是投資大眾出於恐懼或貪婪，使股價偏離了本來的價值。它使賭徒夢想在連輸多次後，一定會有大贏翻本的機會。它是醫生一口擔保時間可以療傷的根據。它也是一九三二年胡佛總統向美國民眾承諾，「繁榮就在下一條街口」時，心裡的念頭——不幸的是，均值沒有出現在他預期的地方。

高爾頓是個驕傲的人，但他沒有嘗過失敗的滋味。他的成就都得到廣大的肯定。他度過漫長、豐碩的一生，晚年成為鰥夫，在一位比他年輕許多的女性親戚陪同下，到處旅行、寫作。他熱愛數字和事實，卻未因而對大自然的神奇視而不見。萬物形貌各異，帶給他莫大的樂趣：「很難理解統計學家為什麼往往會局限在平均值，而不從更開闊的觀點找樂子。跟變化的魅力相比，他們的靈魂就像英國鄉下的原野一樣，單調乏味。他們對瑞士風景的看法就是，如果用山巒填湖，就可以一次解決兩種礙眼的東西。」

第10章

股市是否反應過度？

很多決策系統的哲學基礎都建立在均值回歸之上。這絕非偶然。人生很少碰到「大」變成「無限大」，或「小」變成「無限小」的情況。樹木怎麼長也不會長到天上。我們受誘惑——這種事倒經常發生——用過去的發展趨勢推算未來時，就該把高爾頓的豌豆引為殷鑑。

既然均值回歸如此平常，為什麼預測仍會經常失誤？為什麼我們不能像為法老王解夢的約瑟未卜先知？最簡單的答案就是，自然界運作的力量跟人心中運作的力量不一樣——預測的正確與否，得看人的決定，大自然做不了主。大自然再怎麼變幻莫測，也比人可靠。

均值回歸淪為毛病百出的決策指南，有三個原因。首先，過程耗時太久，可能被外來劇變打斷。其次，回歸的力道可能太強，而使事態發展無法在到達均值後停頓，反而在平均數附近擺盪，往兩側做不規則的變化。最後，平均數本身可能就不穩定，所以昨天的常態或許在今天就被取代。只因為繁榮通常都在下一條街口等著，就假設我們一定會遇見，更是一件極端危險的事。

股市崩盤，常態缺席

最死忠地遵守均值回歸法則的是股市。華爾街到處聽得見諸如此類的警句：「低買高賣」、「賺錢絕對不會讓人變窮」、「多頭有利可圖、空頭也有利可圖，但貪得無厭就落得一場空」。所有的句型變化都沿著一個主題：你賭今天的常態會持續，遠比跟著人群走，更有機會發財，而且破產的風險也更小。但每天都有一大堆投資人違反這個忠告，因為他們情緒上不能承受低買或高賣，只會在貪婪與恐懼的驅策下隨波逐流，不敢自作主張。

我們從來都不知道明天會發生什麼事，與其承認未來會帶來不可知的變化，倒不如假設未來會跟現在類似。一支已經漲了一陣子的股票，似乎就是比冷門股值得買進。我們總是以為，股價上漲代表公司業務興隆，股價下跌則代表公司有問題。何必自尋煩惱？

專業投資人跟散戶一樣重視安全。例如，一九九四年十二月，伯恩斯坦投資經紀公司（Sanford C. Bernstein & Co.）[1]的分析師發現，專業投資人若預期某家公司成長速度高於一般水準，也經常會高估，而悲觀的預測則導致低估。分析師報告說：「一般而言，所有的預期都跟現實脫節。」結果不問可知：看好的股票攀升到不切實際的高點，看壞的股票也會跌過頭。然後就輪到均值回歸接手。愈是頭腦務實、心臟強壯的投資人，就愈勇於在其他人爭相脫手時買進，並且在其他人爭相買進時脫手。令那些隨波逐流的人大吃一驚的收益，就是你的報酬。

歷史告訴我們，賭「均值回歸」、「低買高賣」而成為鉅富的人，巴魯克（Bernard Baruch）、葛拉

[1] 雖有同名之誼，但本書作者與該公司無關。

漢（Benjamin Graham）、巴菲特（Warren Buffett）都在其中。反向操作的價值已得到大量學術研究的證實。

但只有少數囊括賭注的人能贏得全部的注意。而那些嘗試同樣策略，卻因為沉不住氣或未能及時行動，或因為他們預期中的均值回歸點與實際有一段差距，以致失敗了的投資人，卻無人提及。

試看一九三〇年代初期的美國，奮不顧身買進股票的那些投資人，在股市大崩盤後，很多股票的股價立即跌到原來的一半。一九三二年秋季，股價又跌了八〇%，才算跌到谷底。或看一九五五年初，股價在六年內漲為三倍，道瓊工業平均指數第一度回到一九二九年的高點，謹慎的投資人趕忙把股票全部賣光。但過了九年，股價再創新高，成為一九二九年和一九五五年的兩倍。兩種情形下，「常態」都沒有在預期的時刻出現；它轉移到新的位置去了。

贏家變輸家

討論股市起落是否由均值回歸掌控時，實際上是在問，股價是否可以預測。如果可以，在哪些情況下可以預測。不先弄清楚這個問題，就無從得知風險有多大。

股票價格漲得「太高」，或跌得「太低」，是有證據的。一九八五年，美國財務協會（American Finance Association）年會中，經濟學家塞勒（Richard Thaler）與德邦特（Werner DeBondt）聯合提出〈股市是否反應過度？〉（Does the Stock Market Overreact?）的論文：為了了解股價極端移動會引發均值回歸，並導致反方向的極端移動，他們研究了從一九二六年一月，到一九八二年十二月，一千多種股票的三年期報酬。他們把三年內上漲幅度超過股市大盤，或下跌幅度落後股市大盤的股票，都列為「贏家」，而漲幅落後或跌幅超過大盤的股票則是「輸家」。然後他們計算每類股票在接下來三年內的平均表現。

他們發現：「過去半個世紀以來，輸家的投資組合……在組合做成之後的三十六個月內，平均表現就超前大盤走勢一九．六％。相對的，贏家的投資組合的報酬卻落後市場五％。」

雖然塞勒與德邦特的測試方法受到批評，但卻有其他分析家用不同的方法證實了他們的發現。投資者對某種資訊反應過度，以致違背長期趨勢時，均值回歸就把贏家變成輸家，而輸家則翻身成為贏家。這種逆轉現象發生的速度通常不快，因此其中蘊藏了獲利的良機：我們大可篤定的說，市場若對前一則短線消息反應過度，那麼在推翻該消息的新消息出現時，就會變得反應太慢。

理由很簡單。在一般情形下，股價與公司的財富息息相關。過分重視短線的投資人，忽略了公司獲利不可能一下沖上天的證據。另一方面，出問題的公司也不會讓危機一瀉千里。經理一定會設法讓公司營運回到軌道——要不然就會失業，被更具野心的人取代。

根據均值回歸，跌深反彈，這是唯一可能的發展。如果贏家一直贏，而輸家一直輸，我們的經濟就只剩幾個壟斷一切的巨無霸企業，小公司毫無存活空間。君不見日、韓兩國一度教人眼紅的壟斷企業，如今已被化身為開放進口外國商品的均值回歸，削弱了經濟實力，而開始走下坡。

專業投資經理人的事業發展，也難免受均值回歸影響。今天炙手可熱的人，明天就去坐冷板凳；被打入冷宮的人，早晚也有敗部復活的機會。但是，這不代表成功的經理人，必然會失去他們點石成金的靈感，或紀律不佳的人總會開悟——不過這種事也很常見。通常投資經理人之所以失勢，不過因為某種管理方式退流行罷了。

拖累基金經理人

稍早在討論「彼得堡矛盾」時，我們談到投資人在評估報酬看似無限大的股票的價值時，會面臨的困難。無限的樂觀必然使這支股票上漲到跟現實脫節的價位。在股票崩盤時，即使管理「成長型投資組合」的一流經理人，也會被均值回歸整慘。一九七〇年代晚期，美國的小型股就發生這種現象，學界研究證實：小型股儘管風險大，長期而言，卻是最成功的投資標的。一九八三年，均值回歸再度插手，此後小型股的表現就一直很差。這一回，輪到管理小型股的一流經理人焦頭爛額。

一九九四年，報導共同基金表現的主要刊物《晨星》（*Morning star*）登出下頁表，表中顯示截至一九八九年三月為止的前五年，以及截至一九九四年三月的前五年之中，各種基金的表現。

均值回歸的運作在此獲得驚人證明。兩階段的平均表現相去無幾，但各類型股票在不同階段的表現，卻呈現極大差距。第一階段表現超前平均水準的三種股票，在第二階段都落後平均水準；而第一階段表現不及平均水準的三種股票卻都在第二階段超前。

這個極具說服力的均值回歸的證據，或許能給經常更換股票經理人的投資人一些啟示。它指出，最明智的策略是不要理會那些最近績效紀錄優良的經理人，而把資產交給最近績效最惡劣的經理人管理：這個策略跟賣出漲幅最大的股票，買進跌幅最深的股票，有異曲同工之妙。如果你覺得無法接受這種反向操作的策略，還有一個辦法。聽從你的直覺，開除獲利能力低落的經理人，改聘贏家經理人，但是**先等兩年，然後再採取行動**。

可以預測股市嗎？

股市整體的情形又如何呢？諸如道瓊工業平均指數、標準普爾五百指數等權威平均值，也可以預測嗎？

第八章的表顯示出，以市場一年的表現看不出常態分配，但若以季或月的表現就看得出，不過也不很

投資標的	截至1989年3月之前五年	截至1994年3月之前五年
國際股票	20.6%	9.4%
收益型股票	14.3%	11.2%
成長與收益型股票	14.2%	11.9%
成長型股票	13.3%	13.9%
小型股股票	10.3%	15.9%
積極成長型股票	8.9%	16.1%
平均	13.6%	13.1%

精確。以季編製的表可解釋為短期內股價波動無外力影響的證據——今天的變化不能告訴我們，明天價格會變成多少；股市無法預測，而「隨機漫步」就是用來解釋這種現象。

但長期的展望又如何呢？畢竟，所有投資人再怎麼缺乏耐心，投資的時間都不止一個月、一季，甚至一年。雖然投資組合隨時會改變，但嚴肅的投資人往往讓資金在市場裡打滾許多年，有時好幾十年，股市的長期發展果真跟短期不一樣嗎？

新資訊影響股價漲跌

如果隨機漫步的觀點正確，那今天的股價裡就會含有所有相關資訊。唯一導致改變的原因就是新資訊出現。我們既然無法預知新資訊，股價就不會出現均值回歸。換言之，根本沒有**暫時性**的股價——股票在某一價位停頓，然後邁向下一個價位。也因為如此，波動不可預測。

但還有兩種可能。如果德邦特與塞勒所謂「對新消息反應過度的假設適用於市場全體，而不僅針對個別股票」，當長期基本面明確時，主要市場平均值的表現應該就看得見均值回歸的影響。另一方面，如果某些經濟環境下，投資人特別戰戰兢兢——例如一九三二年與一九七四年（相較於一九六八年或一九八六年）的美國股市——只要投資人心存戒懼，股價就會一直下滑，直到形勢改變，對未來抱更高希望，股價才會回升。

兩種可能性都鼓勵無視於短期波動、長期持股的優勢。不論市場如何波動，投資人的平均報酬都應該會逐漸趨近長期的常態值。果真如此，股市的風險可能存在幾個月，充其量幾年，但在五年或更長期限內，遭到慘重損失的機會相當小。

一九九五年，美國投資管理研究協會（Association for Investment Management & Research）——絕大多數的專業投資人都加入這一組織——出版，由貝勒大學（Baylor University）的賴肯斯坦（William Reichenstein）與杜塞特（Dovalee Dorsett）兩位教授執筆的專題論文，對上述觀點提出更進一步的支持。他們根據廣泛的研究下結論道，股市景氣與不景氣輪替。這種結論跟隨機漫步正好相反，因後者完全否定股市動向可以預測。股價就像豆莢，不可能朝任一方向無限發展。

數學家告訴我們，一組隨機數字的數列，其變異數（variance）——各次觀察值分布在平均值兩側之傾向——會隨數列加長而增加。歷時三年的觀察，應該是一年的三倍，觀察十年，變異數就該是一年的十倍。另一方面，如果均值回歸在運作，數字不是隨機選取而來；數學可以算出，變異數與時間長短之比，應小於一。

賴肯斯坦與杜塞特的研究發現，在一九二六年至一九九三年的標準普爾五百大指數中，三年期報酬的變異數僅是一年期的二·七倍；八年期報酬的變異數僅是一年期的五·六倍。包括股票與債券的實際投資組合，變異數與時間長度之比，會降到比只含有股票的投資組合更小。[2]

股市長期收益穩定

這個發現，對長期投資人有重大意義，因為從中可知，報酬率從長期觀之，要比短期穩定得多。賴肯斯坦與杜塞特提出大量歷史數據和對未來的預測，但他們最重要的發現在於以下幾段話：

股市投資人若持股一年，有五%機會賠掉二五%以上，也有五%的機會賺進四〇%以上。另一方面，若持有包括每種上市股票三十年，這個投資組合的成長低於二〇%的機會，僅五%，但投資人賺到五十倍以上的機會也只有五%。

隨著時間，高風險證券與保守型投資在報酬上的差距會拉大。以二十年為例，一種只包括長期公司債券的投資組合，成長四倍的機會只有五%，而完全由資產股組合的投資組合，至少成長八倍的機會卻高達五〇%。

然而，這個耗費心力的研究並不能提供致富的捷徑。在市場不景氣中堅持下去，對任何人都不容易，**賴肯斯坦與杜塞特只告訴我們，一九二六年到一九九三年間的情況**。他們的計算雖使長期投資顯得很有吸引力，但也不過是馬後砲。更糟的是，每年報酬的差距即使原先很小，在累積許多年後，也會對投資人的財富

❷利率的景氣輪替趨勢很明顯，反映了「反轉」平均值的傾向。趨勢一旦確立，繼續存在的可能性會比反轉大。在兩年期間內，九十天期國庫券收益率的變異數為一年期的二．二倍；在八年期間內，其將近是一年期的三十二倍；更長期的利率模式與此類似，但較不明顯。顯然可知，長期的股市變動太小，不太可能出現極端的變化。到頭來，折騰了老半天的投資人，與其跟那些說得天花亂墜的人起舞，還不如多聽聽高爾頓的話。

造成重大差異。

「各國早晚都會非常接近預定的位置」

德邦特與塞勒所謂「對新資訊的過度反應影響股價脫離現實的結論」，其實是人性中過於重視新證據、缺乏長遠觀點的結果。畢竟，我們對現在發生的事，遠比未來某個不定時刻會發生什麼事來得清楚。

儘管如此，過分強調現在會扭曲現實，並導致愚昧的決策和錯誤的評估。例如，過去四分之一個世紀以來，有些觀察家一直哀歎美國生產力成長趨緩。但事實上，這期間的紀錄一直比他們要我們相信的好很多。均值回歸的觀念有助於校正悲觀主義者的謬見。

一九八六年，普林斯頓大學的經濟專家鮑莫爾（William Baumol）出版了一本頗具創見的生產力長期發展趨勢的研究。他引用來自七十二個國家的數據，一直追溯到一八七〇年。這個研究的重心放在鮑莫爾所謂的「整合過程」（the process of convergence）。根據此一過程，一八七〇年生產力最低的國家，這些年來改進率最高，而一八七〇年生產力最高的國家，改進最緩慢──換言之，豆莢法則又開始運作。生產力成長率的差異緩慢，確實縮小了最落後與最先進的國家之間的鴻溝，兩種集團都逐漸向均值回歸。

鮑莫爾研究的一百一十年間，最具生產力的國家與最無生產力的國家的差異，從八比一收斂成為二比一。鮑莫爾指出：「……最令人吃驚的是，只有一種變數明顯的參與影響，即各國一八七〇年每一工作小時的國內生產毛額（GDP）。」一般經濟學家認為對生產力成長有益的因素──自由市場、儲蓄與投資意願、健全的經濟政策──似乎都沒有關係。鮑莫爾下結論道，不論採取什麼行動：「各國早晚都會非常接近預定的位置。」這種全球性的現象，卻與高爾頓的小規模實驗完全符合。

對美國的評估，若就這一觀點，就會有很大的變化。美國自二十世紀初以來，一直高居工業國家

GDP最高的國家，相對的，美國近年生產力成長趨緩，並不令人意外。隨著基礎愈墊愈高，科技發揮的影響也就愈來愈小。事實上，鮑莫爾的數據顯示，不僅近二十幾年而已，二十世紀大部分時間，美國的生產力成長率一直都只勉強擠得進「中庸」之列。從一八九九年到一九一三年，就已經落後給瑞典、法國、德國、義大利、日本等國。

整合過程彌補大戰蕭條

雖然日本的長期成長率，除了在第二次世界大戰期間外，一直高居已開發國家之冠，但鮑莫爾指出，在一八七〇年，工人的產量卻是最低，即使現在，也還落在美國之後。只不過隨著科技進步、教育普及、規模經濟擴大，整合過程也不斷運作。

鮑莫爾認為，對美國一九六〇年代末以來的經濟發展紀錄不滿的評論者，無非是出於短視，過分強調最近的表現，卻忽視了長程趨勢所致。他指出，從一九五〇年到一九七〇年，美國生產力的大躍進，即使對美國這麼一個科技掛帥的國家來說，也絕非必然。由長期觀之，這項躍進其實是為了彌補一九三〇年代，經濟成長率從歷史高點急遽下滑，以及第二次世界大戰等異常現象而存在。

雖然鮑莫爾討論的主題與德邦特和塞勒截然不同，但他們的主要結論卻互為呼應：「……必須先系統化的檢視發生較早、影響現在，並且繼續影響明天的事件，我們才能充分理解當前的現象……長期影響之所以重要，是因為經濟學家和決策者不可能從瞬息萬變的短期發展中，了解長期發展趨勢及其影響。」

有時風險管理不管用

有時長期趨勢實現得太晚，雖然均值回歸在運作，卻幫不上我們的忙。英國經濟學大師凱因斯有段名言：「長期來說，我們都會死。經濟學家給自己派的任務太輕鬆、太無用，在驚濤駭浪的經濟狂瀾中，他們只告訴我們，等暴風雨過去，海上就會風平浪靜。」但我們先得熬過短期的波動。當務之急是不讓自己沒頂，我們不能坐等風平浪靜。即使風平浪靜到來，也無從知道：是否下一場暴風雨到臨前也有得短暫休息。

在平均值本身就變幻莫測時，靠均值回歸預測未來趨勢是很危險的。賴肯斯坦與杜塞特的預測是假設未來跟過去類似，但自然法則可沒有規定必然是如此。如果未來真的發生全球溫室效應，那麼連續好幾年酷熱難當後，不見得會連續好幾年寒冷不堪。如果一個神經官能症患者，病情惡化成為精神病，憂鬱症就會變成一輩子的事，不再偶爾發作而已。如果人類徹底破壞了環境，水災之後就不見得會有旱災。

如果大自然不能回歸到平均值，就失去連續性，屆時任何風險管理都不管用。高爾頓早已看出這一可能，並警告道：「平均值只是一種現象，只要多添加一個因素，就可能變成跟常態不盡相同的規畫。」

大多數人代代相傳，生活模式相當穩定。但自從兩百多年前，工業革命開始，有那麼多「單一因素」加入「平均值」之中，使「常態規畫」變得愈來愈難界定。面臨斷續的危機，一向理直氣壯的既有趨勢忽然變得毫無意義，再以它做決策的依據就很危險了。

下面舉兩個過分依賴均值回歸而受騙的例子。

繁榮就在下一條街口？

一九三〇年，胡佛總統宣稱：「繁榮就在下一條街口」，他並不是花言巧語，欺騙大眾。他真的這麼想。事實上，歷史也一直支持他的觀點。經濟大蕭條曾經出現過，但也一定會過去❸。除了第一次世界大戰期間，以及在一八六九年到一九二九年之間，美國的商業活動只有七年呈現下挫。唯一連續兩年的倒退是在一九〇七年與一九〇八年，而且還是從極高點下滑；國內生產毛額的平均年下滑率，僅一．六%，其中還包括一次高達五・五%的下挫。

但生產在一九三〇年跌了九・三%，一九三一年又跌了八・六%。等到一九三二年六月的谷底，國內生產毛額只剩下一九二九年高峰時期的五五%，甚至比一九二〇年短期蕭條的低點更低。六十年的歷史忽然變得無關緊要。問題部分源自長期工業發展磨蝕了再生的活力；即使在一九二〇年代的繁榮期間，成長也落後一八七〇年至一九一八年界定的長期趨勢。向前推動的力量由盛而衰，加上一連串國內外政策上的錯誤，一九二九年十月股市大崩盤尤其雪上加霜，把繁榮從大家原以為它會駐足的街口嚇得遠遠逃開。

第二個例子：一九五九年，大崩盤的三十週年，發生了從歷史角度看毫無意義可言的事。截至一九五〇年代晚期，投資人持有股票的收入一向都比持有債券為高。每當兩者報酬接近時，股利就會竄高且超過債券；股價隨之下跌，所以投資買股票得到的收入比過去更多。

這似乎也合理。畢竟買賣股票的風險本來就比債券高。債券是一種**契約**，注明了借款人歸還本金、償付利息的計畫。如果借債的一方違約，就只好宣告破產，所有的信用泡湯，資產也得交由債權人控制。

但是，股票持有人求償的優先順序卻排在公司債權人之後。股票是永久財產：不具有屆時應將公司資產分配給股東的到期日。更有甚者，股利的分配隨董事會高興決定；公司沒有付股利給持股人的義務。一八七一年到一九二九年，美國公開上市公司十九次未付全額股利給持股人；一九二九年至一九三三年，股利被削減了五〇%以上，一九三八年削減了約四〇%。

所以投資人只會在股票報酬高於債券時才買進股票，也就不足為奇。更不用提每次股票報酬接近債券

---

❸那段時日人們稱蕭條為「恐慌」（panics）；「蕭條」是為那種情況杜撰的委婉語。後來，經濟衰退（recession）成為眾所接受的委婉語。至於一次衰退要衰退得多深，專家才會決定稱之為「蕭條」，這只能憑臆測了。

時，股價就會下跌。

然而，這種現象只到一九五九年為止。該年股價上漲，債券下跌。也就是說，債券利息與債券價格之比直線上升，而股利與股價之比則是下跌。債券與股票的舊關係泯滅，並出現一條鴻溝，使債券的收益明顯的比股票高出一大截。

這種逆轉的原因非同小可。通貨膨脹是區隔現在與過去的主要因素。從一八〇〇年到一九四〇年，美國的生活費平均每年只上漲〇．二%，而且還有六十九次下跌。一九四〇年，生活費指數只比一百四十年前高二八%。在這種情形下，持有價格固定的資產是件好事，但持有無固定價格的資產，風險卻很大。

大戰使一切改觀

第二次世界大戰使這一切改觀。從一九四一年到一九五九年，每年的平均通貨膨脹率為四．〇%，生活費指數只有一年未上漲。不斷上升的物價使債券從毫無瑕疵的理財工具，變成高風險的投資。到了一九五九年，一九四五年發行的利息二．五%的國庫券價格，從一千美元跌為八百二十美元——而當時八百二十美元的購買力，僅及一九四九年的一半！

同時，股利快速增加，從一九四五年到一九五九年漲了三倍，其間僅一年下跌——也不過跌了二%。投資人不再把股票當作價格與報酬都難以預測的風險性資產。為股利付出的價格變得無關緊要，重要的是未來源源不絕的股利。隨著時間，股利會超過債券的利息，股票的價值也相應增加。買股票是最聰明的策略，因為既能增值，又能抵抗通貨膨脹，利息固定的債券就落得不值一顧了。

雖然這個新世界的輪廓在一九五九年以前就已隱約可見，但只要緬懷舊時代的投資人還是市場主力，資本市場的舊關係就持續不變。例如，我那些身經大崩盤的投資夥伴，就一再向我保證，新趨勢無非是一時的反常。他們擔保幾個月內一切就會恢復正常，股價會下跌，債券會回升。

我還在等著看。如此難以想像的事若發生，會對我的人生觀造成持續的影響，尤其在投資方面；影響我對未來的態度，也使我對根據過去判斷未來的至理滿腹狐疑。

保持彈性

那麼，在判斷未來時，有幾分可以依賴均值回歸呢？我們該如何評價在某些情況下發揮極大影響，但在其他情況下卻造成災難的觀念呢？

凱因斯承認：「人生而會行動，也必須採取行動……即使現有的知識基礎之上，不足以用數學方法計算預期。」靠經驗法則，發揮經驗、直覺、傳統——換言之，就是膽量——我們從現在蹣跚邁向未來。高伯瑞（John Kenneth Galbraith）首先提出的「世俗認知」（conventional wisdom）一詞，常帶有嘲謔的意味，彷彿大多數人的信念都無可避免的錯了一般。但沒有世俗認知，我們就無法做長程決策，連在日常生活中找到方向都有困難。

重要的是我們應保持相當彈性，認清均值回歸不過是一件工具；不是萬古常新的教條、信眾行禮如儀的宗教信仰。像胡佛總統或我之前的合夥人那樣，一味機械化的拿過去做對照，均值回歸就淪為癡人說夢。要不斷對假設提出質疑，才能充分發揮作用。高爾頓鼓勵我們「耽溺在優於平均水準更完善的觀點之中」，說得真好！

一第11章一
創造幸福人生

到目前為止，我們一直把焦點放在機率理論和測量機率的各種巧妙方法：巴斯卡三角、傑可伯・伯努利在裝黑球與白球的瓶子裡找尋確定性、貝葉斯的撞球台、高斯的鐘形曲線、高爾頓的「梅花彈珠台」。甚至第一個研究選擇心理學的丹尼爾・伯努利也胸有成竹相信，他所謂的效用是可以測量的。

現在我們回頭來探討一個截然不同的問題：我們該冒什麼樣的風險，該避免什麼樣的風險，什麼樣的資訊有相關性？我們對未來該抱多大信心？簡而言之，我們如何在處理風險時，加入**管理**的觀念？

在條件不確定時，理性與度量是決策時不可或缺的要件。理性的人會客觀處理資訊：他們如果會在預測未來時犯錯，那都是隨機發生的錯誤，而不是基於過分樂觀或悲觀的執拗偏見。他們確立一套定義清晰的「偏好」（preference），以針對新資訊採取反應。他們知道自己要什麼，隨時以符合這套「偏好」的方式來運用資訊。

「偏好」就是喜歡某件事甚於另一件事：其中含有權衡得失的觀念。這是個有用的原則，在搭配度量的方法後，實行起來就更方便。

丹尼爾・伯努利就是基於這個觀念，才在一七三八年的論文中志得意滿說：「把我的觀念當成建立在危殆的假設之上的抽象觀念，視若無睹，絕對是大錯特錯。」他用效用當作測量個人偏好的單位——計算我們喜歡某物超過喜歡另一物多少。他說，世間可欲的物品不可勝數，但每個人願為每件東西付出的代價各不相同。我們擁有某種東西愈多，就愈不願意付出代價來得到更多。

伯努利的效用觀點是一種頗具影響力的革新，但他的處理方式卻太單純。如今我們已了解，很多人為了在鄰居面前爭一口氣，會在客觀標準看來應該要滿足的時候，仍不斷追逐更多的物質。更有甚者，伯努利提供的例證是一場賭博遊戲：比賽中，當甲的銅板第一次出現人頭時，就算乙獲勝，但**甲的銅板出現反面，乙也不算輸**。在伯努利的論文裡，沒有出現「輸」這個字；往後兩百年間，討論效用理論的文章，也都絕口不提「輸」的觀念。但這個字一旦出現在沒把握贏的賭局中，願意冒多少風險，就一律以效用理論做為選擇的方式。

效用觀念促進理性決策

伯努利的效用觀念在他對「人性」的觀察中也極具影響力。決策理論與風險評估在往後的進展，都得力於他為理性決策在下定義、量化、導向等方面付出的努力。

我們或許會以為，攤開效用理論與決策史，一定全由伯努利家族和他們的門徒主導，尤其丹尼爾・伯努利在科學界又那麼聲名遠播。但事實不然：效用理論後來的發展都是嶄新的發現，而非伯努利原始理論的推廣。

是否這是因為伯努利以拉丁文著書立說的關係？阿羅曾指出，伯努利探討度量風險理論的文章，直到一八九六年才譯成德文，第一個英譯本遲至一九五四年才在一份美國學術期刊上出版。但拉丁文直到十九世紀中，仍是西方數學界通行的語言；高斯也用拉丁文寫作，也未妨礙他的觀念廣受矚目。不過，伯努利選擇拉丁文，或許有助於解釋為何他獲得的注意大都來自數學家，而非經濟學家或研究人類行為的學者。

阿羅還提出一個更根本的問題。伯努利用數字討論效用，但後世的研究者只比較偏好的程度，只說：「我喜歡這個超過那個」，而不說：「對我而言，這個值得 x 個效用單位。」

哲學家邊沁

十八世紀末，效用理論由英國哲學家邊沁（Jeremy Bentham）再度發揚光大。這位平易近人的學者生於一七四八年，逝於一八三二年——但即使到了今天，倫敦大學學院每逢特殊場合，他仍躬逢其會——根據他的遺囑，他的遺體被製成木乃伊，擺在玻璃箱內，頭部用一蠟製品取代，帽子夾在兩腿之間，到時會安置在會場中。

他的主要作品《道德和立法原則》（*The Principles of Morals and Legislation*），出版於一七八九年，書中充滿了啟蒙精神：「自然將人類置於兩大勢力——**痛苦**與**快樂**——的控制之下。我們該怎麼做，未來的行為取向都完全由其決定……效用主義以之為基礎，建立一套系統，目標就是藉著理性與法律之手，創造幸福人生。」

邊沁接著解釋他對效用的定義：「……凡事凡物能產生利益、優勢、愉快、善、幸福的特質……且其對於社群幸福的增益，大於對此種幸福的削減。」

邊沁在此談的是一般人的生活。但十九世紀的經濟學家，卻把效用當作了解買賣雙方的決策互動如何決定價格的工具，轉而走上研究「供需法則」之路。

心理因素決定買賣

十九世紀主流經濟學家的心目中，買方與賣方在考慮眼前的機會時，未來是靜止不動的。他們把研究重心放在：某個機會是否比另一個機會更好？虧本的可能性不列入考慮。他們的著作也不討論不確定性和景氣循環等因素。這些經濟學家只分析促使一般人付出多少錢購買一條麵包或一瓶紅酒的心理因素與主觀因素，完全不考慮有些人可能連買一瓶酒的錢都沒有。維多利亞時代望重士林的經濟專家馬歇爾（Alfred Marshall）曾說：「任何人都不應從事不能使他起碼過得起紳士生活的職業。」

信奉邊沁主義、撲克牌不離身的傑文斯（William Stanley Jevons）對數學有濃厚的興趣，也是這個思想陣營的主將。他一八三七年出生於利物浦，自少年時代就立志要做科學家。但在財務方面的困難，迫使他遠走到淘金熱潮正興旺、人口驟增為十萬的澳洲雪梨，待在皇家鑄幣場做成色分析師。十年後，傑文斯回到倫敦攻讀經濟學，餘年大半待在倫敦，擔任倫敦大學學院的政治經濟學教授。而且他是繼配第之後，第一位被選入皇家學會的經濟學家，儘管他的學術頭銜是政治經濟學教授，他也是第一批主張從「政治經濟學」一詞刪去「政治」二字的學者。此舉展現了這門學科已朝向抽象領域發展，已到達何種層次。

儘管如此，傑文斯出版於一八七一年的壓卷之作，書名還是叫作《政治經濟學理論》（*The Theory of Political Economy*）。他宣稱：「**價值完全決定於效用**」，並指出：「我們只需細心模擬效用變動的自然法則，相對應於我們擁有的商品數量，便能建構完好的交易理論。」

這等於是重述伯努利的核心觀念，即效用會隨著一個人已經擁有的商品數量而改變。傑文斯稍後又用維多利亞時代上流紳士典型的說法，就此一通則提出進一步說明：「吾人的需求愈是有教養、有知識，就愈不容易滿足。」

他自信的認為自己已經解決了價值的問題。他揚言，世間任何事物都能用數量表達，所以經濟學到此時為止，都還一直無法改善的含糊概括性，就變得無關緊要。他把不確定性的問題揮到一旁，聲稱只需應用從過去經驗與觀察中得知的機率就已足夠：「測試機率是否正確，只要看計算是否符合事實即可……這方面的計算多多少少都與一般日常事務相符。」

度量懷疑與信心

傑文斯花了許多篇幅，說明前人把數學引進經濟學所做的努力，但他隻字不提伯努利，而他對自己的豐功偉業毫無懷疑：「在巴斯卡之前，誰會想到懷疑與信心也可以測量？誰會想到研究無謂的機會遊戲之中，會發現可說是數學最偉大的旁支──機率理論？現在，毫無疑問的，樂趣、痛苦、勞動、功利、價值、財富、金錢、資本等等，都是可以量化的觀念。不僅如此，工商業的每個行動都決定於利與害的量化比較。」

對度量的狂熱

傑文斯對自己的成就如此自豪，反映了維多利亞時代對度量的狂熱。隨著時間推移，人生愈來愈多的方面都由數量控制。為襄助工業革命而來的科學研究大爆發，更使這種趨勢如虎添翼。

英國第一次有系統的人口調查，早在一八〇一年執行，保險業利用統計數字的方式在十九世紀也愈趨成熟。很多爭取人權的人為了緩和工業化的弊病，求助於社會的度量資料。他們致力改善貧民窟的生活，消除新貧階級中的犯罪、文盲、酗酒。

但是，以效用評估社會，卻與現實脫節。跟傑文斯同時代的數學經濟學家艾吉渥茲，甚至主張開發一種「快樂計」（hedonimeter）。晚至一九二〇年代中期，劍橋的數學青年才俊藍西（Frank Ramsay）還在殫精竭慮，企圖設計出一種「心理電流計」（psychogalvanometer）。

有些維多利亞時代人士提出抗議，認為凡事以度量為主，根本是唯物主義。一八六〇年，對統計學深感興趣的南丁格爾（Florence Nightingale），在徵詢過高爾頓的意見後，願意出資在牛津大學設一個應用統計學講座，卻被一口回絕。精通統計學、也研究統計學史的甘德爾（Maurice Kendall）指出：「我們歷史悠久的大學校園塔樓中，似乎還在囁嚅中世紀的咒語……南丁格爾爭取了三十年，結果還是放棄。」❶

社會科學急起直追

但是，使社會科學在度量上迎頭趕上自然科學的運動，力量卻愈來愈大。自然科學的詞彙逐漸融入經濟學。例如，傑文斯談到功利與個人利益的「力學」。平衡、動能、壓力、機能等字眼陸續跨越學科的疆界。今天財金界人士對財務工程、神經網絡（neural networks）、基因演算法（genetic algorithms）等術語都能琅琅上口。

傑文斯對經濟學還有一樁功勞。由於自然科學方面的訓練，使他對某些現象特別敏感——經濟學不會波動。一八七三年，距出版《政治經濟學理論》僅兩年，在歐洲與美國持續了二十多年的經濟大繁榮宣告結束，景氣持續三年走下坡，復甦非常緩慢。美國一八七八年的產能只比一八七二年高六%。接下來的二十三

❶南丁格爾被她的傳記作家愛德華·庫克（Edward Cook）形容為「熱情澎湃的統計學者。」身為難以自抑、作風類似高爾頓的資料蒐集者，她也狂熱地崇拜凱特爾的作品——那在醫學及其他社會統計學方面啟發了她開創性的研究（Kendall and Plackett, 1977, pp. 310－327）。

年間，美國商品與服務的價格一口氣下跌了四〇%，整個西歐與北美都一片陰霾。

是否因這場極具破壞性的經驗而促使傑文斯質疑，經濟體系能否像李嘉圖（David Ricardo）和他的門徒所承諾的，穩定出現在產能與就業率的最高點？不可能。相反的，他基於太陽黑子對氣候、氣候對農作物收成、收成對物價、工資、就業率的影響，提出一套景氣循環的理論。在傑文斯眼裡，經濟的問題由老天爺和土地公決定，與哲學無關。

一般人如何做決策與選擇的理論，似乎跟現實世界的日常生活脫節。但這些理論卻引領風騷將近一百年。甚至多數人到經濟大蕭條的末期，還堅持經濟波動只是某種意外現象，而不是經濟體系本身甘冒風險而無可避免的結果。胡佛在一九三〇年承諾，「繁榮就在下一條街口」，就反映了他以為大崩盤只是暫時的恐慌引起，而與整個經濟結構內在的毛病無關。一九三一年，凱因斯也還耽溺在他維多利亞時代教養出來的樂觀之中，自稱：「……深信經濟問題……不過是一種令人害怕的混亂狀態，一場很快就會過去、且**毫無必要**的混亂。」

第4部　1900年至1960年

衝破蒙昧

第12章

度量人類的無知

度量無知的程度，其結果經常是錯誤的，但我們卻不承認。「昨天晚上他們炸死了大象。」我們最喜歡把這種事解釋成運氣，好運厄運視情況而異。

如果每件事都無非是運氣，風險管理就毫無意義了。拿運氣當擋箭牌，唯一的作用就是蒙蔽真相，因為整件事就跟原因脫節了。

我們說一個人走霉運，就解除了他對事件的全部責任。說一個人運氣好，就否定了他為促成結局圓滿而付出的一切努力。我們到底有多少把握？決定結果的究竟是命運還是選擇？

在我們能區分純屬隨機的事件，和具有前因後果的事件之前，永遠不會知道我們看到的是否就是我們得到的，也不會知道我們是如何獲得的。雖然我們不能確知真正會有什麼樣的結果，但我們決定承擔某種風險時，意思就是賭我們做的某種決定會產生某種結果。**風險管理的本質就在於，使我們有能力掌控結果的範圍，擴張到最大，同時使我們全然無法控制其結果的範圍，縮減到最小——但我們對因果之間的關係還是一無所知。**

因果的產物

所謂運氣，到底是什麼意思？拉普拉斯認為，世界上沒有運氣這檔子事。他在《論機率哲學》（*Essai philosophique sur les probabilités*）一書中宣稱：「現在事件跟過去事件之間必然存在著關係，因為世間每一事物都必然有造成它的原因，毋庸置疑……所有事件，即使微不足道得好像不需要遵守這一偉大的自然法則，也仍然是因果的產物，就如太陽的運轉一樣必然。」

這番話回應了伯努利的論點，如果直到永恆的所有事件都能從頭來過，我們會發現每件事的發生都有「特定的原因」；即使是最偶然的事，都是「某種必然的力量，或說得更明白點，**命運**的結果」。我們也看到棣美弗在「**原始設計**」的威力之前屈服。拉普拉斯假設有種「偉大的智慧」能夠了解所有的因果，把不確定感一掃而空。基於他身處的時代的精神，他引用天文學、機械學、幾何學、重力學等方面的成就，預言人類能達到那樣的智慧。他把這些進步稱作「人之所以優於禽獸的特徵；這方面的進展超越種族與時代，成為人類真正的光榮」。

拉普拉斯承認，有時原因真的很難找，但他也提出警告，若事實上確實只有機率在運作，就不要硬給某個結果一個原因。他舉了個例子：「當我們看見桌上有字母排列CONSTANTINOPLE的秩序，我們假設這種排列方式不是隨機發生。但如果任何語言裡都沒有這個字，我們就不必認為它的存在有特定的原因。」如果字母剛好排列成BZUXRQVICPRGAB，我們就根本不會考慮它可能有意義，雖然字母隨機排列成BZUXRQVICPRGAB的機率跟CONSTANTINOPLE完全相同。如果從裝了一千個號碼的瓶子裡抽出一千號，我們會覺得意外，但抽到四百五十七號的機會同樣是千分之一。拉普拉斯對此做結論道：「事件愈不尋常，就愈需要強有力的證據支持。」

一九八七年十月，美國股市跌幅超過二〇％，這是一九二六年以來，股市第四度在一個月內跌幅超過兩成。但一九八七年這場大崩盤發生得特別沒頭沒腦。關於它的起因有很多理論，但眾說紛紜，莫衷一是。然而，它又不可能真的憑空發生，只不過暫時原因不明罷了。這件事雖然不尋常，卻沒有人能就它的原因提出「強有力的證據」。

數學宗師

比拉普拉斯晚生一個世紀的另一位法國數學家，進一步強調因果觀和資訊對決策的重要性。紐曼在《數學的世界：從雅赫摩斯到愛因斯坦的數學文獻小集成》（*The World of Mathematics: A Small Library of the Literature of Mathematics from A'h-mose the Scribe to Albert Einstein*）中說，龐加萊（Jules-Henri Poincaré, 1854-1912）「……一望即知是法國學者的法國學者。他身材矮胖，一顆大逾常人的腦袋，靠滿臉濃密的落腮鬍和漂亮的八字鬍平衡，他近視、駝背、木訥，經常心不在焉，戴一副用黑絲帶繫住的夾鼻眼鏡」。龐加萊是我們這一路讀來、代有才人出的神童部隊的一員。他長大成為一代數學宗師。

不過，龐加萊卻在給一位名叫巴舍利耶（Louis Bachelier）的學生打成績時，犯了大錯。一九〇〇年，巴舍利耶以一篇題目叫〈投機理論〉（The Theory of Speculation）的論文獲得巴黎大學學位。龐加萊在審核這篇論文時指出，「巴舍利耶先生證明他自己是個富創意而思考精確的人，但這個題目卻偏離其他候選人處理議題的習慣。」因此，這篇論文只獲得「優等獎」，而沒有獲得代表最高榮譽，同時也是在學術圈謀得一個棲身之所必備的「特優獎」。巴舍利耶就此再也沒有待在學界的機會。

公債選擇權定價原則

巴舍利耶的論文直到完成五十年後，才在一個偶然的機會下為人所知。雖然他寫作時年紀很輕，但他發展出一套解釋法國公債選擇權定價原則的數學方法，比愛因斯坦發現電子運動——後來成為財務管理上隨機漫步理論的基礎——還早五年。更重要的是，他對投機過程的描述，啟發了今天金融市場上仍然服膺的許多理論。這樣的成就遠遠凌駕「優等」！

巴舍利耶論文的中心思想，若以一句話總結，就是：「投機者的數學期望值等於零」。從這句驚人的陳述發展出來的觀念，現在存在於從貿易政策、衍生性投資工具的應用，乃至管理投資組合最複雜的技巧中。雖然外界不予重視，但巴舍利耶很清楚自己發現了好東西。他寫道：「很明顯的，我提出的理論解決了借助機率計算來研究投機的大部分疑難。」

不過，我們還是不能忽略龐加萊。他跟拉普拉斯一樣，相信世界上每件事都脫離不了因果，只不過凡人未必能看穿每件事背後的因。「這需要無比強大的心靈，熟悉所有的自然法則，洞察過去未來。如果有這樣的人存在，我們絕不能跟他玩任何機率遊戲，因為一定會輸。」

龐加萊用世界如果不遵循因果律，會變成什麼樣子來進一步說明因果的力量。他引述當時法國天文學家傅萊馬祥（Camile Flammarion）想像的一則故事，有個觀察者以比光速更快的速度在太空中旅行：「時間由正變負，歷史倒轉，滑鐵盧大戰❶先於奧斯特里茲會戰（Austerlitz）❷……在他眼中，一切處於不穩定

❶ 譯注：一八一五年拿破崙最慘痛的一場敗績，自此結束了法國與其他歐洲國家長達二十三年的戰爭。

❷ 譯注：一八〇二年拿破崙在此大敗反法聯軍，是他最輝煌的勝利。

的平衡狀態，一片混亂。自然界都是隨機發生。」

但是，在因果井然的世界裡只要知道原因，就能預測結果。所以「無知者以為的機會，在科學家眼中不是機會。機會就代表我們無知的程度」。

可是龐加萊接著又問，機會的定義夠不夠完善。再怎麼說，我們也可以用機率做預測呀。我們永遠不知道哪一隊會贏得世界大賽，但「巴斯卡三角」已說明，輸掉第一場球賽的隊伍還有22/64的機會，能在擊敗他們的對手再勝三場之前，贏得四場比賽。一枚骰子擲出3的機會是六分之一。氣象員今天預測，明天降雨機率是三〇%。巴舍利耶證明，下次交易股價上漲的機率，不多不少，剛好是五〇%。龐加萊指出，人壽保險公司主管無從知道每個客戶會在什麼時候死，可是他「可以放心依靠機率計算和大數法則，還能分配紅利給持股人」。

龐加萊說，有些乍看像偶發的事件，事實並非如此；相反的，事件的因源自微小的擾亂。以頂端平衡立定的圓錐體，只要對稱上出一點問題，就會翻倒；即使毫無瑕疵，也會因「極小的震動或微風」翻倒。龐加萊指出，正因如此，氣象預報天氣正確的比率才那麼低：「很多人以為，祈禱日蝕很荒謬，但求老天下雨或出太陽卻很正常……差個十分之一度，颶風就在這兒出現，而不是那兒，蹂躪它本來不應該會去的地區。如果我們早知道會差那十分之一度，也就老早能知道會發生什麼事，可是……一切似乎都被機會主宰。」

甚至連轉動輪盤或丟骰子，結果也會因使它們開始動作的力道不同，而有微小的差距。我們無法觀察這些小差異，就假設結果是隨機的、不可預測的。正如龐加萊對輪盤的看法：「所以我的心情忐忑，把一切寄託於命運。」

晚近的「混沌理論」（Chaos theory），也是基於類似的前提。根據這個理論，乍看混亂的世事，實際上有潛在的秩序；微不足道的擾亂卻往往是墜機大悲劇或股市長期呈現多頭的肇因。一九九四年七月十日的《紐約時報》報導，柏克萊電腦專家克拉區菲德（James Crutchfield）提出一個將混沌理論實際應用的奇想，他「估計，只要像一個電子那麼大的重力，在銀河邊緣隨機改變位置，就能影響地球上一場撞球賽的結果」。

大多數人高估資訊的價值

拉普拉斯與龐加萊都承認，有時我們掌握的資訊太少，機率法則派不上用場。我有次參加一個專業投資研討會，有位朋友遞一張紙條給我，寫著：

你擁有的資訊不是你要的資訊。
你要的資訊不是你需要的資訊。
你需要的資訊不是你能取得的資訊。
你能取得的資訊得花遠高於你願付的價格。

我們可以處理大宗的資訊，也可以處理小宗資訊，但我們永遠兜不攏所有資訊。我們永遠無法確知我們的樣本夠不夠好。這種不確定性使得下判斷變得更加困難，根據它採取行動的風險更大。我們甚至無法百分之百確定明天早上的太陽會不會升起：做這種預測的古人，只掌握到極為有限的宇宙史樣本。缺乏資訊，我們只有靠推理猜測勝算。凱因斯在一篇機率論文中下結論道，到頭來，統計往往無用武之地：「證據和事件確實有關係，但這種關係未必能度量。」

既要適應眼前的不確定性，又要顧及風險，我們的推理常出現很多奇怪的結論。諾貝爾獎得主阿羅曾針對這種現象，做了很多令人印象深刻的研究。阿羅出生於第一次世界大戰末期，並在紐約長大——那期間正值這座城市知性活動最蓬勃、辯論最激烈的時期。他就讀於公立學校和紐約市立大學（City College），後來到哈佛大學和史丹佛大學任教，在史丹佛大學擁有作業研究（operations research）和經濟學兩個榮譽教授頭銜。

阿羅早年就相信，大多數人高估了他們能取得的資訊的價值。在他看來，經濟大蕭條發生當下，經濟學家無法理解它的起因，證實他們的經濟知識「非常有限」。他在第二次世界大戰中擔任空軍氣象預報員的經歷，更使他「進一步了解，大自然同樣不可預測」。下面這段話是我在導言中引用的那段話的擴充：「在我看來，我們對社會上或自然界事件運作方式的知識，都還是一團迷霧。對歷史的不可避免性、大規模的外交計畫、激進的經濟政策等，自以為是的心態都必然產生嚴重弊端。所以推動對個人或社會影響廣大的政策時，都必須審慎從事，因為我們無法預測會有什麼後果。」

阿羅做氣象預測時發生的一個插曲，說明了不確定性的存在和人性對它的排斥。幾位軍官奉命預測一個月後的氣象，但阿羅和他的統計官發現，長期預測的效果比抽籤好不了多少。預測人員達成協議，向長官請求解除這項任務。上級卻答覆：「總司令也注意到預測效果不彰，不過為了研擬計畫，還是需要。」

阿羅在一篇談風險的論文中質疑，為什麼大多數人一方面不時賭一把，一方面卻按時付保險費給保險公司。數學機率顯示，我們在兩種情形下都會輸。統計學證明，在賭博時雖然有機會贏錢，但根據賭場的算計，充其量只能做到不輸錢。在保險時，保費其實高於統計學上我們的房屋燒成灰燼，或我們的珠寶被竊的預期損失。

我們為什麼會接受這些有輸無贏的安排？賭錢是因為我們願意用損失小錢的高機率，換取贏大錢的低機率。對大多數人而言，賭錢的娛樂價值高於風險。買保險則是因為我們無法承擔家園付諸一炬，或提早死亡的風險。換言之，我們寧願賭一筆百分之百會輸掉的小錢（我們付的保費），換取贏大錢的渺小機會（萬一災難來臨），也不願用贏小錢（省下保費）換取不確定會發生，卻可能使我們自己或家人的人生毀於一旦的後果。

阿羅贏得諾貝爾獎的主因是他對一家假想的，在他所界定的「完全市場」上，願意承保任何種類、任何程度損失的保險公司或其他分擔風險機構的臆測。他的結論是，如果我們能對未來可能發生的每一件事作保，這個世界將會變成一個更好的地方。這樣一來，一般人會更願意冒險，而沒有冒險就不會有經濟發展。

我們在做決策時，經常無法做到計算機率所需的那麼多實驗，也採集不到足夠的樣本。我們根據丟十次銅板的結果做決定，而不是一百次。如果沒有保險，任何結局都只能靠運氣。而保險，因為綜合了許多人的風險，卻使每個人都能分享到「大數法則」的益處。

在實務上，只有適用大數法則的時候才能獲得保險。這個法則要求，被保障的風險必須數量大，而且跟打撲克牌拿到的每一手牌一樣，是各自獨立的狀況。

「獨立」（independent）代表好幾種意義。例如，它代表火災的起因，必須跟投保人的行為無關。它也代表被保險人的風險不能有連帶關係，就像股市大跌時，任一種股票的動向，或像戰爭造成的破壞。最後，獨立也代表只有在損失的可能性用合理的方式估計時，才能取得保險——在這個限制下，就甭想保證一款新裝上市會大賣，或國家未來十年會打仗。

尋求免於損失的方法

因此，能投保的風險就遠少於人一生必須冒的風險。我們常面臨做錯選擇而懊悔不已的狀況。我們付給保險公司的保費，不過是為了避免蒙受未必會發生的更大損失而付出的成本。而且，我們為了避免承受犯錯的後果，可說無所不用其極。凱因斯有次問：「為什麼瘋人院外頭有這麼多人，會積聚一堆鈔票當作財富？」他自己回答：「擁有真正的錢會讓我們不安；我們需要多少保險才會願意跟錢分開，才可以度量出我們不安的程度。」

在商業上，我們用簽約或握手敲定一筆交易。這些形式規範了我們未來的行為，即使情勢改變讓我們寧願做別種不同的安排也不能反悔。同時，這也保護我們不致被交易的對手占便宜。生產小麥或黃金等價格會波動的商品的公司，會藉由參加期貨交易尋求免於損失的保障，這種交易方式讓公司在製造產品前，就可以把產品賣掉；藉由放棄以更高價格出售產品的機會，規避掉將來取得貨款的不確定性。

一九七一年，阿羅跟經濟學同行韓恩（Frank Hahn）合作，檢討了金錢、合約與不確定性的關係。「如果我們不考慮經濟的過去與未來」，合約裡就不會談錢。但對經濟而言，過去與未來就如同布匹的經緯。不參考我們多少有點把握了解的過去，以及絲毫不能掌握的未來，我們就不可能做出決定。合約和流動性讓我們即使在阿羅的一團迷霧中，也不致碰到最不希望碰到的結果。

有些人用其他方法對抗不確定性。他們利用電話叫車服務，避免攔計程車或搭乘公共運輸工具。他們在家安裝防盜警報系統。因此，減少不確定性是一種所費不貲的行業。

有保險必有道德危機

阿羅的「完全市場」觀念是基於他對人類生命價值的判斷。他寫道：「我認為，好社會最基本的要素就是以其他人為中心……此一原則是以自由為共同努力的方向……改善經濟地位與經濟機會……是提升自由的基本條件。」但恐懼蒙受損失，有時會限制我們的選擇。所以阿羅特別肯定保險、期貨交易、股票與債券公開市場等分擔風險的工具。這些設施鼓勵投資人持有多樣化的投資組合，而不把所有的雞蛋放在一個籃子裡。

不過，阿羅也警告，社會上如果人人都不需要為冒險的後果擔心，就有可能成為滋生反社會行為的溫床。例如，一九八〇年代美國的存款保險使貸款業者可以上下其手，若一切順利，他們會大發利市；若出了差錯，他們也沒什麼損失。最後捅出大樓子，卻是納稅人在善後。有保險的時候，必有道德危機（moral hazard）——作弊的誘惑——同在❸。

拉普拉斯和龐加萊與阿羅這一輩之間，有道極大的鴻溝。在經歷過第一次世界大戰的災難後，人類期待有朝一日會擁有所有需要的知識，以及用確定取代不確定的夢想也隨之破滅。事實上，這麼多年以來，知識的爆炸只不過是使人生變得更不確定，讓世界變得更難理解。

從這個角度來看，阿羅是本書目前為止最具現代感的人物。阿羅著重的焦點不在於機率如何運作，或各次觀察如何回歸到均值。相反的，他重視的是我們如何在不確定的處境下做決策，以及如何承擔我們做出來的決策。阿羅把我們帶入一個境界，使我們能更有系統的觀察，一般人如何在必須面對的風險和可以不冒的風險之間求取平衡。寫作《邏輯》的波爾羅亞作者和丹尼爾．伯努利都已察覺，風險領域中存在哪些分析的工具，但阿羅卻是將風險管理當作實務的觀念之父。

永遠處於某種程度的無知

風險管理之所以重要，只能怪從開天闢地以來，就沒有人想到要為這世界添加一點確定性。**我們永遠確定不了；永遠處於某種程度的無知**。我們擁有的資訊要麼不正確，要麼不完整。

❸ 然而，可以想像可能會發生相反的情況。風險通常可做為興奮劑。一個沒有風險的社會可能在面對未來時轉為被動。

假設有個陌生人邀你賭丟銅板，並保證充作賭具的銅板很可靠，你怎麼知道這人的話可以信賴？你決定先試丟十次，再決定要不要賭。

結果出現八次正面，二次反面，你說這銅板一定有詐。統計學課本說，這種一面倒的結果，若以丟十次為一輪，大約每九輪就會出現一輪是這種情形。

你記取傑可伯·伯努利的教誨，所以要求給你更多的時間連續丟一百次銅板。結果正面出現了八十次！統計學教科書說，丟一百次銅板而出現八十次正面的機率極低，你得算小數點後面的零，大約每十億次中有一次。

但是，你還是不能百分之百確定銅板有詐。即使再丟上一百年，你永遠做不到百分之百確定。十億分之一的機會應該足夠說服你，這個賭博對手很危險，但還是有可能是你冤枉了對方。蘇格拉底說，似真理不是真理，傑可伯·伯努利則堅持，「幾乎可確定為必然」就是比必然還差那麼一點。

在不確定的狀況下，你對一種假設的選擇，不在否決它或肯定它，而在否決它或不否決它。你可以認定自己極不可能犯錯，所以不該否決這假設。但你也可以決定，自己極有可能犯錯，所以**應該**否決這假設。但除非你犯錯的機率是零——這時確定性已取代了不確定性——否則你就不能肯定你的假設。

用科學檢驗真偽

這個觀念有力區隔了最可靠的科學研究和瞎掰。一種假設要成立，必須通過辨偽的檢驗——也就是說，否決它與不否決它兩種選擇都很明確，而且其機率可以度量。「他這人不錯」這種陳述太含糊，無法測試。「那個人飯後不吃巧克力」則可以辨明真偽，因為我們能收集證據去求證這個人是否過去每餐飯後都沒有吃過巧克力。如果證據只涵蓋一個星期，我們否決這個假設的機率（我們懷疑他真的每餐飯後一定不吃巧克力），就會比證據涵蓋一整年時高。如果檢驗不出他吃巧克力的證據，檢驗結果就是不否定。但即使找不到證據，我們還是不能十拿九穩的說，這個人將來也絕對不會突然開始在飯後吃巧克力——除非我們跟他一起度過這輩子的每一分鐘，否則就永遠不能確定他不曾在某個特定時間吃過巧克力。

美國的刑事審判有助於理解這個原則。現行的美國法律，刑案被告不必證明自己無辜（innocence）；沒有**判決無辜**這回事。相反的，檢察官必須證實被告有罪的假設，他得說服陪審團，使他們不否決有罪的假設。被告只需說服陪審團，檢察官提出的罪證有許多疑點，所以有罪的假設也連帶遭到否決。因此，陪審團做出的判決只有「有罪」（guilty）和「無罪」（not guilty）兩種。

是技巧或運氣造就佳績

陪審團休息室並非唯一在檢驗假設時，先就該假設遭到否決的機率有多高展開激烈辯論，並以這種方式尋求解答的地方。這種不確定的程度沒有固定標準。在做出最後決定前，我們必須借助主觀來判斷何種程度的不確定性是可以接受的。

例如，共同基金經理人會面臨兩種風險，第一種不言可喻，就是業績表現不佳的風險。第二種則是無法達成潛在投資人認同的某種標準的風險。

下頁圖表示了美國共同基金（American Mutual Fund）從一九八三年到一九九五年投資人每年獲得的總稅前報酬率——這個基金成立時間相當長，資產總值在業界也是數一數二。美國共同基金的績效以黑點連成的曲線表示，標準普爾五百指數的表現，則以灰色線塊表示。

雖然美國共同基金緊緊尾隨標準普爾五百指數，但在十三年間，只有三年的績效超前標準普爾五百指數——一九八三年和一九九三年是漲幅超前，一九九〇年是跌幅較少。其他十年，美國共同基金的收益都不

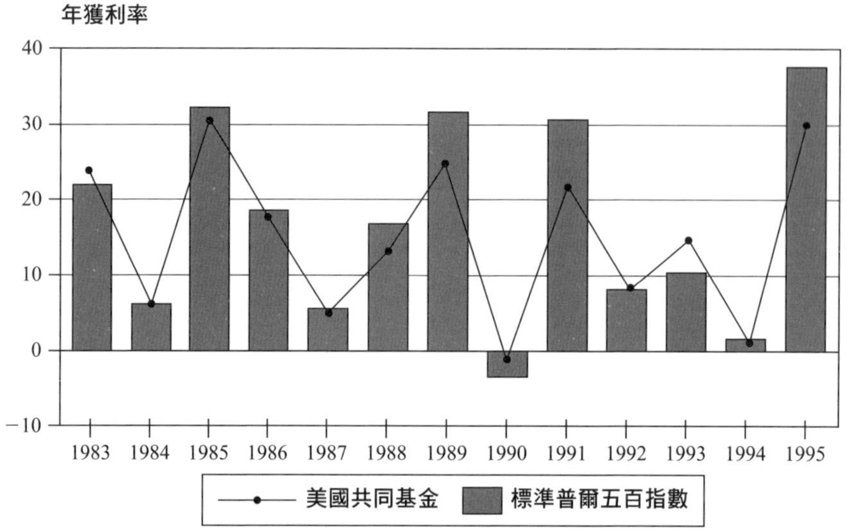

1983年至1995年，美國共同基金與標準普爾五百指數的總獲利率比較表

比標準普爾五百指數高。

是運氣不好，還是美國共同基金經理人沒有本事達成比五百種無人管理的股票更好的業績？還應注意的是，因為美國共同基金的波動性不及標準普爾五百指數，所以這十三年中，股價上揚的十二年內，它的績效都落後給標準普爾五百指數，當市場停滯或下跌時，它的績效反而較佳。

我們用數學壓力測試（stress test）檢視這些數據，以確定它們的意義。我們發現，美國共同基金經理人恐怕真的缺乏技巧。這種管理績效只有二〇%的機率是偶然造成。也就是說，若針對美國共同基金，分別測試五個不同的十三年週期，其中四個週期，該基金的績效都應該會超過標準普爾五百指數。

很多觀察家可能不同意，也會認為十二年的樣本太小，不足以支持如此廣泛的推論。更有甚者，二〇%的機率雖低於五〇%，但也不算小。目前世界金融界的習慣是，我們必須有九五%的信心確認某件事「具有統計上的意義」（「可以確知為必然」的現代說法），才能肯定數字顯示的意義。傑可伯・伯努利

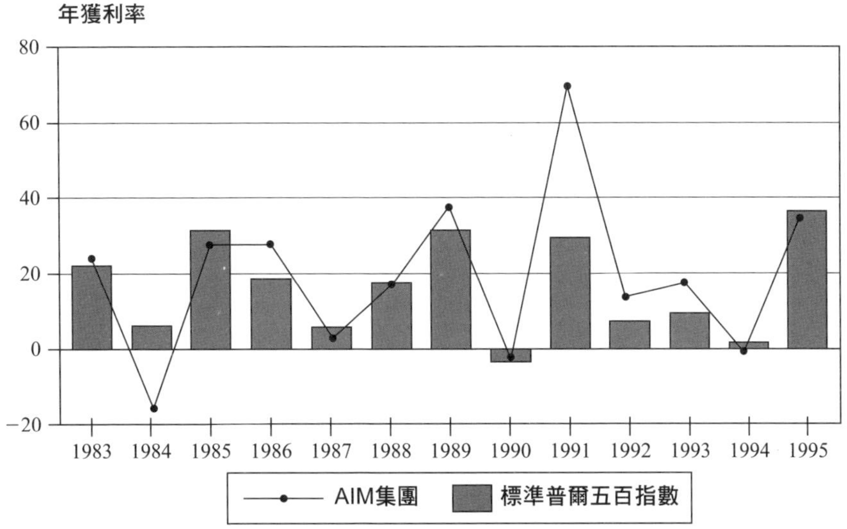

1983年至1995年，AIM集團與標準普爾五百指數的總報酬率比較表

曾說，必須一千零一次中只發生一千次，才算是「可以確知為必然」；但我們只觀察二十次中有一次是隨機，就認為它符合機率的條件了。

但如果觀察十二次算不上有九五%的信心，那麼該觀察多少次呢？再做一次壓力測試後，我們發現，必須追蹤美國共同基金和標準普爾五百指數過去三十年的績效，才能有九五%的信心，確定業績表現不佳的嚴重程度已不能歸諸於偶然。由於做不到這樣的測試，我們不能隨便否定美國基金經理人的能力；只好承認他們的表現還在可接受的範圍內。

本頁上方表呈現的情況又不一樣。我們來看看小型、積極型基金「AIM星座基金」（AIM Constellation）的表現。這些年來，這個基金都遠比標準普爾五百指數和美國共同基金靈活。值得注意的是，圖中的垂直座標高度是前一個圖的兩倍。AIM在一九八四年的成績一塌糊塗，但有五年超前標準普爾五百指數甚多。十三年內，AIM的平均年報酬率是一九·八%，標準普爾五百指數是一六·七%，美國共同基金則為一五%。

這樣的紀錄是運氣或技巧？儘管ＡＩＭ跟標準普爾五百指數的報酬率差距甚大，但ＡＩＭ的靈活度大，而使這個問題很難回答。而且ＡＩＭ也不像美國共同基金那樣，對標準普爾五百指數亦步亦趨：有一年，ＡＩＭ在標準普爾五百指數上揚時下跌，在一九八六年和一九八五年賺得一樣多，但標準普爾五百指數的獲利卻顯現下跌。圖形中找不到規則性，即使能預測標準普爾五百指數的報酬率，也無法預測這個基金的表現。

因為靈活度高而相關性少，數學壓力測試顯示，ＡＩＭ的案例正如美國基金的案例，運氣扮演重要的角色。事實上，我們需要長達一百年的紀錄，才能有九五％的信心來確認ＡＩＭ的成績與運氣**無關**！用風險管理的術語說，這代表ＡＩＭ的經理人為了爭取表現超前大盤，可能冒了過大的風險。

二手菸致癌的風險

很多反菸人士擔心二手菸，並支持以立法禁止在公共場所吸菸。餐廳裡隔壁桌的人或飛機上鄰座的人點起一根香菸，會帶給你多大的罹患肺癌的風險？你該承擔這種風險，或堅持要對方立刻熄掉香菸？

一九九三年一月，美國環保署發行一份五百一十頁的報告，標題非常嚇人《二手菸對呼吸器官健康的影響：肺癌及其他疾病》（*Respiratory Health Effects of Passive Smoking: Lung Cancer and Other Disorders*）。一年後，環保署長布朗娜（Carol Browner）出席國會的委員會，敦請通過「無菸環境法案」（Smoke-Free Environment Act），以複雜的法規嚴禁在公共建築中吸菸。布朗娜表示，她的建議是根據上述報告的結論，即環境中香菸的煙霧（environmental tobacco smoke，簡稱ＥＴＳ）是一種「已知的人類肺臟致癌物」。

我們對ＥＴＳ究竟「已知」多少？別人在抽菸時，你患肺癌的風險究竟多大？要幾近確定的回答這些問題，唯一的辦法就是對人類開始吸菸數百年來，每一個曾經暴露在二手菸下的人，都隨時做檢驗。即使如此，證明ETS跟肺癌有關，也不能**證明**就是ETS引起肺癌。

既然不可能檢驗有史以來，每個地方的每一個人和每一件東西，也就使得科學研究的結果變得不確定。看來像是密切的關係，也許純屬運氣。如果是這樣，那麼不同時代或不同地點的一組不同的樣本，或甚至相同時代和相同地點的一組不同的樣本，就會產生矛盾的結果。

我們只確知：ETS跟肺癌的關係（未必是因果關係）絕非百分之百。這反映ETS跟致癌也可能沒關係，而且在換一組樣本後就可能完全找不到證據。於是，ETS致癌的風險就跟機率遊戲一樣，只是運氣不好而已。

大多數類似環保署的這種分析，都有對照組做比較：一半的研究者暴露在某種物質之下，不論好壞，另一半則隔絕這種物質。很多新藥測試是讓一組人服用這種藥，另一組人服用安慰劑（placebo），兩組人馬都不知道自己有沒有服用真正的藥品成分，然後比較他們的反應。

二手菸的案例主要的分析對象是本身不抽菸，但是跟抽菸男人共同生活而罹患肺癌的婦女。然後拿這個數據與跟不抽菸者共同生活的不抽菸婦女比較。吸二手菸的人的反應，跟未吸二手菸的人的反應做比較，稱為**檢定統計**（test statistic）。檢定統計的規模和不確定性，就決定應否採取行動。換言之，檢定統計幫助觀察者區分CONSTANTINOPLE與BZUXRQUICPRGAB，以及結果更有意義的其他案例。因為涉及這麼多不確定性，最終的決定往往是基於膽量，而與度量無關——就像判斷一枚銅板有沒有被人做過手腳一樣。

流行病學家——衛生保健界的統計學家——處理事情的步驟，跟評估投資經理人的業績表現的步驟一樣，只要結果出於偶然的機率低於五%，他們就認定結果在統計學上有意義。

環保署研究二手菸的結果，遠不及稍早有關一手菸且規模更大的研究有說服力。雖然罹患肺癌的風險似乎跟接觸分量多寡有關——配偶抽菸有多凶——但是暴露在ＥＴＳ下的婦女，其致癌率僅為跟不抽菸配偶共同生活的婦女的一・一九倍。更有甚者，這項規模不大的研究只有三十種研究做根據，其中六種顯示ＥＴＳ沒有影響。由於這些研究的樣本數大都很少，只有九種具有統計學上的意義。十一種在美國境內進行的研究都不符合這項條件，而且還有七種研究的案例不到四十五個。

最後，環保署承認「從未宣稱少量暴露於二手菸下，會導致嚴重的致癌危機」，但該署估計，「每年約三千個不抽菸的美國人，死於二手菸引起的肺癌。」此一結論促使國會通過「無菸環境法案」。

風險種類增加

事到如今，不確定性已經鹹魚翻生，躍居舞台主角。場景也變了，因為第一次世界大戰結束七十五年以來，人類面臨到的幾乎是舊世界所有的風險再加上新風險。

風險管理的需求隨著風險種類增多，也不斷上升。沒有人比奈特（Frank Knight）和凱因斯更敏銳的感覺到這個趨勢，我們會在下一章討論他們的作品。雖然這兩人都已不在人世——他們的主要著作都在阿羅的作品問世前就已出版——但從現在開始，我們介紹的人物幾乎都像阿羅一樣依然健在。他們見證了風險管理的觀念多麼年輕。

下一章要介紹過去的數學家和哲學家從來沒有想到的觀念——因為他們太忙於尋求機率法則去解決不確定的神祕了。

第13章
你的決策可以改變世界

高爾頓死於一九一一年，龐加萊也在隔年去世，他們的過世也結束了從五個世紀前、帕契歐里的骰子戲開始的輝煌度量時代。因為帕契歐里對計算得分的疑問，帶動了用機率界定未來的漫長奮鬥。到目前為止，我們看到的數學大師和哲學大師都自以為已掌握了判斷未來所需的工具：只要找出數據就水到渠成。

高爾頓和龐加萊其實尚未畢竟全功，風險管理的原則尚待發展。但他們的死——還有他們研究風險的最高成就——正好出現在第一次世界大戰這個世界歷史大分水嶺的前夕。

生命在戰場上無意義的毀滅、接下來搖搖欲墜的和平，加上俄國大革命釋放出來的魑魅魍魎，使維多利亞時代的樂觀主義趨於幻滅。一般人再也不能同意詩人布朗寧（Robert Browning）的話：「上帝在天堂／人間皆美好。」經濟學家再也不堅持，經濟起落在理論上不可能。科學不再顯得只為人類造福，西方世界再也不會不假思索的接納所有的宗教與家庭制度。

第一次世界大戰結束了這一切。藝術、文學、音樂上的劇變產生了抽象而驚人的新形式，並跟十九世紀平易近人的風尚形成令人不安的對比。當愛因斯坦證明歐幾里得幾何學潛在的不完美，當佛洛伊德（Sigmund Freud）宣稱非理性才是人性的自然狀態，兩人都一夜成名。

古典經濟學直到這時候還把經濟定義成一個沒有風險的系統，總是產生最好的結果。他們承諾穩定。只要大家多儲蓄、少花費，利率就會下跌，並據此鼓勵投資或打擊儲蓄的意願，使局面恢復平衡。如果企業經理人決心快速擴充公司，但社會大眾沒有存夠他們擴充需要借貸的錢，利率就會上升，得以解決問題。在這樣的經濟裡，永遠沒有非自願的失業，也沒有令人失望的利潤，只有短暫的調節期間。雖然個別公司和投資人會冒險，但整個經濟裡沒有風險存在。

對世界理解有限

這種信念不容易死，即使大戰餘波中經濟問題叢生，也殺不死它。不過，還是有少數聲音告訴大家，世界跟過去不一樣了。芝加哥大學經濟學家奈特在一九二一年寫了幾句出自於他這種行業的人之口，顯得非常奇怪的話：「我們對世界能理解多少，頗令人懷疑……只有非常特殊而關鍵的情形下，可以做數學之類的研究。」在經濟大蕭條最絕望的階段，凱因斯也回應奈特的悲觀：「我們處處面臨有機統一（organic unity）、無相關、無連續性的問題——整體不等於部分之和，量化比較的結果違反我們的認知，小改變竟產生大效果，一致、同質連續（homogeneous continuum）的假設與事實不符。」

一九三六年，凱因斯在他的名著《就業、利息與貨幣的一般理論》（*The General Theory of Employment, Interest and Money*）中，直截了當駁斥傑文斯「度量適用於任何事物」的信念：「做好事的決定……只能視為獸性的結果……並非用量化的利益乘以量化的機率，然後平均出來的結果。」

處於戰後的壓力下，只有最天真的理論家還在假裝，所有的問題都可藉著微積分和機率法則的理性應用迎刃而解。數學家與哲學家不得不承認，環繞現實生活整個的狀況，都是一般人從未考慮過的。勝算的分配跟巴斯卡界定的方式已截然不同，不僅違反鐘形曲線的對稱，均值回歸的方式也遠不及高爾頓說的那麼穩定。

研究者千方百計對出乎意料的事做有系統的分析。戰前他們把注意力集中在決策需要的數據。現在他們發現，決策才不過是開始——魔鬼藏在決策的後果中，而非決策本身。澳洲經濟學家狄克森（Robert Dixon）說：「決策過程中存有不確定，並非因為有未來就有過去，而且未來會變成過去……我們是未來的囚犯，因為我們會被困在自己的過去裡。」最初的現實主義者奧瑪．開儼，將近一千年前，就有同樣的想法：

手指動著、寫著；寫完了，
繼續寫所有的虔誠、機智
都召不回或取消半行，
所有的眼淚也洗不掉一個字。

你怎麼辦，倘若某個決定造成你規畫的機率從未考慮到的結果？或原本應該機率極低的結果，卻比預期更常出現？不是說，未來的道路經常在過去的模式中顯露嗎？

奈特與凱因斯是最早以嚴肅的態度面對這些疑問的兩個人，他們都是放聲敢言，不輕易向傳統低頭。他們協力界定了今天我們所知的風險。

憤世嫉俗充滿懷疑的奈特

奈特一八八五年出生於伊利諾州白橡鎮（White Oak Township），是十一個小孩中的老大。雖然他沒有高中文憑，卻讀過兩所小型大學——以他貧困的家境來看，這可能是他負擔得起最好的學校。第一所是美國大學（American University，與華府一所同名大學無關）；這所大學強調**克己**（temperance），甚至教「關於喝酒的政治經濟學原理」。該校刊登於全國媒體的廣告中，鼓勵「家長將頑劣的兒子送到美國大學管教」。第二所是密里根大學（U. of Milligan）。奈特畢業時，校長形容他是「我教過最好的學生……讀書最勤……有淵博的技術知識，也有實際經商的才能」。

奈特自稱，會成為經濟學家是因為他的腳無法應付種田粗活。攻讀經濟學之前，他還在康乃爾大學念過哲學研究所，但是一位教授勒令他：「不許那麼多話，否則就別待在哲學系！」之後，他就轉到經濟系。但真正給他惹上麻煩的，還不止他那尖銳高細的嗓音，有位教過他的哲學教授預言：「一經他的手，真正的哲學精神就會毀於一旦。」奈特有股無可救藥的憤世嫉俗之氣。一位比較同情他的教授有次告訴他：「你生長在那種惡劣環境下，凡是有頭腦的人，都不免對世上每一件事充滿懷疑。」

奈特一九一九年開始在愛荷華大學教經濟學，一九二八年轉往芝加哥大學。一九七二年，他以八十七歲高齡去世時，仍在該校教書。他有次說：「這比靠做工謀生好。」他的教材常準備不足，授課漫無章法，像鄉下人般東拉西扯，還穿插許多拙劣的笑話。

雖然奈特很早就接觸宗教，而且畢生都在研究宗教，但他卻頑強的跟一切有組織的宗教形式敵對。他在一九五〇年以美國經濟學會（American Economic Association）會長身分發表演說時，把教皇比作希特勒（A. Hitler）和史達林（J. Stalin）。他曾說，他覺睡不好都怪宗教：「該死的宗教。我就是沒法子不想它。」

他是個暴躁易怒、工作投入、非常誠實的人，特別看不起那班自命不凡的傢伙。他聲稱經濟理論不難懂，也不複雜，只不過大多數人基於私利，不願承認「簡單得讓人不好意思」的道理。看到鐫刻在芝大社會學大樓一面石碑上的凱爾文（Lord Kelvin）名言──「不能度量的知識……因不夠周詳而無法令人滿意」──奈特諷刺的把它解釋為：「唉，再怎麼沒法子度量，也要想辦法度量。」

不確定狀況下如何做決策？

奈特的尖酸和對道德價值的關懷，使他格外難以接受資本主義的自私和經常出現暴力傾向。他對市場中買方和賣方的自利（self-interest）動機，都很瞧不起，可是他又相信只有自利能解釋這一系統的運作。然而他還是擁護資本主義，因為更不能容忍其他的替代模式。

奈特沒有興趣為自己的理論發掘經驗證據。他對人類的理性和一致性有太多懷疑，根本不相信度量他們的行為有任何價值可言。他最尖刻的冷嘲熱諷，保留給一批「企圖把持經濟學的人，他們抱持我無法接受、極為膚淺的觀念，妄想將自然科學的觀念轉換成人文科學」。

奈特在一九一六年於康乃爾提出的博士論文中，就很明顯寫出上述這番話反映的態度──這篇論文後來於一九二一年出版，即《風險、不確定性與利潤》（*Risk, Uncertainty and Profit*）一書，也是學術界首開先河，談論「不確定狀況下如何做決策」的第一部重要著作。

奈特從風險與不確定的立足點開始分析：「我們必須從一個與大家熟知的風險觀念截然不同的角度來看不確定性，兩者一直不曾做適當的區分……乍看之下，一種**可以度量**的不確定性，或『風險』本身……跟**無法度量**的不確定性差異極大，後者甚至根本不能說是不確定性。」

奈特對不確定性的強調，跟當時的主要經濟理論簡直背道而馳。後者著重在完全確定的狀況下，或根據已確立的機率法則做決定──今天經濟理論的某些領域還保留著這種傾向。借用阿羅的話說，奈特認為，機率的計算無法「反映人類心靈面對未知時，勇於嘗試與創造的本質」。毫無疑問的，奈特的心靈屬於二十世紀。

依賴過去的經驗非常危險

奈特認為，在一個有那麼多決策仰仗對未來的預測的系統裡，經常會出現驚奇。他對古典經濟學的主要不滿，就是它太簡化事實，強調所謂的「完美競爭」，假設「競爭體系中的每個成員都無所不知」。古典經濟學中，買方與賣方、工人與資本家，永遠都擁有他們需要的全部資訊。在未來不可知的狀態下，結果就由機率決定。甚至馬克思（Karl Marx）的動態古典經濟學，也絕口不提預測。在馬克思的版本裡，工人與資本家處於永恆的對峙，每個人都知道劇情的發展，每個人都無法改變結局。

奈特指出，預測的難度不僅在於無法靠數學命題預測未來而已。雖然他沒有明白提到貝葉斯，但他很懷疑評估過去事件發生的頻率，真能告訴我們些什麼。他堅持，先驗的推理不能消除未來的模糊性。所以，他認為依賴過去的經驗非常危險。

為什麼？以過去經驗為依據的「外推法」（extrapolation）是判斷未來最常用的方法。以經驗推論的能力是成人與孩童的主要差別。有經驗的人知道，通貨膨脹跟高利率有關；選賭友跟選配偶一樣，應重視品德；烏雲滿天經常代表天氣要變壞；在市區道路上開快車很危險。

企業經理人常以過去推估未來，卻也往往未能察覺狀況已開始改變，有時從壞變好，有時從好變壞。他們總是通過轉捩點之後才恍然大悟。要是他們對即將來臨的變化更敏感些，獲利狀況就不至於經常大起大落。商業界的驚奇層出不窮，更證明了不確定性的主導力量大於數學機率。

奈特解釋，理由是這樣的：「任何『例子』……都是獨一無二的，所以不會有其他案例，或足夠數量的類似案例供我們記錄，以充當推論的基礎，計算出我們感興趣的案例的真正機率。**很明顯的，同樣情況不**

僅適用於商業決策，也適用於絕大多數理性行為。」

數學機率都與同類型事件的大量獨立觀察有關，例如丟骰子──奈特稱之為「確定性明白無疑」（apodeictic certainty）的機率遊戲❶。但沒有一次事件會跟稍早的事件──或未來發生的事件──完全一致。任何狀況下，人生太短暫，我們來不及收集這種分析所需的大量樣本。我們或許可以說：「我們有六〇%的信心，明年利潤會上揚」，或「六成的產品明年銷售會增加」。但奈特堅持，這種預測的錯誤「跟機率或選擇完全不一樣……客觀意義上，討論一項判斷有多大機率為正確無誤，根本沒意義，而且會產生嚴重的誤導」。奈特像阿羅一樣，不喜歡含糊的迷霧。

市場價格變動無常

奈特的觀念跟金融市場特別有關，因為所有的財務決策都反映對未來的預測，也常遇到驚奇。巴舍利耶早就說過：「顯然市場最可能考慮的價格，就是真正的市價；如果市場不這麼想，就不會報這個價，而報另一個較高或較低的數字。」有價證券價格的預測若獲得共識，就代表只要預期的事件發生，價格就不會變。股票與債券的價格變動無常，就證明預期的事沒發生，而投資人搞錯了。「變動」就是不確定性的化身，必須在度量投資風險時列入考慮。

維多利亞時代的高爾頓預期價格會在固定的平均值周遭變動，但奈特和巴舍利耶都不是出身於維多利亞時代，對於主流趨勢是否存在，哪種主流趨勢占上風，都不表意見。關於變動，接下來還有得談。

❶奈特很少用這種晦澀難懂的話語。「明白無疑」意味著因為邏輯確定而無可爭辯，必然真實。

對凱因斯的偏見

一九四〇年，芝加哥大學決定頒贈凱因斯一個榮譽學位時，奈特透露他非常不喜歡凱因斯。他還為這件事寫了一封囉唆的信，向芝加哥大學經濟系主任瓦伊納（Jacob Viner）抗議。奈特聲稱，瓦伊納要為頒贈凱因斯榮譽學位的決策負最大責任，所以也是「表達這消息帶給我的震驚最適當的對象」。

奈特不滿的表示，凱因斯的著作，以及學界與決策者對他論點的激賞，造成「一個近年最讓我頭痛的問題」。他承認凱因斯「創新與辯證方面的才能都極為出眾」，但他抱怨說：「我逐漸發現，這種能力用於虛妄和破壞性的目標，實在是整個教育規畫最大的危機……我特別是指凱因斯先生有關金錢和貨幣理論的觀念……就好比是把堡壘的鑰匙，交給正攻打城門的非利士人（Philistines）❷。」

雖然芝加哥大學的自由市場經濟學家，大都不同意凱因斯所提「資本主義體系需要政府經常干預才能生存」的觀念，但他們也不像奈特那麼輕蔑他。他們認為凱因斯是位經濟理論的傑出改革者，凱因斯得到這個榮銜可說是實至名歸。

奈特很可能只是妒忌，因為他跟凱因斯採取相同的哲學觀點。例如，他們都不信任以數學機率為根據，或以假設的確定性為決策指南的古典理論。他們也都看不起「統計平均值的人生觀」。凱因斯在一九三八年寫的一篇叫作〈我早年的信念〉（My Early Beliefs）的散文中，譴責古典經濟學假設人性合理是「捕風捉影，而且錯得離譜」。他引證「深刻而盲目的激情」、「大多數人會突如其來變得瘋狂而無理性的邪惡」來支持自己的論點。抱持這種觀點的人，是不可能把堡壘的鑰匙交給攻打城門的非利士人的。

凱因斯區分風險與不確定，比奈特更清楚，或許是奈特對他不高興的原因之一。更有甚者，奈特發現凱因斯在《就業、利息與貨幣的一般理論》中，只提到他的名字一次，而且是在注腳裡，並說他一篇討論利率的論文是「標準的傳統、古典模式」，想必奈特一定氣壞了。雖然凱因斯也承認，這篇論文「對資本的本質有很多有趣而深刻的觀察」，但他從十五年前就披荊斬棘、開拓風險與不確定性的領域，難道只值這麼一句評語嗎！

得天獨厚的凱因斯

凱因斯的出身環境跟奈特可說是天壤之別。他一八八三年誕生於一個富裕且有聲望的英國家庭，祖先曾與征服者威廉一起登陸英國。凱因斯傳記作者史紀德斯基（Robert Skidelsky）形容，凱因斯「不僅是既得利益的一分子，也是他所出身的每一個既得利益團體中的菁英分子。他簡直無時無刻不是居高臨下的俯瞰英國和全世界」。凱因斯的密友若非首相、金融家，就是羅素（Bertrand Russell）、維根斯坦（Ludwig Wittgenstein）等哲學大師，還包括史特雷奇（Lytton Strachey）、傅萊（Roger Fry）、葛蘭特（Duncan Grant）、吳爾芙（Virginia Woolf）等藝術家與作家。

凱因斯在伊頓和劍橋受教育，跟一流學者攻讀經濟學、數學、哲學。他也是一位出色的散文家——這在他呈現那些引起廣泛爭議的觀念與命題時表露無遺。

凱因斯踏出校門後，在英國財政部任職甚久，曾奉派出使印度，第一次世界大戰期間，他曾積極投入財政部各項活動。戰後，他以財政部主要代表的身分參加「凡爾賽和約」協商。他發現和約內容報復心太強，確信這麼做只會造成經濟混亂、政局不安，便辭去工作，寫了《和平的經濟後果》（*The Economic Consequences of the Peace*）一書。這本書立刻成為暢銷書，確立了凱因斯的國際聲望。

❷ 譯注：古巴勒斯坦南方的民族，是猶太人的強敵，在此亦比喻強敵。

制定國際貨幣體系

凱因斯隨即回到他心愛的劍橋大學國王學院任教、寫作，並擔任學院的會計長兼投資主管，同時還是一家大保險公司的董事長兼投資經理。他積極投入股市，但私人資產卻免不了大起大落——跟很多同時代的知名人物一樣，他也未能預測到一九二九年的經濟大蕭條。不過，他透過匯市投機，為國王學院賺了不少錢。一九三六年，凱因斯把繼承的一小筆款項經營成相當於今天一千萬英鎊的財富。第二次世界大戰期間，英國的戰時財政由他一手設計，並爭取到美國在戰後立刻提供大筆貸款給英國；戰後國際貨幣體系「布雷頓森林協議」（Bretton Woods Agreements）的制定，也大半出自他的手筆。

凱因斯的點子來得又快又多，以致他經常跟自己稍早的寫作或言談自相矛盾。這倒不會令他不安。他寫道：「人家說服我相信自己犯錯的時候，我就立刻改。**你**會怎麼辦？」

《機率論》

一九二一年，凱因斯完成一部名叫《機率論》（*A Treatise on Probability*）的書。他從劍橋大學畢業不久，就開始寫這本書，一共投注了將近十五年心血；甚至連出國旅行，包括有次跟畫家葛蘭特騎馬橫渡希臘時，都隨身帶著書稿。他特別著重表達新觀念的清晰，這是他畢生奉行在劍橋受到的哲學訓練，後來他回憶道：「我們最常說的一句話就是：『你**到底**是什麼意思？』如果經過比對檢驗，發現你的表達不**精確**，我們就懷疑你根本沒什麼可資表達的。」

《機率論》精闢的探討機率的意義與應用，全書大部分都在評論這一領域較早的作者，其中很多人本書都已介紹過。凱因斯並不像奈特那樣把風險和不確定性分成兩類，而是在考量未來時，比較不精確的把

「可以界定的」跟「不可界定的」分開。但凱因斯跟奈特一樣，都對依賴過去事件的發生頻率做決策感到不耐：他認為高爾頓的豆莢類比只適用於自然界，不適用於人類。他反對用過去事件做分析，但很贊同根據現有的「推論」（proposition）來預測。他的口頭禪是「信心水準——亦即所謂的先驗機率」。

凱因斯一開始先批評傳統的機率觀念：我們很多老朋友都深受其害，包括高斯、巴斯卡、凱特爾、拉普拉斯等。他宣稱機率理論跟現實生活脫節，尤其「拉普拉斯學派那種草草了事而誇大其詞」的用法。

未來事件的機率沒有客觀可言——「也就是說，完全隨當事人的心態決定」——但我們出於無知，所以不懂機率真正的意義；我們只會死守估計的數值。凱因斯建議說：「若不借助直覺或直接下判斷，簡直沒有別的法子找出特定的機率……推論不會因為我們以為它可以實現就能實現。」

凱因斯建議「丟開理論家的觀念，追隨務實者的經驗」。他嘲弄大多數保險公司計算保費用的那種「四平八穩」（seat-of-the-pants）的方法。他認為，即使兩名智力相當的掮客也不會每次都算出一致的結果：「只要保費**高於**可能的風險就夠了。」他引用一九一二年八月二十三日，勞埃保險社對有三位候選人的美國總統大選做的選情預測：三人的勝算加起來是一一○%！還有商船「瓦拉塔號」（Waratagh）在南非近海失蹤，當船隻殘骸逐一浮現時，卻有謠言傳出，說有另一艘船曾遇到類似狀況，但未受到嚴重損害，繼續在海上漂浮達兩個月才被人發現；保險市場對這艘船的再保險率，幾乎每個小時都有變化，但儘管市場對瓦拉塔號沉沒的機率估計值大起大落，這艘船沉沒的事實卻始終未變。

凱因斯對大數法則也頗多微詞。類似的狀況曾經一再發生，不見得代表它將來也一定會發生。相反的，我們只能在發現「每次一連串新事件都跟過去事件有相當程度的不同」時，才能對某種結局更有把握。

算術平均數被他抨擊得體無完膚，指為「極不可取」。我們不能把一連串觀察相加，然後用總和除以觀察次數，而應該是「如果……估計值相乘，而不是相加，則能賦與等值的假設等值的考量」。沒錯，算術平均數比較好用，但凱因斯引用一位法國數學家的觀點：解析的工夫難不倒大自然，所以也難不倒人類。

機率仰賴判斷

凱因斯反對前輩在討論機率理論時使用「事件」一詞，因為它暗示預測必然取決於過去的發生次數。他偏好用可以反映對**未來**事件機率的信心程度的「推論」一詞。任教於格林奈學院（Grinnell College）的經濟學家貝特曼（Bradley Bateman）指出，凱因斯心目中的機率，正是我們分析與評估展望的基礎。

如果凱因斯相信機率反映對未來的信心程度，過去事件只提供一小部分的資料，我們或許會下結論認為，他把機率視作一種主觀的信念。事實並非如此。雖然他在很多方面都很現代化，但不時還會洩漏他的維多利亞背景。他在寫《機率論》時，相信所有理性的人都會適時認清某種結局的正確機率，因而達到相同程度的信心。「一旦獲得決定我們知識的事實，每種情況的可能與否就有客觀的標準，不受個別意見影響。」

後來凱因斯屈服於外界對這一不切實際的觀念的批評，開始把焦點放在不確定性如何影響決策，從而影響世界經濟。他在《機率論》中提到：「機率、重量、風險等觀念，都仰賴判斷」，而「信心水準的基礎就是人類素養的一部分」。凱因斯的多年老友、統計學家朗格（Charles Lange）曾透露，他很慶幸「凱因斯沒有喜愛代數勝過愛地球」。

現實世界充滿不確定性

凱因斯的經濟觀自始至終都環繞著不確定打轉——例如一家人儲蓄多少、開銷多少的不確定性，例如一家人未來會在什麼時候、花掉多少儲蓄的不確定性。還有最重要的，例如任何特定數量的資本財能產生多少利潤的不確定性，各家企業關於花多少成本（以及什麼時候花）興建新廠房、購置新機器、新技術、製造新產品的決策，以構成一股經濟的動力。不過，這些決策基本上是不可逆轉的，再加上缺乏可供顯示決策能否如預期發展的客觀機率指標，使它們具有極高的風險。

正如奈特在凱因斯出版《就業、利息與貨幣的一般理論》十五年前即發表的論點，「經濟學上不確定問題的根本，就在於經濟活動本身往前看的特性。」因為經濟環境不斷在改變，所有經濟數據都局限於它們本身的時代，因此將其做為通盤的基礎非常不可靠。真實時間就比抽象時間來得重要，從過去抽離的樣本的意義並不大。即使昨天有七五%的機率，明天的機率仍是未知數。一個不能依賴過去事件分布頻率為準的系統，不但本質易變，而且驚奇頻頻發生。

對凱因斯而言，無論過去、現在、未來都被非人性的時間機器糅合在一起，而成為單一時刻的假設性經濟系統，完全沒有用。非自願失業與獲利不如預期的現象太常發生，經濟就不能如古典經濟學家的設想發揮作用。如果一般人決定多儲蓄、少花錢，消費會減少，投資也會低迷。即使儲蓄傾向提高，利率也未必會下降。凱因斯指出，利率獎勵的是放棄流動性，而不是節制消費。即使利率真的下跌，也未必跌到足以使企業經理願意冒險，在死氣沉沉、更換新決策成本高昂的經濟環境中，投入更多資金。決策一旦做成，就創造出新的環境，沒有機會重返舊環境。

投資低迷的另一個原因，可能是企業已用罄所有牟利的手段。凱因斯曾指出：「中世紀蓋教堂、唱輓歌……給死人做兩次彌撒，是做一次彌撒的效果加倍；但若從倫敦到約克郡鋪兩條鐵路，意義就大不相同。」同樣的觀念也出現在經濟大蕭條期間流行的歌曲〈兄弟，賞我一毛錢好嗎？〉（Brother, Can You Spare a Dime?）裡：「我蓋過一座華廈，高樓平地起。我蓋過一條鐵路，火車去如飛。」

凱因斯和他的門生專注於討論金錢與合約，藉以證明現實世界的主要典範是不確定性，而非數學機率。利用法律保障的協議維持流動性和確立未來安排的欲望，證實了不確定性在我們決策中的地位。我們不願意再受過去事件發生頻率的左右。

凱因斯反對所有忽視不確定性的理論。他指出：「古典理論在科學預測上醒目的敗績，積年累月以來，已嚴重破壞了古典理論家的聲望。」他說古典經濟學家就像伏爾泰筆下的憨第德，他們「放棄俗世，專心耕作自己的一方園地，說是一切都是為了所有可能世界中最好的一個世界的益處，只要沒有人管我們」。

凱因斯對憨第德式的世界十分不耐，他建議採取跟放任主義背道而馳的一連串行動：政府扮演更主動的角色，不但用政府的需求取代消退中的民間需求，也要減少經濟來自國外的不確定性。我們逐漸發現，凱因斯開的藥方有時比疾病本身還糟糕，而且他的分析還有其他不易見的錯誤。但這些都不足以抵消他對經濟理論和理解風險的重大貢獻。

在全章僅一段、一氣呵成的《就業、利息與貨幣的一般理論》的第一章，凱因斯寫道：「古典理論的特質，恰巧與我們實際生存其中的經濟社會的特質格格不入，以致我們試圖將它的教誨應用於事實經驗時，不但誤導，還造成災難。」以一九三六年的世界局勢而言，凱因斯不可能做出其他結論。不確定性成為新經濟理論的核心，已是勢在必行。

「我們就是不知道」

一九三七年，凱因斯回應外界對《就業、利息與貨幣的一般理論》的批評，把自己的觀點做一總結：「我所謂『不確定』……不是為了區分已經確知的事和僅為可能的事。在這層意義上，賭輪盤與不確定無關……我用這個詞指的是，歐洲再度爆發大戰的前景不確定，或二十年後的銅價或利率是多少，或一種新發明會不會變成廢物的那種不確定……這些事完全沒有科學基礎可資計算機率。我們就是不知道！」

「我們就是不知道」這說法的背後，是一個偉大的觀念。凱因斯這番話不是為了嚇我們，而是絕大的好消息。我們不是無法避免未來的囚徒，不確定性放了我們自由。

遵守自然法則

考慮其他出路吧。從巴斯卡到高爾頓，所有思想家都告訴我們，機率法則能夠運作，因為我們對下一把骰子會丟出什麼，或我們下一次發生度量上的錯誤會在何處，或所有事物都會回歸到呈靜止的常態，都完全無法控制。在這樣的環境裡，人生每件事就像伯努利裝石頭的罐子：我們可以任意掏出任一塊石頭，但我們無法選擇它的顏色。正如拉普拉斯提醒我們：「每一件事，甚至那些微不足道得好像不需要遵守自然法則的小事，都跟太陽的運轉一樣，是自然律的結果。」

這就是「凡事無可避免」的觀念。如果每件事都遵守機率，我們豈不就像原始人——或賭徒——除了在神祇面前念經，別無他法可想。不論我們做什麼事、下什麼判斷、如何生氣勃勃，最終的結果都不會有什麼不一樣。這樣的世界也許顯得很有秩序，機率可以用精密的數學方程式分析，但我們就像關在沒有窗戶的牢房裡——說不定是十億年前一隻蝴蝶拍動翅膀造成的命運。

多無聊啊！但謝天謝地，純機率的世界只存在紙上，或可視為對自然界一個不完整的描述。它跟呼吸、流汗、焦慮，或創意十足的人類為走出黑暗而做的種種掙扎，都毫無關係。

這是好消息，不是壞消息。我們一旦了解自己沒有義務承擔轉輪盤的結果，也不必接受發到手上的那副牌，我們的靈魂就自由了。凱因斯的經濟處方告訴我們，我們做決策的時候**真的**改變了世界。改變是好是壞，決定權在我們。輪盤再怎麼轉都與此無關。

第14章

遊戲人間的馮・紐曼

前一章談到奈特決心把不確定性提升到風險分析與決策的核心地位，凱因斯也投入無比的精力，以無礙辯才抨擊古典經濟學家的錯誤假設。但是，在經濟大蕭條直到第二次世界大戰那段動盪不安的歲月裡，對理性行為和度量萬能的信念仍舊持續著。不過，這方面的理論至此開始分道揚鑣，一路是凱因斯的信徒（「我們就是不知道」），另一路以傑文斯的門生為主（「愉悅、痛苦、勞動力、效用、價值、財富、金錢、資本等，都是建立在量化的觀念」）。

緊接著凱因斯出版《就業、利息與貨幣的一般理論》後的四分之一個世紀裡，世人對風險與「不確定性」的理解向前邁進一大步，這就是維多利亞時代深植人心，「以度量為解釋人類行為必備工具」的信念中的一個實務範式。這套理論著重決策，但是跟其他許多從機率遊戲發展出來的理論卻截然不同。

賽局理論始於十九世紀，但卻與早期將數學必然性與決策相結合的做法，有相當大的分歧。在丹尼爾・伯努利和傑文斯的效用理論中，個人在孤立狀態下做選擇，對別人會怎麼做渾然不知。但在賽局理論中，兩個以上的人會嘗試同時將彼此的效用提升至最高，他們非常清楚其他人在做什麼。

賽局理論賦與「不確定性」新的意義。早期的理論把不確定當作生活的一部分，根本不嘗試去辨識它的來源。賽局理論則說，**不確定的真正來源就是其他人的企圖**。

從賽局理論的觀點，幾乎我們做的每個決策，都是一連串跟別人做交易，各取所需，藉以減少不確定的協商。就像下棋或打撲克牌，現實生活是一場綜合契約與握手的策略遊戲，保護我們不被人欺騙。

但跟下棋或打牌不一樣的是，我們在賽局中成為「贏家」的機會極小。挑選我們以為會帶來最高報酬的變通辦法，其風險往往高得不得了，因為這可能迫使我們一旦得逞所願，就注定要面對落敗的其他玩家最強烈的防禦。因此，我們常接受妥協的出路，從惡劣的條件中牟取最佳利益──賽局理論用「極大極小」（maximin）或「極小極大」（minimax）來描述這樣的決策。類似的情況還有賣方─買方、房東─房客、丈夫─妻子、借方─貸方、通用─福特、父母─子女、總統─國會、司機─行人、老闆─雇員、投手─打擊手、獨奏─伴奏等。

怪傑馮．紐曼

發明賽局理論的是馮．紐曼（John von Neumann, 1903-1957），一位卓有貢獻的物理學家。一九二〇年代，他在柏林促成量子力學的發現；美國製造第一枚原子彈以及後來製造氫彈，他都扮演了重要角色。他也發明了數位電腦，在氣象學和數學方面都極具造詣，能做八位數乘以八位數的心算，還喜歡講猥褻笑話和背誦色情打油詩。他跟軍方合作期間，不喜歡陸軍，而只喜歡跟海軍將領打交道，因為海軍將官的酒量比較好。為他作傳的馬克雷（Norman Macrae）形容他「對每個人都彬彬有禮，只除了……兩位長年受他折磨的妻子」。一位妻子有次說：「他什麼都會算，除了卡路里。」

有位對機率分析興趣濃厚的同事，有次請馮．紐曼為「確定性」下定義。馮．紐曼說，若設計一座房子，並確定客廳地板不會塌，他建議的方法是：「計算一座平台式大鋼琴加上六個男人站在上面唱歌的總重量，然後乘以三倍。」這樣就可保確定。

馮．紐曼生於布達佩斯一個富裕、有教養的快樂家庭。當時布達佩斯是歐洲第六大城，繁榮且蓬勃發展；擁有全世界第一條地下鐵路運輸系統，識字率高達九成；猶太人占總人口四分之一以上，包括馮．紐曼家族在內。不過馮．紐曼對自己的猶太人出身，除了當笑話題材外，一向不介意。

曼哈頓計畫製造原子彈

第一次世界大戰前的布達佩斯不只出了他一個怪才人傑。跟他同一輩的有著名物理學家西勞德（Leo Szilard）❶、泰勒（Edward Teller）❷，還有許多娛樂界名人，諸如索爾蒂（Georg Solti）❸、盧卡斯（Paul Lukas）❹、霍華德（Leslie Howard，本名Lazlo Steiner）❺、朱科爾（Adolph Zukor）❻、科達（Alexander Korda）❼，以及一代豔星莎莎．嘉寶（ZsaZsa Gabor）。

馮．紐曼在柏林就讀一流的理工大學，連愛因斯坦在這兒申請研究獎助都被刷掉。他接著前往哥廷根大學，認識了海森堡（Werner Heisenberg）❽、費米（Enrico Fermi）❾、歐本海默（Robert Oppenheimer）❿等多位傑出科學家。他一九二九年第一次訪問美國時，就愛上了這個國家，下半生除了為美國政府工作那段期間，都在普林斯頓大學高等研究所（Institute for Advanced Study）度過。他一九三七年在這所學院的起薪是一萬美元，相當於今天十萬美元的購買力。愛因斯坦一九三三年被聘入這機構時，要求的待遇是三千美元，結果他拿到一萬六千美元。

一九二六年，馮．紐曼在哥廷根大學數學學會發表的一篇論文中，第一次提出賽局理論；當時他二十三歲，這篇論文於兩年後出版。魁北克大學研究賽局理論歷史的專家李納德（Robert Leonard）表示，寫作這篇論文絕非「突發奇想」，而是馮．紐曼把生生不息的想像力用於解決一個德國和匈牙利數學家鑽研已久的問題的成果。很顯然的，這問題的吸引力主要是在數學方面，跟決策幾乎沒什麼關係。

雖說乍看之下，這篇論文的主題有點瑣碎，事實上非常複雜與精確，主題是尋求玩一種叫作「銅板配對」（match-penny）的兒童遊戲的理性策略。兩個玩家同時翻轉一枚銅板，如果兩枚銅板都是正面或反面，玩家甲就贏了；如果兩枚銅板翻出的面不一樣，玩家乙就獲勝。我小的時候也玩一種類似的遊戲，我跟玩伴輪流喊「單！」或「雙！」，決定後，各出一根手指或兩根手指，猜對就贏了。

根據馮．紐曼和一個「起碼有點腦筋的對手」玩「銅板配對」的遊戲，獲勝的訣竅不在於猜出對手的

❶ 譯注：一八九八—一九六四，曾參與核連鎖反應與人造放射性同位素分離法研究，後來加入製造原子彈的「曼哈頓計畫」。

❷ 譯注：一九〇八—二〇〇三，有「氫彈之父」之稱，一九三九年與西勞德、愛因斯坦等人上書羅斯福總統，主張發展原子彈，並參與「曼哈頓計畫」製造第一枚原子彈。

❸ 譯注：一九一二—一九九七，鋼琴家及指揮家，曾錄製大量唱片。

❹ 譯注：一八九四—一九七一，一九四三年時曾以《守望萊茵河》（*Watch on the Rhine*）一片榮獲奧斯卡影帝。

❺ 譯注：一八九三—一九四三，英國舞台及電影演員，主要作品包括《哈姆雷特》、《羅密歐與茱麗葉》、在電影《亂世佳人》中飾演衛希禮。

❻ 譯注：一八七三—一九七六，派拉蒙電影公司創辦人，畢生致力電影製作，擔任派拉蒙董事長直到一百零三歲去世為止。

❼ 譯注：一八九三—一九五六，電影導演，曾在德、英、美拍片，後創立倫敦電影製片廠，英國冊封他為爵士。

❽ 譯注：一九〇一—一九七六，德國物理學家、哲學家，提出「測不準原理」，是創立量子力學的功臣。

❾ 譯注：一九〇一—一九五四，出生在義大利的美國理論物理學家，發現核子連鎖反應，一九三八年獲諾貝爾獎，曾參與第一枚原子彈製造工作。

❿ 譯注：一九〇四—一九六七，原籍德國的美國物理學家，主持「曼哈頓計畫」，為美國製造第一批原子彈。

企圖，而是不讓對手猜到你的企圖。因為一心求勝，而忽略了避免敗績——值得注意的是，如何面對失敗的可能，在此首度以風險管理之姿出現。所以你應該隨機出正面或反面，模擬一台有系統的五〇%的機率掀出銅板任一面的機器。用這種策略，你不見得能贏，但也未必會輸。

理性決定報酬率

如果你試圖藉著在十次之中出六次正面來獲勝，對手很容易看穿你的詭計而輕易獲勝。如果銅板顯示正反面不成對就該他贏，他可以每十次中出六次反面；如果銅板兩面相同該他贏，他也可以做到每十次出六次正面。

所以，**玩家雙方**唯一合理的選擇，就是以隨機方式亮出正面或反面。然後，長時間下來，銅板會有一半時間配成對，一半時間不配成對。

馮．紐曼以這個範例做的數學貢獻在於，證明這是兩名玩家從事理性決策唯一可能的結果。這種遊戲之所以有一半一半的報酬率，不是基於機率法則，而是由參加遊戲者自行決定。馮．紐曼的論文清楚的說明了這一點：「……即使遊戲規則不合『賭博』（亦即無需從罐子裡抽籤）的成分……對統計的依賴也是遊戲（甚至放諸全世界皆準）的一部分，所以沒必要再刻意誘導。」

與摩根斯頓合作

馮．紐曼的論文引起廣大的注意，可見他選中了重要的數學議題——後來他才發現，賽局理論遠不止數學而已。

一九三八年，馮．紐曼在高等研究所跟愛因斯坦和其他朋友應酬時，遇到了德國出生的經濟學家摩根斯頓（Oskar Morgenstern）。摩根斯頓立刻就對馮．紐曼佩服得五體投地。他頓時迷上了賽局理論，並告訴馮．紐曼他想寫一篇這方面的論文。雖然摩根斯頓的數學造詣還不夠承擔這份大任，但他說服馮．紐曼跟他合作——他們的合作關係一直持續到大戰期間。他們努力的成果就是《賽局理論與經濟行為》（*Theory of Games and Economic Behavior*），這本書是賽局理論在經濟與商業決策上應用的經典名著。他們在一九四四年完成這部洋洋灑灑六百五十頁的巨著，但因戰時與戰後紙張匱乏，普林斯頓大學出版社遲遲未決定出版這本書。最後還是洛克斐勒（Rockefeller）家族有人出面，以私人身分贊助出版，才終於在一九五三年問世。

馮．紐曼對經濟學的題材並不陌生，他早年就對經濟學頗感興趣，並曾試圖用數學建立經濟成長模型。但是，物理學家和數學家的本分讓他還是把重心放在平衡的觀念。他寫道：「經濟學從頭到尾談的都是量，它實質上是一種數學，不過採用不同的語言罷了……就跟統計力學（statistical mechanics）類似。」

摩根斯頓，一九〇二年出生於德國，但在維也納成長與受教育。一九三一年，他已有相當高的聲望，繼海耶克（Friedrich von Hayek）之後，成為聲譽卓著的維也納景氣循環研究所（Viennese Institute for Business Cycle Research）主任。雖然他信奉基督教，有點反猶傾向，但在一九三八年，德國入侵奧地利後，就前往美國，不久便在普林斯頓大學經濟系謀得一份教職。

經濟預測改變未來

摩根斯頓不相信經濟學可用於預測商業活動。他指出，消費者、企業經理人、決策者都會把預測列入考慮，以調整他們的決策與行動，而這又會導致預測者改變他們的預測，而大眾又會相應採取新的對策。摩根斯頓拿這種持續不斷的回饋，跟小說中的名偵探福爾摩斯與邪惡博士莫里亞提鬥智相提並論。因此，經濟學的統計方法除了描述狀況，別無大用，「但頑固派人士似乎沒有察覺這個事實」。

摩根斯頓很看不起十九世紀經濟理論奉為圭臬，認為預測可臻完美之境的假設。他堅持，沒有人能知道，別人在任一特定時刻會怎麼做。「所以無限預知的能力與經濟平衡互為矛盾」這個結論贏得奈特的讚賞。奈特並主動表示，願將摩根斯頓這篇論文從德文譯成英文。

摩根斯頓似乎不是個討人喜歡的人。著有長期暢銷的經濟學教科書的諾貝爾獎得主薩繆爾森（Paul Samuelson），有次形容他「活像拿破崙……總是擺出物理學家的權威嘴臉」[11]。還有一位同輩的人回憶道，普林斯頓經濟系「恨透了摩根斯頓」。摩根斯頓則抱怨，別人不夠關注他心愛的傑作。一九四五年，他訪問哈佛歸來後表示，「他們沒有一個人」對賽局理論感興趣。他在一九四七年說，有個叫羅普克（William Röpke）的經濟學同僚揚言，賽局理論無非是「維也納咖啡館裡聊的閒話」[12]。一九五〇年他訪問鹿特丹一個知名經濟學家組成的團體，發現他們「根本不想了解賽局理論，因為這令他們不安」。

雖然摩根斯頓熱中於把數學應用於經濟分析——凱因斯對預期的處理不夠嚴格，備受他輕蔑，並批評《就業、利息與貨幣的一般理論》「不忍卒讀」——但他老是看不懂馮．紐曼指點他吸收的先進材料。整個合作過程中，摩根斯頓都把馮．紐曼奉若神明。有次他寫道：「馮．紐曼是個神祕的人。一碰到科學，他就變得全神貫注、頭腦清晰、精力過人，但下一刻他又耽溺在白日夢裡，說些古里古怪、膚淺的話……真是令人不解。」

賽局理論分析人性

賽局理論中乾淨俐落的數學與張力十足的經濟結合，就像熱中經濟的數學家跟熱中數學的經濟學家合作，可說是天造地設。但撮合兩者的誘因，用摩根斯頓的話說，卻是來自對數學應用於經濟學「備受冷落」

的共識。

說穿了，最重要的動機就是渴望使數學在社會學，跟在自然科學一樣稱王。雖然今天很多社會科學家樂於採用數學方法，但一九四〇年代末，賽局理論首度廣泛引進時，面臨的主要阻礙同樣來自這方面。當時在學術界稱霸的凱因斯就堅決反對用數學方法描述人類行為。

《賽局理論與經濟行為》鼓吹的就是把數學用於經濟決策。馮．紐曼和摩根斯頓把經濟的人性面與心理因素不能以數學分析的論調，斥為「徹頭徹尾的錯誤」。他們拿二十世紀前半的經濟學跟十六世紀以前的物理學，或十八世紀以前的化學與生物學，缺乏數學方法的慘況相提並論——「非改善不可」。

馮．紐曼和摩根斯頓指出，外界只因為「普通人……都迷迷糊糊的從事經濟活動」，所以才認為嚴謹的演算過程和強調數量不切實際。事實上，普通人對光與熱的感覺也很含糊：「為了建立物理科學，熱與光這兩種現象必須加以度量。然後，每個人開始直接或間接的利用這些度量的結果——甚至在日常生活中。將來經濟學也會有相同的發展。一旦借藉助測量的理論，對人類行為有完整的了解，每個人的生活都會發生實質的改變。所以這絕非偏離正題。」

測量效用的例子

《賽局理論與經濟行為》從一個簡單的例子開始，一個人面臨兩種選擇，就像玩「銅板配對」時選擇

⓫ 這種感覺似乎是相互的。摩根斯頓對薩繆爾森的數學知識有所懷疑，抱怨說：「〔馮．紐曼〕說〔薩繆爾森〕對穩定的看法很模稜兩可，」他預言「即使在三十年內他也不會理解賽局理論！」（Leonard, 1994, p. 494）。

⓬ 也是基督徒的羅普克，比摩根斯頓更強調他離開希特勒統治下德國的原因。

正面或反面一樣。但這回馮．紐曼和摩根斯頓更深入探討選擇的本質，所以選的是兩種事件的組合，而非兩種單一的可能性。

他們舉的例子中，一個人喜歡咖啡超過喝茶，喜歡喝茶超過牛奶，同時問他這個問題：「你要一杯咖啡，或一杯裝滿茶或牛奶的機率各占一半的飲料。」他會選擇咖啡。

如果我們調整偏好的順序後，再問一遍相同的問題呢？這個人這回最喜歡喝牛奶，但喜歡喝咖啡超過茶。現在喝咖啡和一半一半喝到茶或牛奶的機會，孰占上風，就不像上一回那麼明顯了，因為現在不確定的選擇中，有一種他非常喜歡（牛奶），還有一種他不喜歡（茶）。我們不斷調整喝到茶與喝到牛奶的機率，找出在何種程度時，兩種選擇對這個人的意義是一樣的，就可以用確切的數值算出，這個人對牛奶的喜愛超過咖啡多少，對咖啡的喜愛又超過茶多少。

我們把這個例子改為測量效用——滿意的程度——就顯得更實際。擁有一塊錢的效用跟擁有第二塊錢（一共兩塊錢）的效用做比較，這個人當然希望擁有兩塊錢，也就相當上例中的牛奶；身無分文相當於茶，也就是最不受歡迎的結果，而擁有一塊錢等於中間的選擇，即咖啡。

再一次，我們要求受測者在確定的事與賭博之間做選擇，但這次選的是保證拿到一塊錢，或賭一場贏了得到兩塊錢、輸了一毛錢也沒有。我們把賭博的勝算訂為五〇％。如果這個人說，得一塊錢或參加賭局，對他沒有分別，那麼他在這種層次的賭博中，對風險的態度就是中立的。根據馮．紐曼和摩根斯頓提出的公式，最受歡迎的結果——在此即為贏得兩塊錢——的機率，就是受測者想得一塊錢（相對於零塊錢），與得兩塊錢（相對於零塊錢）的偏好程度之比。五〇％在此的意義就是，他得一塊錢的欲望是得兩塊錢的欲望的一半。這種情形下，兩塊錢的效用是一塊錢的兩倍。

風險愈高，效用縮水

這種反應換一個人，或換一種場合，可能就有所不同。我們來看看，若是增加涉及的金額、改變賭博的機率，會發生什麼事？假設現在這個人面對保證獲得一百元，以及六七％的勝算贏得二百元，或三三％的機會一毛錢也拿不到時，覺得兩者沒有分別。這場賭局的數學預期值就是一百三十三元；換句話說，這個人對確定結果——一百元——的偏好，比只牽涉到幾塊錢時增加了。贏得二百元的六七％機率，代表他對取得一百元（相對於零元）的偏好，是對獲得二百元（相對於零元）的偏好的三分之二：第一個一百元的效用大於第二個一百元的效用。面臨風險的金額從個位數增加至三位數時，較大金額的效用就縮水了。

這些討論聽來耳熟嗎？沒錯。這兒的推理跟計算「確定等值」時用到的伯努利基本法則完全相同：「增加財富而產生的效用跟原來擁有的財富數量成反比」。這就是規避風險的本質——在某些決策可能招致別人對我們不利時，執行這類決策的意願強度就會偏低。馮．紐曼與摩根斯頓的推理過程，完全符合理性的古典模式，因為理性的人永遠對自己的偏好有清楚的認識，會善用本章描述的方式排妥優先秩序，行事必定明辨輕重先後。

布蘭德妥協矩陣

在普林斯頓大學經濟系任教多年的布蘭德（Alan Blinder），曾與人合著一本廣受歡迎的經濟學教科書，還於一九九四年至一九九六年擔任聯邦準備理事會（Federal Reserve Board）副主席，他曾針對賽局理論提出了一個有趣的例子。這個例子出現在一九八二年出版的一篇論文裡，主題是涉及控制短期利率及通貨供應的貨幣政策，跟涉及平衡政府支出與賦稅收入的會計政策，兩者之間有無可能協調，甚至有沒有必要協調。

這場遊戲的玩家包括聯邦準備系統的貨幣權威，以及就政府支出與賦稅收入有決策權的政治人物。聯邦準備理事會的相關官員，以控制通貨膨脹為主要職責，因而寧可經濟緊縮，也不願經濟擴張。他們的服務年限都很長——理事是十四年，聯邦準備銀行（Federal Reserve Banks）董事長則一直做到退休為止——所以他們相當獨立自主，不畏政治壓力。但相對的，民意代表經常要競選改選，所以經濟擴張對他們較為有利。

遊戲的勝負是由一個玩家逼另一個玩家做出有違己意的選擇。聯邦準備理事會希望賦稅收入大於支出，免得政府鬧預算赤字；預算出現餘額，當然有助於遏阻通貨膨脹，理事會成員也就不會被當作壞人。但是，為改選奔波的政客則希望聯邦準備理事會壓低利率，大量供給貨幣；這種政策能刺激商業活動，提高就業率，解除國會與總統來自預算赤字的壓力就大幅減輕。雙方都不願意對方達成期望。

布蘭德設計了一個矩陣，以表示雙方可能採取的三種政策——緊縮財政、無作為、擴張經濟——的偏好程度。每一方塊對角線上方的數字代表聯邦準備理事會成員的偏好順序、對角線下方的數字代表政客們的偏好順序。

在聯邦準備理事會的排行榜上領先的三種選擇，位於矩陣的左上角，亦即至少有一方採取緊縮政策，而另一方即使不配合緊縮，也至少不唱反調。聯邦準備理事會的理事顯然巴不得政客替他們幹他們的活。政客偏好排行的前三大都位於右下方，亦即至少有一方採取擴張政策，另一方即使不配合，也至少不攪局。政客們顯然希望聯邦準備理事會大事擴張經濟，他們就可坐享其成。在政客偏好中排行最後的三項，都出現在左欄，而聯邦準備理事會最不歡迎的政策，則出現在最下一欄。這種情況下，協調幾乎是不可能的。

聯邦準備理事會

政治人物	緊縮財政	無作為	擴張經濟
緊縮財政	3 / 9	1 / 6	4 / 4
無作為	2 / 8	5 / 5	6 / 1
擴張經濟	7 / 7	8 / 3	9 / 2

布蘭德妥協矩陣

（Adapted from Alan S. B1inder, 1982, "Issues in the Coordination of Monetary and Fiscal Policies," in *Monetary Policy Issues in the 1980s*, Kansas City, Missouri: Federal Reserve Bank of Kansas City, pp.3-34）

遊戲如何結束？

該如何結束這場遊戲？假設聯邦準備理事會與政客的關係惡劣，合作與協調都沒有可能，遊戲就會在左下角結束，貨幣政策這時就會傾向緊縮，而財政政策傾向擴張。這正是雷根政府早期出現的結果，與布蘭德撰寫這篇論文同一時期。

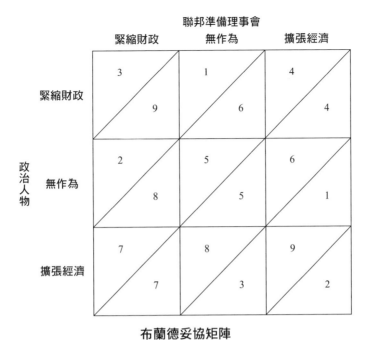

為什麼結果會是這樣，不會有別的發展嗎？首先，雙方性格鮮明——聯邦準備理事會節儉，而政客出手大方。假設聯邦準備理事會無法說服政客使預算有餘額，政客也同樣無法說服聯邦準備理事會降低利率，雙方都不願改變自己的偏好，也不敢採取中立。

從左下角那兩個七，往右和往上看，注意往上看時，位於每一方格中對角線下方的數字（政客的選擇），都在七之前；往右看時，位於每一方格中對角線下方的數字（聯邦準備理事會的選擇），也都在七之前。只要聯邦準備理事會堅持緊縮，而政客堅持擴張，雙方就只好在最惡劣的交易中謀求最佳立場。

換作右上角那個方塊，情況就截然不同。聯邦準備理事會的貨幣政策不那麼緊縮，預算也出現了餘額。水平往左看，我們發現每個方塊中對角線上方的選擇，排行都超前四：聯邦準備理事會寧願什麼都不做，或採取緊縮政策，也不願意促成企業擴張，因為這樣很可能導致通貨膨脹。政客的理念卻正好相反。垂直往下的兩種選擇，排行都在四之前，政客寧願什麼都不做，或造成赤字，也不願冒讓選民失業的風險——因為喪失民意，他們自己也無法連任。

納許均衡，兩敗俱傷

這個結果通稱為「納許均衡」（Nash Equilibrium），是依另一位普林斯頓教授納許（John Nash）命名，納許研究賽局理論的貢獻為他在一九九四年贏得一座諾貝爾獎。在納許均衡下，這結果雖穩定，卻不樂觀。這幾乎很明顯的是雙方最不希望看到的下場。但他們除非放棄敵對，一塊兒擬定政策，互相支持，或至少保持中立，不扯後腿，否則就無法達成更圓滿的結果。這種截然不同的情況，一九九四年曾有一例：當時聯邦準備理事會採取緊縮政策，政客也一反常態，袖手旁觀，不加干預。

布蘭德的遊戲對華府的權力角逐有深邃洞察，但也可以推而廣之，用於很多其他狀況：丟炸彈、什麼也不做、謀求和平；減價、什麼也不做、漲價；根據機率賭一把、退出、虛張聲勢唬人。

在布蘭德的例子裡，玩家彼此都了解對方的企圖，這現象其實很少見，也沒有包括消費者、員工、企業經理人等跟結果有密切關係的人的偏好順序。我們改變遊戲規則，擴充玩家人數，或對玩家可取得的資訊設限時，就除了訴諸數學，別無他策。正如馮．紐曼和摩根斯頓所說的：「……社會理論的形式將會多麼複雜啊。」

頻譜拍賣

一九九三年八月，聯邦通訊傳播委員會（Federal Communications Commission）決定標售無線電通訊執照。全國五十一個通訊區，每區出售兩張執照；投標者在任一區都只准購買一張執照。招標規定，標單必須密封，由出價最高者得標。但這一回，聯邦通訊傳播委員會接受史丹佛大學教授密格朗（Paul Milgrom）的建議，用賽局理論進行招標，稱之為「頻譜拍賣」（Spectrum Auction）。

首先，所有標價都完全開放，所以每一個競標者都知道其他對手在做什麼。其次，各買主不斷輪番喊價，直到再也沒有人願意提高出價為止。第三，在每一輪喊價之間，競標者可以更換投標地區，也可以同時對相鄰的兩個地區出價；因為擁有相鄰地區的執照，可提高經濟利益，因此，某一投標者爭取某一張執照的意願說不定遠高於另一方。簡言之，每一決定都是基於其他玩家已知的決定。

競爭者發現，做決定變得格外困難：每個人都在猜測其他人的企圖，研究他們過去的競爭紀錄、財務能力、手頭掌握的執照的架構。有時某個競標者會擔心，他一旦出價，他對其他地區經營權的野心就暴露在眾人眼前，所以刻意避免公開對某區叫價。聘密格朗擔任投標顧問的太平洋電信（Pacific Telesis），甚至不惜在潛在競爭對手擁有據點的各大城市，刊登全版廣告，表明不計一切要得標的決心。有的競爭者則聯手合作，以避免為同一張執照花太多錢而傷了元氣。

拍賣活動在三個月內一共進行了一百一十二輪，替政府賺進七十七億美元。雖然有人認為，要是聯邦通訊傳播委員會禁止私下勾結，政府還可籌募更多錢，但從最後執照的分配情形觀之，這麼做可能比傳統標售程序更有效建立了授權經營的經濟體制。

贏家的詛咒

避免破壞性投標競爭的動機不難理解。這種拍賣中，出價最高者往往得承擔所謂「贏家的詛咒」（Winner's Curse）——為必勝的決心付出過高的代價。贏家的詛咒不一定只在規模盛大的拍賣會裡出現——聽信明牌，倉促搶追股票的投資人，往往也會陷入這種詛咒。要避免被詛咒，從事與「頻譜拍賣」類似的電腦網路交易，不失為一個辦法。玩家——通常是經營退休金或共同基金的大型理財公司——都保持匿名，但所有的出價與條件都列在顯示幕上，還有投資者出價的上限，與賣方所能接受的底價。

一九九五年一月，《退休金與投資》（*Pensions and Investments*）報導了賽局理論在投資上的新應用。芝加哥的ANB投資管理與信託公司（ANB Investment Management & Trust），引進一種顯然是為了避免贏家的詛咒而設計的策略。該公司的投資主管賴特（Neil Wright）說，這策略是根據納許均衡設計。他宣稱，贏家的詛咒通常都與價格起落大得反常的股票有關，也就是說，「該公司的營利狀況有太多不確定性。」大幅度的價格波動也顯示流動性不足，所以相對少量的買進或賣出，都會對股價有顯著的影響。賴特就是根據這些考慮，將投資組合集中於股價波動較小的股票，這代表它們的股價接近市場共識，買賣雙方旗鼓相當。他假設可以用比共識價略高的價格取得這檔股票。

對人類理性的假設

馮·紐曼和摩根斯頓的《賽局理論與經濟行為》建立在人類行為的基本元素上：對追求最大效用的個人而言——在賽局理論的限制之下，能做最有利交易之人——勝利決定於「他若『依理性』行事，能獲得多少。而『利得』（亦即他所能預期的勝利），當然是最起碼的；倘若別人犯錯（違反理性行事），他還會得到更多」。

這一定義招來批評者很多責難，包括著名的行為心理學家艾斯伯格（Daniel Ellsberg）、塞勒，下面會再詳談。一九九一年，歷史學家米羅斯基（Philip Mirowski）在一篇批判性很高的論文中指出：「賽局理論毛病百出——可說是千瘡百孔——各種病象不容再忽視。」他引用諾貝爾獎得主塞孟（Henry Simon）、阿羅、薩繆爾森的批評。他揚言，若非馮・紐曼說服軍方採納賽局理論，這玩意兒根本就成不了氣候；他甚至臆測：「有人把核子武器發展過速，直接諉過於賽局理論。」米羅斯基還說摩根斯頓對馮・紐曼有如「天降神助」，因為他把沒有人感興趣的賽局理論推銷給經濟學家。米羅斯基痛斥他們對「可憐而備遭濫用」的「理性」一詞，定義太天真、太以偏概全，搞得像「一鍋怪湯」。

但賽局理論對理性行為的假設，馮・紐曼和摩根斯頓企圖將這種行為度量並用數字表達的夢想，啟發了源源不斷的精采新理論和實際應用。我舉的例子可以證明，它的影響無遠弗屆，可不只在軍隊中。

一九五〇年代與六〇年代大力更新和推廣理性的研究，尤其在經濟與財政方面。當時推動的若干觀念，現在看來似乎不夠實際；等到第十六章和第十七章，我們會做進一步的批判和分析。不過我們必須了解，截至一九七〇年為止，凡是對於理性、度量、用數學做預測的狂熱，都源自第二次世界大戰大獲全勝帶來的樂觀主義。

重返太平盛世，漫長的經濟大蕭條與戰爭年代從痛苦中學會的教訓，遂有付諸實踐的機會——也許人類終於能實現啟蒙時代和維多利亞時代的夢想。凱因斯經濟理論被當作控制景氣循環、推動全民就業的工具。「布雷頓森林協議」的目標就是恢復十九世紀的美好穩定。國際貨幣基金（International Monetary Fund）與世界銀行（World Bank）相繼成立，以促進全球較落後地區的經濟發展，同時還有聯合國維護國際和平。

在這樣的環境下，維多利亞時代的理性行為觀重獲人心。度量控制本能：理性的人都根據資訊做選擇，不會讓一時奇想、情緒、習慣牽著鼻子走。一旦分析完所有可取得的資訊，他們就會根據早已擬妥的偏好做出決定。他們覺得財富多比少還好，以取得最大效用為主。但他們也像伯努利定義的那樣不喜冒險，因為額外增加的財富產生的效用，跟已經擁有的財富數量成反比。

理性廣受接納

理性的觀念在知識分子圈裡，有這麼好的定義，同時受到這麼廣大的接納，在它轉變為管理風險與取得最大效用的法則後，必然會對財富的投資與管理產生重大影響。這樣的背景太完美了。

它使稟賦優異的學者陸續以卓越的成就贏得諾貝爾獎，而從他們的研究成果發展出來的風險定義與應用方法，改革了投資管理、市場結構、投資工具，以及數以百萬計維繫這系統運作的人的行為模式。

第15章

有價證券投資風險

本章主要談投資有價證券時，如何度量風險。乍聽似乎不可能，但量化風險的做法現在不僅非常普遍，而且是跨國投資專家必做之事。通用汽車五百億美元退休基金的管理主任錢彼昂（Charles Tschampion）曾表示：「投資管理既不是藝術，也不是科學，而是一種工程……我們這一行做的是管理與設計投資風險。」錢彼昂指出，通用汽車面臨的挑戰，「就是取得報酬就好，不要冒更多的險。」錢彼昂這番話，具有成熟的數學與哲學意涵。

審慎人準則

翻開股票市場的整部歷史——在美國約兩百年，在若干歐洲國家更久——從來沒有人想到要用數字界定風險。股票都有風險，有些風險比較大，一般人的考慮就到此為止，風不風險，看的是膽量，與數字無關。積極型的投資人，一心只想獲得最大利潤；膽小的投資人則開個儲蓄帳戶，買些信譽可靠的長期債券，於願已足。

關於風險最權威的論調發表於一八三〇年，而且故意說得含糊不清，出現在法官判決關於波士頓的麥克林（John McLean）先生的遺產管理權的訴訟判詞之中。麥克林死於一八二三年十月二十三日，留下五萬美元信託基金，他的妻子在有生之年可以享用「這筆錢及其孳生的利息」；她去世後，信託管理人應將餘款的一半捐給哈佛學院，另一半則捐給麻省綜合醫院。麥克林太太一八二八年去世時，遺產只值二萬九千四百五十美元。哈佛與麻省綜合醫院立刻對信託管理人提出告訴。

審理此案的普特南（Samuel Putnam）法官在審判終結時，做結論道，信託管理人「根據現況判斷，已克盡誠實、謹慎之責，可解除他們的任務」。他宣稱，不能要求信託管理人為「非故意怠忽而招致的損失」負責，否則「誰還願意接受如此危險的責任」？他下面的一番話，流傳不朽，成為「審慎人準則」（Purdent Man Rule）：「不管怎麼做，資金還是會有危險……信託管理人從事投資時，應信守誠實與謹慎明辨的原則。他應該像處理自己的財產一樣，小心而睿智地管理託付給他的資金，無需投機，而是做長遠的安排，兼顧報酬及安全保障。」

事情就此決定，經過一百二十二年都沒有改變。

馬科維茨登場

一九五二年六月，財金界舉足輕重的《財務期刊》（*Journal of Finance*）刊登一篇長達十四頁的文章〈投資組合的選擇〉（Portfolio Selection）。作者是芝加哥大學一個沒沒無聞的二十五歲研究生，名叫馬科維茨。文中提出各種層次的創新觀念，在理論與實際上都發揮極大的影響，使他終於在一九九〇年贏得諾貝爾經濟學獎。

馬科維茨選擇以資產投資為主題，這個題材到那時為止，還公認為投機性太濃，不適合做學術分析，也不宜登在嚴肅刊物上討論。更大膽的是，馬科維茨處理的是投資人的全部資產，亦即投資組合

（portfolio）❶。他的主題是，有價證券的投資組合跟個別控股截然不同。

他對於像是芭蕾舞星自詡不費吹灰之力就成為百萬富翁啦，或是教人如何從股市名嘴中挑選真正的明牌大師啦，諸如這類愚不可及的文獻不感興趣。他也不打算用股市報導的膚淺文字來表達自己的觀念。在經濟相關學門（尤其是金融方面）極少用到數學方法的時代——傑文斯與馮·紐曼完成的突破，遠比預期的少——馬科維茨十四頁的論文中，倒有十頁都登有方程式或複雜的圖表。

馬科維茨對於做注腳和提供書目非常吝嗇：雖然一般學者都用編寫大量注腳的本事，做為評估學術成就的標準，馬科維茨通篇卻只有三處提到其他作家。對自己知識的傳承絕口不提，其實頗為怪異：馬科維茨的方法綜合了巴斯卡、棣美弗、貝葉斯、拉普拉斯、高爾頓、丹尼爾·伯努利、傑文斯、馮·紐曼、摩根斯頓等人的觀念。文中引用了機率理論、抽樣方法、鐘形曲線、均值回歸、效用理論等。馬科維茨曾經告訴我，他知道所有這些觀念，但是不熟悉這些作者，不過顯然他花了不少時間研讀馮·紐曼和摩根斯頓談經濟行為與效用的書。

馬科維茨贊成人類是講理性的決策者。他的處理方式反映了第二次世界大戰剛結束時，社會上的普遍心態，當時很多社會科學家企圖振興維多利亞時代對度量的信心，並確信全世界的難題都可以解決。

線性規畫降低成本

奇怪的是，馬科維茨第一次注意到「投資組合的選擇」的觀念時，對資產投資完全沒興趣，對股市也一無所知。他在同學中是個惡名昭彰的書呆子，當時正在鑽研「線性規畫」（linearl programming）。這個

❶ Portfolio一字的拉丁字根portare是帶有，foglio是紙、頁，因此，Portfolio意味著一系列票據資產。

馮．紐曼有重要貢獻的創新學科，是個相當新的領域，目的在於發展一套數學模型，使產量能保持一定，而使成本降至最低，或使成本保持一定，讓產量增至最大。例如，當航空公司在飛機數量固定，卻希望保持航班最密集、航點最多時，這套技巧就不可或缺。

有一天，馬科維茨等著面見教授、討論博士論文的題目時，跟一位也在會客室裡等候的股票經紀人聊了起來，對方鼓勵他把線性規畫用在解決投資人在股市面臨的問題。馬科維茨的指導教授也很熱心的贊同經紀人的看法，不過他對股市所知不多，無法就如何著手、從何著手這項計畫提供具體建議。他介紹馬科維茨去見商學院院長，希望後者更了解這題目。

院長要馬科維茨先讀威廉斯（John Burr Williams）寫的《投資價值理論》（*The Theory of Investment Value*），這是財金企管的重要作品。威廉斯是個散漫而缺乏耐心的人，他在一九二○年代是個非常成功的股票經紀人，後來在一九三二年，三十歲時，回哈佛當研究生，希望找到導致經濟大蕭條的原因（未能如願）。《投資價值理論》出版於一九三八年，是他的博士論文。

馬科維茨乖乖跑到圖書館，坐下來讀這本書。這本書的第一句話就讓他開了竅：「沒有買主會認為市場上的股票具有同樣的吸引力……完全相反，他一定會尋找『價格最好的股票』。」許多年後，馬科維茨告訴我他當時的反應，他說：「投資人不但對獲利感興趣，也對風險感興趣，這觀念讓我大吃一驚。」

從一九九○年代的眼光看，這「觀念」實在稀鬆平常，但是在一九五二年，甚至在馬科維茨的論文問世後的二十多年間，還是一直無人聞問。那時候，判斷個股表現，全看投資人賺或賠多少錢，跟風險毫無關係。後來到了一九六○年代末，積極進取、講求表現的共同基金投資組合經理人，諸如曼哈頓基金（Manhattan Fund）的蔡傑瑞（Gerry Tsai）（當時華爾街最流行的問題就是：「那個中國人在幹啥？」）和哈特威坎波成長基金（Hartwell & Campbell Growth Fund）的哈特威（John Hartwell）（「績效就是在相當長的時間裡，追求優於一般水準的成果，而且絕不能退步」）都開始被捧為民族英雄。

經過一九七三年到一九七四年的大崩盤，投資人才相信，所謂締造奇蹟的人，無非是一群在多頭市場裡勇於下注的賭徒，而他們自己也該對冒險抱著跟獲利一樣濃厚的興趣。從一九七二年十二月到一九七四年九月，標準普爾五百指數下滑四三％後，曼哈頓基金賠了六〇％，哈特威坎波基金虧了五五％。

那是美國史上的黑暗時期，發生了一連串不幸的事：水門案、原油價格一飛沖天、出現促成持續通貨膨脹的力量、「布雷頓森林協議」瓦解、美元狂瀉使美國的外匯存底短期內跌掉五〇％。

一九七三年到一九七四年的空頭市場對財富的破壞力更為可觀，即使一向保守的投資人也嚴重受創。從尖峰到谷底的資產損失在經過通貨膨脹率調整後，高達五〇％，是除了一九二九年到一九三一年那段時間外，有史以來表現最糟的。更糟的是，一九三〇年代至少持有債券的人還賺到錢，但這回卻是：長期國庫券從一九七二年到一九七四年，下跌了二八％，但通貨膨脹卻一年高達一一％。

資本市場無法預測

從這次困境學到教訓的投資人，終於相信「績效」只是一種幻覺。資本市場不是一台有求必應、為每個人製造鈔票的機器。除了少數案例（像是持有「零息債券」〔zero-coupon〕或固定利率定存單），否則股市與債市的投資人對於自己能賺多少錢，毫無控制力可言。即使儲蓄帳戶的存款利率，也隨銀行依反映市場本身利率的變動，依一時的興致調整。投資人的報酬都決定於其他投資人在下確定的將來某一點，願意為這筆資產付出什麼樣的價格，而不計其數的投資人的行為模式，既沒有人能控制，也無法做可靠的預測。

另一方面，投資人**也能**自行管理風險。投入足夠的時間，高風險便能製造更多財富，但不是每個人都能承擔得了。隨著這些簡單的真理在一九七〇年代日漸明朗，馬科維茨成為投資專家和客戶經常掛在口中的名字。

強調「固定」的預期報酬

馬科維茨做「投資組合的選擇」的目的，是利用風險的觀念，為「希望獲得固定且沒有變異數（variance）的預期報酬」的投資人設計投資組合，他特別著重「固定」這個前提。

馬科維茨說明他的投資策略時，未提及「風險」一詞。他只定義報酬的變異數是不受人歡迎的東西，並試圖使變異數減至最低。風險與變異數被視為同義詞。馮．紐曼和摩根斯頓用數字表示效用，馬科維茨則用數字表示投資風險。

變異數就是以統計學方法，度量一筆資產的報酬在平均值兩側擺盪的幅度。這個觀念在數學上跟標準差有關。事實上，兩者基本上可以互換。變異數或標準差愈大，平均報酬就愈不能代表真正結果的意義。高變異的狀況等於又回到「頭放在烤箱、腳放在冰箱」症候群。

馬科維茨反對威廉斯的假設。他認為，投資絕不是投資人孤注一擲，買進一批看來像是「最有賺頭」的商品那麼單純。投資人會分散他們的投資，因為分散投資是對抗報酬變異最有力的武器。馬科維茨說：「分散投資是經過研究與觀察的理性行為；任何不承認分散投資的優越性的行為法則，不論是假設或既定準則，都應該揚棄。」

分散投資的策略性角色是馬科維茨洞察的核心。正如龐加萊指出，對於一個只有少數幾個部分構成、互動關係密切的系統，很難預測其行為模式。碰到這樣一個系統，你可能發大財，但也可能一次就輸個精光。相對的，在分散的投資組合中，某些資產下跌時，另一些資產可上漲，或至少這些資產的報酬率不會相同。利用分散投資減少變動，對每個與生俱來偏好確定、厭惡不確定結果的避險本能的人都有吸引力。大多數投資人都寧可選擇預期報酬較低的投資組合，雖然孤注一擲的壓寶風險較大的賭注——一旦獲勝——就能獲得較大的報酬。

別妄想一把通贏

儘管馬科維茨從來沒有提到過賽局理論，但分散投資跟馮．紐曼的策略遊戲有頗多類似之處。分散投資的情況下，一個玩家是投資人，另一個玩家是股市——強大而莫測高深的對手，要贏過這種對手，簡直是不可能。但是，投資人如果能在壞交易中牟取最大利益——分散投資而不企圖一把通贏——至少能為自己保有最大的求生機會。

用數學說明分散投資，有助於解釋其吸引力。分散後的投資組合，其報酬等於個別持股報酬率的平均值，它的波動會比個別持股的平均波動**小**。也就是說，如果你在投資組合裡混合若干高風險高報酬的股票，那麼你只要能使各種股票報酬之間的相關性降低即可。

例如，截至一九九〇年代，大多數美國人都認為外國證券投機性太高，管理太難，不適合投資，所以他們幾乎把所有資金都放在國內。接下來的計算顯示，這種狹隘的觀念使他們損失慘重。

從一九七〇年到一九九三年，「標準普爾五百指數」的股票，帶給投資人的資本增值加上利息報酬，平均每年是一一．七％。這批股票的波動幅度，亦即標準差，每年平均為一五．六％。換言之，標準普爾五百指數有三分之二的股票，每年的報酬介於二七．三％與負三．九％之間。

美國以外的主要市場，可以參考摩根士丹利公司（Morgan Stanley & Company）發行的一套指數，涵蓋的地區包括歐洲、澳洲、遠東。這一指數簡稱EAFE❷。EAFE從一九七〇年到一九九三年的每年平均報酬率是一四．三％，但EAFE也波動得較厲害。主要因為日本，也因為外國市場的報酬換算為美元時，還牽涉到匯率的波動。EAFE的標準差是一七・五%，比標準普爾五百指數高了幾乎兩個百分點。

EAFE與美國市場通常不同時上漲或同時下跌，這也是國際分散投資的優點之一。如果投資人從一九七〇年開始，持有一個包括二五%的EAFE和七五%的標準普爾五百指數的投資組合，標準差會是十四・三%，**比標準普爾五百指數和EAFE都小**，而每年平均報酬率則比標準普爾五百指數高〇・六%。

分散投資的威力

下表更有力的說明分散投資的威力，表中是一九九二年一月到一九九四年六月，歐洲、拉丁美洲、亞洲所謂新興市場股市的績效紀錄。縱軸代表每個市場的每月平均報酬率，橫軸是每個市場每月報酬的標準差。表中也顯示這十三個市場相等的加權指數，以及同一期間標準普爾五百指數的表現。

雖然很多投資人把新興市場視為一個同類型的集團，但從表中可看出，這十三個市場幾乎是完全各自獨立。馬來西亞、泰國、菲律賓每月的報酬在三%以上，葡萄牙、阿根廷、希臘只勉強維持不落到赤字。波動幅度從**每月**六%到接近二〇%不等，真可謂千變萬化。

各市場之間缺乏相關性，導致綜合指數的標準差比任一個市場都小。簡單的把各市場的標準差相加平均後，得出一〇%；但這套投資組合的實際標準差則只有四・七%。可見分散投資確實管用。

值得注意的是，這十八個月期間，新興市場的風險遠比美國股市來得大，但獲利也更高。這說明了為什麼投資人在這期間，對這幾個市場趨之若鶩。

新興市場的風險在上表研究的時段結束後八個月，就得到證明。如果分析期延長到一九九五年二月，就能涵蓋一九九四年底的墨西哥股市大崩盤，從一九九四年六月到一九九五年二月，墨西哥股市下跌了六〇%。從一九九二年一月到一九九五年二月，這十三個市場的每月平均報酬率只略高於一%，標準差則上升

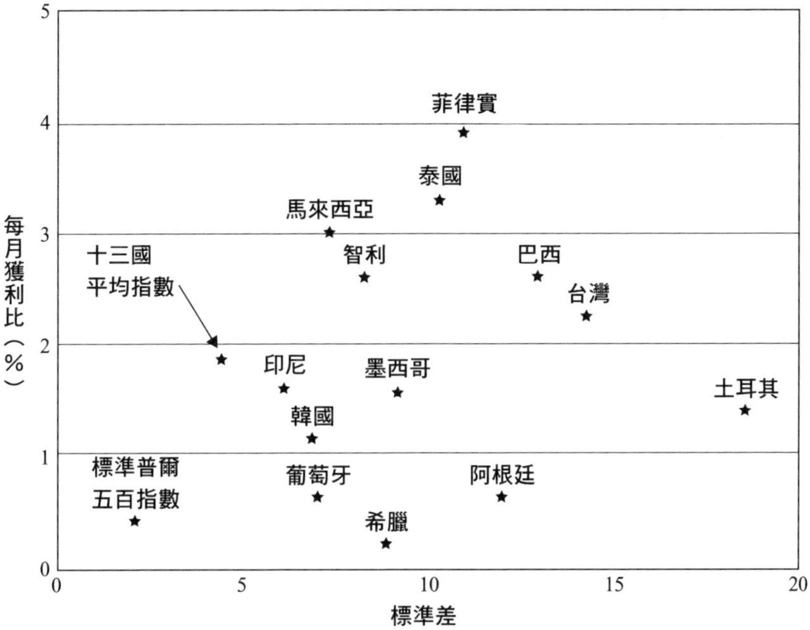

分散投資的好處（一九九二年一月至一九九四年六月，十三國新興股票市場與標準普爾五百指數比較）

為五%至六%；墨西哥和阿根廷股市的投資人結果會賠本❸。表現最佳的菲律賓股市，則從每月四%跌為三%；同時期的標準普爾五百指數幾乎毫無變化。

有效率投資組合公式

馬科維茨用統計數字度量不確定。取代粗糙的直覺，並使傳統選股手法搖身一變成為選擇「高效率」的投資組合。「效率」（efficient）是經濟學家和統計學家從工程學轉借過來的字眼，意味相對於投入的資本（input）取得最大的產出（output），或相對於產出使投入資本減至最少。高效率的投資組合能使變異數這種「不受歡迎的東西」減至最少，同時使致富這種「受歡迎的東西」增加到最多。

❷ 譯注：即Europe、Australia、Far East的字首字母，發音為「伊法」。

❸ 一九九五年前半，墨西哥股市的每月標準差也從八%到一〇%之間，躍升為一五%。

這種方法在發展三十年後，就出現了錢彼昂把為通用汽車公司管理退休基金的人稱作「工程師」的現象。

投資人總希望持有「價格最好」的有價證券。這種股票組成的投資組合，預期報酬是各股票預期報酬的平均。但是，期望最高的持股往往令人失望，而其他股票也可能令投資人喜出望外。馬科維茨假設，投資組合的實際報酬高於或低於平均預期報酬的機率，會形成一條既對稱又平衡的高斯式常態曲線。

這條曲線沿平均值兩側配置，或虧或盈，反映了投資組合的變異數——可能發生的結果所波動的幅度，反映了投資組合實際報酬率有可能與預期不符。這就是馬科維茨引進變異數（報酬不確定）的觀念來衡量風險的用意，專業投資人與學者將這種綜合風險與報酬的方法，稱作「平均數—變異數最適化」（mean-variance optimization）。一般股票可能的起落，遠比美國財政部發行的九十天期債券來得激烈，債券的報酬幾乎沒什麼不確定可言，因為持有人很快就會再看到他們的錢。

馬科維茨把「高效率」一詞保留給「以最小變異數的價格，持有最佳股票的投資組合」——術語稱之為「最適化」。這個措施包括了投資人在遊戲一開始就學會的兩句陳腔濫調：「不入虎穴，焉得虎子」和「別把雞蛋都放在同一個籃子裡」。

我們必須認知，沒有一種投資組合的效率會高於所有其他投資組合。多虧有「線性規畫」，讓馬科維茨的方法發展出一套設計有效率投資組合的公式。就像很多公式，這套公式也有兩面：一面是你要的東西，另一面是這些東西的成本。預期報酬愈高，涉及的風險也愈大。但是，根據公式設計的有效率投資組合，將在固定的風險水準下，提供最高的報酬；或是在固定的預期報酬下，有最低的風險水準。

理性的投資人，不論追求積極成長或保本為重，都可以選擇最對他們胃口的投資組合。這套系統以跟馮·紐曼和摩根斯頓同樣的作風，提供一種讓每位投資人的效用最適化的方法——馬科維茨的系統只有這一點取決於膽量，其他完全是度量。

財務理論的基礎

〈投資組合的選擇〉將風險提升至與預期報酬相當，並掀起整個投資管理業的大革命。這篇論文加上馬科維茨於一九五九年出版的同名書，為往後所有財務理論的著作奠定了基礎。甚至包括選股技巧、如何將投資組合分配於股票與債券之間，乃至如何管理認股權證，以及其他更複雜的衍生性金融商品等應用方法，也逐漸從此發展出來。

儘管〈投資組合的選擇〉很重要，批評的人卻把它當作練拳擊的沙包，從各個角度攻擊它的每項假設。若干他們提出的問題屬於機械或技術的層面，業已克服，但還有些實質的問題至今仍引起爭議。

第一個問題是，當投資人做決策時，究竟有沒有足夠的理性可追隨馬科維茨擬定的方案。如果在投資時，直覺壓倒了度量，就不過是浪費時間，也無從解釋市場的行為。

另一個批評家堅持的問題是，變異數是否真的能替代風險。這兒的影響不是那麼清楚。如果投資人不把風險等同於變異數，說不定還是可以用其他度量取代，並不推翻馬科維茨計算風險與報酬最大化的方法。

最後，要是馬科維茨風險與報酬成正比的假設，不能用實驗證實怎麼辦？如果低風險證券也能有條不紊的提供高報酬，或如果你買了一堆自以為是低風險的股票，卻捅了大樓子，那麼就有必要從頭計議。

技術問題

先簡單的談一談技術問題，然後再詳細說明變異數如何能取代風險。投資人的理性非常重要——十六章和十七章都會談這個問題——畢竟投資人也是人，只不過從事的是比較特殊的活動。換言之，人類理性的問題都牽涉在內。

技術問題主要在於，投資人有沒有能力估算馬科維茨的模型所需的資料——預期報酬、變異數，以及所有個別持股之間的共變異數（covariance）等。但正如凱因斯在《機率論》及後來的著作中強調的，使用過去的數據很危險，信心程度也未必一直都可以做精確的度量，尤其不可能做到如馬科維茨的方法要求的那種精確度。從實際應用的角度來看，應用這方法必須結合過去的經驗與預測，但投資人已經知道，這種計算會有相當可觀的誤差。更有甚者，計算過程對各估計值的誤差非常敏感，所以我們對結果更沒有把握。

最困難的步驟就是把度量每一種股票或債券、對應於其他股票或債券的變異所做的計算，全部兜攏在一塊兒。以論文說明生產量長期均值回歸的鮑莫爾，在一九六六年——《投資組合的選擇》出版後十四年——算出，用電腦計算並挑選一套有效率的投資組合，若假設對必需資料的估計值都正確，每次在電腦上跑一遍，就需花費一百五十至三百五十美元。若要做更詳盡的研究，開銷將高達數千美元。

資本資產定價

馬科維茨也很關心他的觀念在實際應用上碰到的困難。他跟研究生夏普（William Sharpe）——後來跟他共得諾貝爾獎——合作，設法跳過計算個別證券之間相關性的問題。他的辦法是估計每種股票相對於整個市場的變動，這就容易多了。這個技巧後來促成夏普發展出一種所謂「資本資產定價模型」（Capital Asset Pricing Model），分析如果所有投資人都一絲不苟的遵守馬科維茨的建議去規畫投資組合時，應如何估計金融資產的價格。這個模型把特定期限內，個股或其他資產相對於整個市場的平均波動性，稱為「貝他」（beta）。例如第十二章談到的ＡＩＭ星座基金，一九八三年到一九九五年的的貝他值為一．三六。也就是說，標準普爾五百指數每升降一個百分點，ＡＩＭ就可能升降一．三六個百分點；如果大盤下跌一〇%，它就可能下跌一三．六%，以此類推。比較遲鈍的美國共同基金的貝他值僅〇．八%，顯示它的波動性比標準普爾五百指數還小。

還有一個數學上的問題在於，投資組合或證券市場本身，可不可能只用兩個數字（預期報酬與變異數）描述？光靠這兩個數字說明市場，只在一種情況下可以成立，即證券報酬沿高斯鐘形曲線呈常態分配，不得有一點落在曲線外，且所有結果對稱的分布於平均值兩側。

數據若不呈常態分配，變異數就不能百分之百反映投資組合的不確定性。但是，現實世界裡沒有十全十美，所以這確實會構成問題。不過，這個問題的嚴重性因人而異。對大多數人而言，數據已夠符合常態分配，足供投資組合的決策計算風險所需。對其他人而言，透過這種不完美，反而成為發展新策略的契機，後面會再說明。

以波動取代風險

用數字界定風險非常必要。試想投資人若是連面臨風險的大小都說不清楚，又如何能決定該冒多少險？

ＢＺＷ環球投資公司（BZW Global Investors，前富國日興投資顧問公司〔Wells Fargo-Nikko Investment Advisors〕）的投資組合經理，曾以一則有趣的故事說明這方面的困境。一群健行者在曠野中遇到一座橋，這座橋可以大幅縮短他們回基地的行程。然而，這座橋又高、又窄，又搖晃不定，所以他們過橋前先配戴好繩索、護索等安全裝備。等他們抵達橋的另一端，卻發現一頭飢餓的獅子正在耐心的等候他們到來。

我有種直覺，一心只想著波動的馬科維茨，會大吃一驚的落入獅口，而考慮到風險的各種不同水準，並了解可量化與一團亂糟糟的差別的阿羅，較可能想到橋那頭說不定有獅子或其他危機等著，進而未雨綢繆。

儘管如此，用變異數代替風險，有種訴諸直覺的吸引力。統計分析肯定了直覺：在大部分時間裡，若變異升高，資產價值就會下跌。甚者，不確定性會使價格出現大規模而猛烈的起伏。但資產的價格會一飛沖天，也會一落千丈。如果有人要你對巴西基金、奇異公司、美國政府三十年期債券、美國政府九十天期債券，依風險大小列一個排行，結果不言可喻。這四種有價證券的變異數也呈同樣的排列次序。波動對於衍生性金融商品的避險工具──認購權證、換匯交易（swaps）等，為滿足特定投資人需求而量身定做的投資工具──更扮演舉足輕重的角色。

總部設於芝加哥的晨星公司，以分析共同基金的表現為主要業務，證明波動足可取代風險。一九九五年五月，晨星報導指出，投資於債券、並向投資人收費以支付廣告費（一般稱為12b-1費用）的共同基金，平均標準差比不收取這種費用的債券基金高出一〇％。晨星下結論道：「因此，至少對債券基金而言，費用的真正成本不是報酬減少，而是投資風險增加……這是把市場成本加入投資方程式的合理結果。」

但波動性，或波動起落的原因是什麼，甚至它本身的起因是什麼，目前都還沒有定見。我們可以說，意料之外的事發生時，就會出現波動。但這麼說沒什麼幫助，因為根據定義，沒有人知道如何能預測意料之外的事。

另一方面，也不是每個人都擔心波動。雖然風險代表未來可能發生比已知更多的事──波動的觀念就在其中──但這個定義沒有指定時間。一旦引進時間的因素，風險跟波動的關聯就減少了。不僅相對於波動而已，時間能在很多方面改變風險。

波動帶來機會

我太太已故的姨媽，常得意揚揚的說，她是我岳家唯一從不曾向我打聽股市動向的親戚。她解釋原因說：「我買股票不是為了要賣。」如果你不打算賣股票，就不需在意它的價格變化。對真正的長期投資人——像巴菲特這樣的人，可以對短期波動視若無睹，信心十足的認為股價跌了還會再漲——波動代表的是機會，而非風險。價格會波動的股票，其報酬最起碼會比靜止狀態的股票來得高。

曾任工廠主管、現在管理一筆金額龐大的家族信託基金的喬福瑞（Robert Jeffrey），用比較正式的語彙表達了相同的觀念：波動不能取代風險，因為「不論就天氣、投資組合的報酬，或早報送達的時間而言，波動都只是一種良性的機率統計因素。如果不搭配後續影響的資料，就無法提供任何有關風險的資訊」。對我太太的姨媽而言，波動的後續影響等於零；對一個需款孔急的投資人而言，變異數的後續影響卻大得不得了。喬福瑞的結論是：「持有投資組合的真正風險在於，在持有期間或到期日，持有人都不見得能從中取得急需的**現金**。」

喬福瑞指出，不同資產固有的風險，只有在關係到投資人的償債義務時，才有意義。風險的這個定義，換湯不換藥的以不同的面貌在很多地方出現，而且都很有用。最重要的觀念是，研究變動必須有某種基準做對照，例如應知道投資人設定的基準（或最小的）報酬率。

最簡單的說法——虧錢

風險最簡單的說法就是虧錢。在這個觀點下，零報酬就成為投資人規畫投資組合時的指標，目標就是將某一時段內，報酬為負數的機率減至最小。

這個觀點跟馬科維茨的觀念有很大的差距。假設有兩個投資人，一個在一九五五年初用全部資金購買標準普爾五百指數股票，持股長達四十年；另一個人卻投資三十年期的國庫券，始終保持三十年的投資期限，每年年底都把原來的債券賣掉（已變成二十九年期的債券），買進新的三十年期債券。

根據馬科維茨計算風險的方法，第二位投資人的債券，每年標準差為一〇．四％，風險遠比第一位投資人的股票組合小，後者的標準差是一五．三％。但另一方面，股票的總報酬（資本增值加股利），也比債券的總報酬高出一大截──相對於六．一％，平均每年一二．二％。股票投資組合的高報酬足夠彌補較大的波動性而有餘。股票任一年零報酬的機率是二二％，債市景氣不好時，債券持有人有二八％的機會賺不到錢。在統計的這段時間裡，股票投資組合有三分之二的時間，平均報酬比債券高。究竟哪位投資人的風險高？

或者去想想前面談到的十三個新興市場。從一九八九年底到一九九四年二月，新興市場的波動性是標準普爾五百指數的三倍，但投資新興股市投資組合的投資人，賠錢的月份較少，財富不斷增加，甚至在一九九四年底股票大跌後，還是比標準普爾五百指數投資人三倍的富有。標準普爾五百指數或新興市場指數，誰的風險大？

換言之，波動性大的投資組合風險的程度，決定於我們拿什麼跟它比較。若干投資人和許多投資組合經理都認為，波動性大的投資組合，只要報酬率低於某一特定指標的機率夠小，就不算有風險❹。這個指標不一定是零。它可能是個活動的指標，像是一家公司維持退休基金周轉的基準報酬，或某些指數或模範投資組合（如標準普爾五百指數）的報酬率，或慈善基金每年必須開銷掉的資產值的五％。晨星在評估共同基金風險時，則是根據它們的報酬落後九十天期國庫券的頻率。

但是，用落後指標的機率來度量風險，不至於完全推翻馬科維茨大力推薦的投資組合式管理，投資人還是歡迎報酬而厭惡風險，預期報酬要盡量大，風險要盡量小，波動中仍然潛伏著無法達到目標的可能性。在這些情況下追求最佳表現，跟馬科維茨的想法沒什麼不同。甚至在我們從多種層次去考慮風險，結合資產對商業活動、通貨膨脹、利率、對市場波動的敏感度等，主要經濟變數帶來的意外變化的敏感度時，馬科維茨也依然站得住腳。

風險還可以用機率的方法度量，這種方法完全基於過去的經驗。假設投資者表現得就像市場計時器，試圖在價格上漲前買進，在市場下跌前賣出。這種策略若仍要超前單純的長期持有策略，能容忍多大的錯誤？

計算市場時機最大的風險，就是在市場大舉上揚時，因不明狀況而錯過良機。以一九八〇年五月二十六日到一九九四年四月二十九日為例，假設這位時機大王在十四年、三千五百個交易日當中，除了五個最吉利的日子，手中是持有現金外，其他時間都持有股票。他玩到最初的股本增為兩倍（稅前），可能自鳴得意，直到他發現，如果他從一開始就抱著股票，什麼事都不做，資本便可增值為**三倍**。可見在市場上搶進搶出的風險甚高！

風險參數變動不定

如果各種參數不固定而經常變動的話，度量風險會變得更複雜，而波動性本身就不會長時間沒有變化。從一九八四年底到一九九〇年底，標準普爾五百指數每月報酬的每年標準差，高達一七．七％；接下來四年裡，每年標準差卻只有一〇．六％。同樣突兀的改變也出現在債市波動性。如果在廣泛多樣化的指數中，都會出現這樣的變動，可見個別股票和債券發生這種現象的可能性更高。

問題還沒完。沒有人會認為人生每一天的風險程度都相同。我們年紀愈大、愈聰明、愈富有、愈窮，對風險的定義和對風險的厭惡都會隨著改變——有時朝一個方向發展，有時卻背道而馳。全體投資人也會調

❹ 一九九四年秋季號的《投資期刊》（*The Journal of Investing*），對這些問題有廣泛而深入的討論。

整他們對風險的看法，使預期中股票和長期債券日後將產生的報酬的價值，也隨之改變。

處理這種可能性最妙的方法，應推馬科維茨的得意門生和合作對象、跟他一塊兒贏得諾貝爾獎的夏普。一九九〇年，夏普發表一篇論文，分析財富的改變與投資人持有高風險資產之意願的對應關係。雖然夏普大致同意伯努利和傑文斯的觀點，即富人比一般人更不喜歡冒險，但他假設**財富**的改變也會影響投資人對風險的厭惡程度。財富增加使人有更大空間吸收損失；損失則削弱這方面的屏障。結果就是，財富增加會使人更有興趣冒險，而賠錢則使人畏懼冒險。夏普指出，避險心態的這些變化可以解釋為什麼每逢多頭或空頭，市場都必然會出現超漲或超跌的現象，但最後投資人發現反應過度，就會校正累積的價格錯誤，改由均值回歸控制大局。

對理性的眾多討論

雖然馬科維茨的投資組合選擇理論備受批評，但他的重大貢獻卻不容否認。他的理論自一九五二年以來，成為所有主要理論的基礎，也主導投資領域的實務應用。事實上，分散投資是投資界的最高原則——甚至對馬科維茨的抨擊，也啟迪了許多新觀念和新方法。

但是，我們對馬科維茨的成就，以及他一手建立的理論持何種看法，決定於我們是否同意他對投資人理性此一爭議性命題的立場。雖然新投資理論已被華爾街採用，但反對的聲音仍隨時可聞。討論理性行為的重要著作，大都完成於風波不斷的一九七〇年代初期，導致跟一九五〇與六〇年代對理性持樂觀態度的論調分道揚鑣。舞台已布置妥當，準備對伯努利、傑文斯、馮．紐曼等人的模型迎頭痛擊，傳統經濟理論的中心假設更是在劫難逃。

對「神聖行為原則」這一輪猛攻引起的反應，開始時都還屬於試探性質，一部分因為學術界向來表達自我都不夠清晰，一部分則因為既有的決策與選擇理論周圍，已累積了龐大的既得利益。但一九七〇年代的沮喪氣氛，卻為激發新觀念提供了力量、創意、常識，使它們站上學術研究的前線，並贏得實務工作者的注意。如今，各種期刊上俯拾皆是攻訐理性行為與逃避風險等觀念的文章。

伯努利在論文中承認，他的主張有「極少數的例外」；伯努利低估了人類偏離他為人們設計的艱難狹徑的頻率。最近的研究顯示，很多人偏離理性行為的既有標準，根本是故意的。

還有一種可能。也許不是人類不理性，但傳統的理性模型只掌握到理性的人做決策方式的一部分而已。如果是這樣，問題就出在理性的模型，而非人類本身。如果一般人的選擇既合理又可預測，即使他們的偏好多變化，即使這些偏好不符合嚴格的理性定義，也還是可以用數學技巧模擬這些行為。邏輯可以有很多途徑，不一定局限於傳統模型限定的那些途徑❺。

篇幅與日遽增的研究指出，一般人在決策過程中，常犯前言不對後語、短視及其他歪曲事實的毛病。如果要解決的問題是在吃角子老虎上拉出大滿貫，或簽到足夠實踐美夢的六合彩，或許無所謂。但證據顯示，這些缺點在對後果影響愈嚴重時，就愈是明顯。

「不理性」一詞用以形容這種行為，也許太強烈，因為不理性有瘋狂的意味，而大多數人並不瘋（根據定義）。芝加哥大學的經濟專家塞勒就說，一般人既不是「喋喋不休的白癡」，也不是「超理性的機器」。不過，塞勒對於人在現實生活中如何做決策的突破性研究，明顯的偏離了伯努利和馬科維茨的信念。

❺傑克・班尼（Jack Benny）在週日電台節目有個例行橋段，他遇到一個問「要錢還是要命」的搶匪時保持沉默。長時間停格之後，劫匪哭了起來，說：「拜託！」班尼則如預期回答：「我想該結束了。」

這是個令人眼花撩亂的領域，也是一段發掘自我的歷程。我們知道的愈多，就愈發覺自己在很多從來沒想到的方面，無法通過傳統理性的考驗。馮·紐曼雖有過人的洞察力，卻無端省略掉這個故事太多的重要部分。

第5部　信心度

探索不確定的未來

第16章 世無常數

即使面臨危機，每個人也還是會以理性動物自居，冷靜的運用機率法則來計算眼前的選擇。我們喜歡相信自己的技能、智慧、高瞻遠矚、經驗、教養、領導能力，都高於一般水準。誰會承認自己開車技術不好、說話漫無章法、投資愚不可及、穿衣沒有品味呢？

但這樣的形象距離事實有多遠？不是每個人都能在一般水準之上。更何況，我們往往被迫在複雜、混亂、模糊或恐懼的狀態下，做出最重要的決定，沒什麼參考機率的時間。人生不是一場骰子遊戲，而且經常籠罩在阿羅所說的迷霧之中。

但大多數人也不是不假思索就去冒險，或一感到焦慮就往衣櫃裡躲的那種完全不理性的動物。我們會發現，證據顯示我們在做決策時，是遵守一種使我們的行為可預測，甚至多半還相當有條理的潛在結構。問題是，我們在裡頭做決策的這個現實世界，究竟偏離伯努利、傑文斯、馮·紐曼等人的理性決策模型到什麼程度？心理學家探討造成偏離的原因也蔚然成風。

古典理性模型——賽局理論和馬科維茨都建立在這個模型之上——說明人在面臨風險時做決策的方法，以及假如大家都照著做，世界會是什麼樣子。但是，大規模的研究和實驗指出，我們偏離這模型的次數，遠比大多數人願意承認的多。你會在下面的例子裡，看到自己的影子。

展望理論

以色列心理學家丹尼爾．康納曼（Daniel Kahneman）和阿莫斯．特沃斯基（Amos Tversky）❶是研究一般人如何管理風險和不確定性的權威。雖然他們都住在美國——一位在普林斯頓，一位在史丹佛——但他們都於一九五〇年代在以色列服役。康納曼設計的一套評估以色列新兵的心理測驗，目前仍在使用，特沃斯基是醫療救援部隊的上尉，曾以英勇獲得褒獎。他們合作將近三十年，在財務與投資領域都贏得學者與實務工作者的熱烈擁戴。

康納曼與特沃斯基把他們的觀念稱為「展望理論」（Prospect Theory）。在讀了展望理論，再跟康納曼和特沃斯基當面討論後，我開始好奇它的名稱跟主題為什麼完全扯不上關係。我問康納曼這名稱的來源，他說：「我們就是要一個人家會注意而且記得住的名字。」

他們的合作始於一九六〇年代中期，當時兩人都是耶路撒冷希伯來大學的新進教授。有次康納曼告訴特沃斯基，他給飛行教練講解「訓練心理學」的經驗。他從鴿子的行為研究開始講，說明為什麼獎勵比懲罰更有效。一名學員忽然大聲說：「長官，您說的只適用於鳥類……我的經驗完全相反。」這名學員解釋道，受訓者若因表現優異受到稱讚，下次飛行保證會退步，但因表現拙劣而挨罵的人，反而都有進步。

康納曼發現，這跟高爾頓的預測一致。就像大豌豆生的豌豆都比較小，小豌豆生的豌豆比較大，任何事都不可能無止境的愈來愈好或愈來愈壞。我們做每件事的水準都有起有落，向個人表現的平均水準回歸。

❶ 譯注：阿莫斯．特沃斯基已於一九九六年去世。

學生下次降落的表現，很可能跟教練前一次的評語好壞毫無關係。

康納曼告訴特沃斯基：「只要你開始注意，就會發現回歸無所不在。」不論孩子是否聽話，不論籃球選手今晚比賽的表現是否出類拔萃，不論投資經理人本季表現是否下滑，不論這些人因此受罰或獲得獎賞，他們未來的表現最可能還是在反映均值回歸。

均值回歸無所不在

很快地，這兩人就開始猜測，一般人在根據過去事實預測未來表現時，忽略均值回歸並不是會出現錯誤的唯一原因。他們建立了成果斐然的合作關係，並以一連串設計巧妙的實驗探討一般人在面臨不確定結果時，將如何做選擇。

展望理論發現，主張理性決策的人從未察覺的行為模式。康納曼和特沃斯基把這些模式歸類為人性的兩大缺點。首先，感情用事經常破壞理性決策中的自制力。其次，一般人往往不能充分了解自己面對的狀況。康納曼和特沃斯基察覺到心理學家所謂的認知困難。

最大的困難是抽樣。萊布尼茲已經提醒過伯努利，自然面目繁多而複雜，我們很難從觀察所得之中，找出切合實際的通則——我們常抄捷徑，結果產生錯誤的觀念，或以少數樣本代表大量樣本，以偏概全。結果我們傾向於採用較主觀的度量：做決策時，較常用到凱因斯的「信心度」，較少採用「巴斯卡三角」。即使我們自以為在做度量，事實上還是讓膽量決定一切——七百萬人和一頭大象！

我們在做選擇時，可能對風險避之唯恐不及。但換了一種情境，我們卻可能變得熱愛冒險。我們經常忽略問題的共通性，而把每個部分都孤立出來考慮——這也是馬科維茨的投資組合觀念不易推動的原因。我們很難判斷多少資訊是足夠或太多。我們過分注意驚心動魄、但機率極低的事件，卻忽略了例行會發生的事。成本和無法彌補的損失，雖然帶給財富的衝擊不相上下，我們處理的態度卻不一致。我們一開始以純理性的態度管理風險，但碰到一串運氣絕佳的發展，就把均值回歸忘得一乾二淨，該脫手的時候不脫手，惹來一身麻煩。

康納曼和特沃斯基用一個問題顯示我們多麼容易被直覺誤導。問問自己，K這個字母在英文字裡，較常排在第一位或第三位。你可能會說，K充當首字母的機會較多。事實上，K排第三位的機會是排第一位的兩倍。為什麼會有這種錯誤？我們發現，單字的第一個字母給人的印象遠比其他位置的字母深刻。

如何面對損失？

我們針對獲利和損失的決策方式並不對稱，乃是展望理論最驚人、也最有用的一項發現。

當涉及到為數可觀的金額時，大多數人就寧願保住已到手的利益，也不願參加公平的賭博——確定拿十萬元，好過賭五〇％的機會贏二十萬，或一毛錢也拿不到。換言之，我們厭惡風險。

但是，面對損失又如何？康納曼和特沃斯基第一篇有關展望理論的論文，出版於一九七九年，就是以實驗說明，人類在結果不利與結果有利進行比較時會如何做選擇。在這項實驗中，他們要求受測者在八〇％的機會贏得四千元、二〇％的機會一毛錢也拿不到，跟百分之百的機會贏得三千元之間做選擇。雖然有風險的選擇數學預期值較高——三千二百元——但八〇％的受測者都選擇穩拿的三千元。這些人厭惡風險，正如伯努利的預期。

然後康納曼和特沃斯基換一種選擇，受測者可以賭八〇％的風險**損失**四千元和二〇％的機會不輸不贏，或百分之百的機會損失三千元。這回有九二％的人決定賭賭看，雖然賭博的數學預期值是損失三千二百元，高於確定損失的三千元。當選擇涉及損失時，我們追求風險，而非逃避。

康納曼、特沃斯基和他們很多同行，經由許多不同類型的實驗，都發現這種不對稱的模式持續出現。例如，康納曼和特沃斯基後來又出了一個題目。假設某些社群爆發一種罕見的疾病，預期有六百個人將因而死亡，而處理這種狀況有兩種不同的計畫。若採用甲計畫，可以救兩百個人；若採用乙計畫，每個人都能獲救的機率有三三%，每個人都死亡的機率都為六七%。

你會選擇哪一種計畫？如果大家都不喜歡冒險，理性的人會選擇確定救兩百個人的甲計畫，因為兩種計畫的數學期望值雖然相等，但乙計畫有六七%的風險——一個人都救不了。實驗發現，有七二%的受測者，選擇規避風險的甲計畫。

現在考慮用不同的措辭來表達同一個問題。如果採用丙計畫，六百人當中有四百人會死亡，而丁計畫沒有人會死亡的機率有三三%，六七%的機率會死六百個人。注意兩種選擇的前者，提到的是四百個人死亡，而非兩百個人存活，而後者是說沒有人會死的機率為三三%。康納曼和特沃斯基發現，七八%的受測者都決定追求風險，願意放手一搏：他們無法接受四百個人注定要喪命的可能。

人性厭惡損失

這種行為雖可以理解，卻跟理性行為的假設完全不符。照理說，不論背景如何更動，問題的答案應該要一致。康納曼和特沃斯基將這些實驗獲得的證據解釋為，一般人並不厭惡風險：他們在適當的時機都很願意賭一把。但如果他們不厭惡風險，他們到底抱持什麼態度？特沃斯基說：「主要的動機該說是**厭惡損失**。一般人對不確定性並沒有反感——他們討厭的是損失。」損失的意義永遠比獲利大。事實上，無法彌補的損失——諸如失去一個孩子或未能取得一筆龐大的保險賠償金——都會引起強烈、非理性、持續的憎惡風險的情緒。

特沃斯基對這種有趣的行為，提出一種有趣的猜測：「性好尋歡作樂的人類，最重要的共同特徵就是，對負面的刺激比對正面的刺激更敏感……想想你今天覺得如何，然後試著想像你本來**可以**更好……能使你更好過的東西不多，但能使你不好過的東西卻無限多。」

這項研究的一大突破就是發現，伯努利「隨財富少量增加而產生的效用，跟已經擁有財貨的數量成反比」這句話其實說錯了。伯努利以為，擁有更多財富的冒險機會，其價值由原有的財貨數量決定。康納曼和特沃斯基卻發現，對冒險機會的價值評估，主要得看總資產價值相對於某一個參考點，可能增加或減少。促使你做某些決定的，不在你本來是多麼富有，而在這決定會使你更富有或更貧窮。特沃斯基警告說，因此「我們的偏好……可以藉改變參考點加以操縱」。

特沃斯基引用一份受測者在高就業率與高通貨膨脹率的政策，與低就業率與低通貨膨脹率的政策之間做選擇的調查報告：若問題提到一〇%到五%的失業率，作答者就會大幅傾向於容忍較大的通貨膨脹率，以期降低失業率；但若作答者被要求在九〇%與九五%的就業率之間選擇，低通貨膨脹率就顯得比提高就業率五%更為重要。

塞勒曾提過一項實驗，用初始財產（starting wealth）去證明特沃斯基的告誡是有理的。塞勒告訴一個班的學生，他們剛贏得三十元，並且有以下選擇：丟銅板，出現正面就贏得九元，出現反面就輸掉九元。七成的學生同意丟銅板。接著塞勒要另一個班的學生做選擇：這次他們的初始財產是零元，選擇丟銅板的話，出現正面贏三十九元、反面贏二十一元，不玩的話，穩拿三十元。只有四三%的人願意丟銅板。

塞勒把這結果稱為「私房錢效應」（house money effect）。雖然對兩班學生來說，獎金是一樣的——不管初始財產多寡，每個人都可選擇穩拿三十元，或藉丟銅板決定拿三十九元或二十一元——口袋有錢的人選擇賭博，口袋空空的人卻拒絕賭博。如果是伯努利就會預測受測者的選擇是決定於三十九元、三十元與二十一元。但實際上，學生的選擇是基於參考點，第一班的參考點是三十元，而第二班的參考點則是零元。

對冒險行為特別感興趣的經濟學教授米勒（Edward Miller）也報告過類似的研究。雖然伯努利的措辭是「財富少量增加」，但從上下文可知，實際增加的額度跟他要談的主題無關。米勒引用多種心理學研究證實，增加金額大小對當事人的反應有顯著的影響。偶爾出現的大筆收入似乎遠比經常贏得一筆小數目，更能維繫投資人和賭徒長時間的興趣。這種反應在把投資當作遊戲、未能做到分散投資的投資人身上，尤其具代表性；分散投資其實很乏味。熟知行情的投資人之所以會分散投資，是因為他們根本不把投資當娛樂。

「不變性的失效」

康納曼和特沃斯基用「不變性的失效」（failure of invariance）一詞，描述同一問題在不同架構下，產生選擇不一致（未必錯誤）的現象。「不變性」（invariance）意味：如果甲比乙受歡迎，而乙比丙受歡迎，那麼理性的人面對甲與丙，永遠會選擇甲；這個特徵也是馮．紐曼和摩根斯頓效用觀點的核心。或在上面的例子裡，如果確定救兩百條人命，在第一組問題中被選上是出於理性，那麼確定救兩百條人命，在第二組問題也應該基於理性而被選中。

但實驗卻發現不一樣的結果：「不變性的失效非常普遍而深入人心。它在成熟或天真的作答者中都很常見……作答者面對自己矛盾的答案，最典型的反應就是會感到困惑。即使重讀一遍問題，他們還是希望在『救活人命』的版本中規避冒險，而在『喪失人命』的版本中追求冒險，但他們也希望維持不變性，對兩種問題版本提出前後一致的答案……這些結果的教訓令人不安。『不變性的失效』是一種有必要的標準規範（我們**該**做的事），但在直覺上很勉強，在心理上簡直辦不到。」

「不變性的失效」比我們以為的更無所不在。廣告詞設計問題的方式可以說服人購買——若換一種不同的問題架構、他們就絕對不會買的東西。民意調查中，同一個問題換一種措辭，經常產生矛盾的結果。

康納曼和特沃斯基舉出一種情況，醫生不希望病人在選擇攸關生死的不同療法時，受到醫生的影響。例如，在醫治肺癌採用放射線治療或開刀。這家醫院的醫學數據顯示，沒有病人死於放射線治療，但他們的預期生存期限比熬過開刀風險的病人短；整個預期生存期限的差異，沒有大到足以在兩種療法之間提供明確的選擇。若問題側重治療期間死亡的風險，四〇%的人選擇放射線治療。但如果問題側重預期生存期，只有二〇%的人選擇放射線治療。

我們對「不變性的失效」最耳熟能詳的證據，就是華爾街的一句老格言：「你不會因賺錢而變窮。」減少損失當然也不失為一個好辦法，但投資人就是厭惡損失，因為除了稅金的考慮，接受損失無異承認犯錯。厭惡損失加上自我本位，使投資人寧願壓寶，再繼續錯下去，希望市場有朝一日會肯定他們的判斷力，使他們又成為一條好漢。馮．紐曼一定會反對這種作風。

「不變性的失效」經常以所謂「心理帳目」（mental accounting）的形式出現。我們這時會把全局的各個部分分開考慮。如此一來，我們就不知道影響每一個別部分的決策是否會影響全盤大局。心理帳目就像把注意力集中在甜甜圈中間那個洞，而非麵包本身，因此才會對相同的問題提出不同的答案。

康納曼和特沃斯基要你想像，你正要出門去看一場百老匯歌劇，也已經買好一張價值四十美元的戲票。但到了戲院卻發現戲票弄丟了，你會再花四十元另買一張戲票嗎？再假設另一種情況，你本來計畫到戲院再買票，但走到售票窗口時，卻發現口袋裡的錢比你出門時以為有的少了四十元。你還會買這張戲票嗎？

心理帳目平衡損失

在上述兩種情況下，不論你丟掉的是票或是錢，如果你堅持還是要看戲，一共就支出了八十元。而如果你決定放棄看戲回家，就只支出四十元。康納曼和特沃斯基發現，大多數人都不願意在掉了戲票後再付四十元，但幾乎相同比例的人，卻願意在明知掉了錢之後，掏出四十元買戲票。

這是個「不變性的失效」的例子。如果為看一場戲付出八十元超乎你的意願，在第一種狀況下不願重新買票的人，也應該在第二種狀況下不願意買票才對。另一方面，如果你為了看這場戲，情願花八十元，那麼不論你丟掉的是四十元現金或價值四十元的票，應該沒有分別——**除了在會計作帳上會有差別外，一筆錢是用於成本或損失，應該沒有差別**。

展望理論指出，對選擇不一致的反應來自兩個不同的心理帳戶，一個是上戲院、一個是把四十元用在別處——例如，下個月吃午餐的錢；在購買戲票時，戲院的帳戶就記了四十元的帳，也用光了帳戶裡的錢。丟掉的四十元則記在下個月的午餐費上，跟戲院帳戶無關，而且是將來的事，所以戲院帳戶還有四十元可花。

塞勒也舉了一個心理帳目的有趣實例。他認識的一位財務學教授，有套聰明的策略應付小損失。這位教授計畫在年初捐一大筆錢給慈善機構。如果一年之中發生不稱心的事——如駕車超速接到罰單、財物損失、遭窮親戚打秋風——都把帳記在慈善捐款的帳戶上。這使所有的損失都不覺痛苦，因為帳都由慈善帳戶代付。慈善機構最後收到的就是帳面上剩餘的款項。塞勒主張頒發全世界第一張合格的「心理會計師」執照給他這位朋友。

康納曼接受雜誌採訪時，承認他自己也用過心理會計術。他跟特沃斯基合作研究時發現，若把損失加到較大的損失之中，心痛的感覺就會比單獨看待時減輕：已經損失一百元後，再損失一百元，會比分別兩次各損失一百元，讓人好過些。康納曼和妻子搬新家時，就基於這項考慮，在買了房子後的一週內，採購了全套新家具。如果他們把家具當作另一個獨立的帳戶，可能就會為龐大的開銷而卻步，弄得不敢把所有需要的物品買齊。

醫療風險分散

我們傾向於相信做理性決策非有資訊不可，而且資訊愈多，就愈能應付風險。但心理學家報導了許多因額外的資訊礙事、扭曲決策情況、產生「不變性的失效」，而給主事者可乘之機去操縱風險的例子。

從事醫學研究的瑞德麥爾（David Redelmeier）與夏菲爾（Eldar Shafir），在《美國醫藥學會期刊》（*Journal of American Medical Association*）上，報導過一項研究，顯示醫生在可資採用的療法種類增加時會如何反應。所有醫療決策都有風險——沒有人確知會有什麼後果。瑞德麥爾與夏菲爾的實驗中，每次引進新療法都會驅使醫生選擇舊療法，或決定什麼也不做。

一項實驗要求數百位醫生，為一位六十七歲、右側臀部有慢性疼痛的男子開立處方。醫生有兩種選擇：一種是已指定的藥物，或「不開藥、直接轉診給整形外科」。約半數的醫生主張開藥。若增加一種藥品，使選擇增為三種，反對開藥，並主張儘快轉診到整形外科的醫生比例，就增加到四分之三。

特沃斯基認為，「判斷一件事的機率，不是根據事件本身，而是根據對事件的描述……對一件事的機率的判斷，端視對這件事描述有多麼清晰。」他舉了一個實驗為例：要求一百二十位史丹佛大學的畢業生，評估各種死亡原因。每名學生評估兩組不同死因；第一組逐一列出致死的原因，第二組則將死因簡單的分類為「非自然死因」與「自然死因」。下頁圖顯示對死因評估的機率的一部分。

結果是，這些學生對暴力致死的機率大幅高估，對自然死因的機率則低估了。但最驚人的發現是，對死亡原因做較清晰的說明時，估計值會比含混的分為兩類時高。

瑞德麥爾與特沃斯基報導的另一項醫學研究中，史丹佛大學的兩組醫生，就他們對婦女下腹疼痛的診

	第一組	第二組	實際值
心臟病	22		34
癌症	18		23
其他自然死因	33		35
自然死因總和	73	58	92
意外	32		5
謀殺	10		1
其他非自然死因	11		2
非自然死因總和	53	32	8

斷，接受問卷調查。調查對症狀做詳細描述後，要求第一組醫生判斷這名婦女是罹患子宮外孕、腸胃炎或「以上皆非」。對第二組則除了這三個答案外，再加三個選擇，成為六選一。

實驗的有趣部分在於，第二組醫生對「以上皆非」這個答案的態度。假設兩組醫生的能力大致相當，既然第一組有五〇％的醫生選「以上皆非」，那麼我們應該可以預期，第二組選擇那三個額外的答案，加上答「以上皆非」者的人數，也應該跟第一組選「以上皆非」者差不多，也就是五〇％左右。

但事實並非如此。第二組醫生有六九％選「以上皆非」或額外的三種病症，僅三一％選子宮外孕或腸胃炎——第一組卻有一半的人選擇這兩個答案。很明顯的，可能性的種類愈多，機率分配愈分散。

逃避模糊源於無力感

艾斯伯格早在一九六一年就寫了一篇論文，文中他界定一種他稱作「模糊趨避」（ambiguity aversion）的現象，意思是一般人在冒險時喜歡拿已知的機率做根據，而非未知的機率。換言之，資訊很重要。例如，艾斯伯格給幾組人一個機會，從兩個各裝一百個球的罐子選一個，賭抽出的球會是紅球或黑球——一號罐兩種顏色的球各五十個；二號罐兩種球的比例不知。機率會假設，二號罐也是紅球、黑球各占一半，因為沒有證據可支持其他種配置。但是絕大多數受測者都選擇賭一號罐。

特沃斯基和另一位同事福克斯（Craig Fox），對模糊趨避做更深入的研究，並發現情況比艾斯伯格以為的更複雜。他們設計了一連串實驗，希望了解一般人對機率寧選清晰，而規避含混的心態，是適用於所有的狀況或只限於機率遊戲。

答案再清楚不過：一般人只有在他們自覺胸有成竹、了解內情時，才會把賭注押在模糊的信念上，如果沒有這樣的自信，他們就寧可賭機率。特沃斯基和福克斯的結論是，模糊趨避的心態「源於無力感……往往在當事人把清晰與模糊的可能性並列比較時出現，但如果當事人單獨評估任一狀態，模糊趨避的心態就會減少，甚或消失。」

例如，玩飛鏢的人寧願玩飛鏢，也不願賭機率，儘管擲飛鏢命中的機會很模糊，而機率遊戲的勝算在數學上已經確定。熟悉政局而不懂足球的人，寧可賭政治事件的發展，而不願賭勝算相同的機率遊戲，但在類似條件下，他們寧可賭機率，而不會賭球賽的勝負。

不完美的理性

康納曼和特沃斯基一九九二年以一篇論文總結展望理論的研究進展，他們說：「選擇理論充其量……只是約略而不完整的。選擇是一種建構性而且會因事而異的過程。一般人面臨複雜的問題時……會算計取巧的方法，編排運作的程序。」本章只扼要摘取了龐大研究文獻的一小部分，但呈現的證據已一再暴露人類處於不確定條件下做決策時，表現出的非理性、前後不一致、無能的一面。

那麼我們一定得揚棄伯努利、邊沁、傑文斯，馮．紐曼等人的理論嗎？不是的。難道只因為理性不像**當初以為的**那麼無所不在，我們就要跟莎士比亞筆下的馬克白一樣，把人生當成一則白癡講的故事嗎？

展望理論對人性的判斷不見得悲觀。康納曼和特沃斯基要推翻的就是，「唯有理性行為才能在競爭中求生存」的假設，以及「處理事情一違反理性就會混亂叢生、一發不可收拾的恐懼」。他們發現大多數人即使異想天開，不按伯努利的理性章法行事，照樣能安然度過競爭。特沃斯基和康納曼指出：「或許更重要的是，證據顯示出，人類的選擇有一定的頭緒，雖然不一定符合傳統對理性一詞的定義。」塞勒進一步補充說：「偽理性未必有致命的危險，更不見得會讓人在短期內自取滅亡。」選擇既有秩序可循，也就可以預測，所以行為不遵守嚴格的理論性假設，也不代表就會混亂而脫軌。

塞勒用不同的說法表達同樣的觀點。如果我們能永遠保持理性，就不需要那麼多複雜的機制來幫助我們維繫自制，從減肥中心、扣繳所得稅，乃至在不虞傾家蕩產的前提下賭馬。買保險就代表承認會蒙受損失，也不啻公開承認不確定性存在。這些機制也確實發揮了作用。幾乎沒有人因為做錯決策而住進貧民窟或精神病院。

實驗結果是否可靠？

儘管如此，一心相信理性行為的人還有一個疑問。心理實驗室推出這麼多顛覆傳統的證據，但實驗對象只不過是一批年輕學子，而且是在犯錯不怕受懲罰的假設狀況下進行實驗，我們能有多少把握這些結果實際、可靠、能反映一般人做決策的行為模式？

這問題很重要。基於理論的通則跟基於實驗的通則，形成強烈的對比。棣美弗在紙上寫了幾道方程式，就發明了鐘形曲線的觀念，而凱特爾則實地度量士兵的身材。高爾頓研究豌豆和人類的世代變化而想出均值回歸——鐘形曲線因而在很多情況下變成可有可無，這是他鑽研事實後得出的理論。

實驗經濟學專家羅斯（Alvin Roth）指出，尼古拉斯．伯努利的實驗是迄今已知的第一個心理實驗，時間超過二百五十年：他用丟銅板的遊戲，幫助他的伯父傑可伯發現效用觀念。馮．紐曼和摩根斯頓從實驗導出如下的結論：結果「不如預期的好，但大致的方向是正確的」。從實驗發展至理論是一段不容忽視的歷史。

在設計實驗時，既要避免被教室的人工化環境左右，又要防止受測者撒謊或暗藏偏見——尤其在他們對實驗結果根本漠不關心的時候。但各式各樣的測試選擇是否符合理性的實驗，具有驚人的一致性，也讓我們留下深刻的印象。訴諸實驗的研究方式已發展成一種高度的藝術。❷

資本市場針對投資行為的研究顯示，康納曼和特沃斯基等人在實驗室中的假設，大都已證諸每天報紙財經版連篇累牘的報導、金額龐大的投資活動。這一實驗室外的證據，證明了決策理論不僅適用於投資人，也適用於全人類。

同時，以上的分析又導出另一個耐人尋味的問題。如果一般人真的那麼笨，為什麼我們這些聰明人發不了財？

❷ 康納曼曾描述他眾多實驗的開端，當時他的教授講述一個小孩在今天拿較小棒棒糖或明天拿較大棒棒糖之間做出選擇的故事。小孩對這個簡單問題的回答與他生活的關鍵層面有關，例如家庭收入、父母一或兩位在場，以及信任程度。

第17章 理論警察

投資人必然預期，有時他們冒的險會賠錢。若沒有這種心理準備，就是愚蠢。但理論預測，理性投資人的預期不存偏見；用術語來說：理性投資人有時會高估，有時會低估，但不至於全部的時間——甚至絕大部分的時間——都高估或都低估。理性投資人不會永遠把杯子看成半滿或半空。

沒有人真的相信投資人在現實人生裡面對風險與報酬時，仍能保持理性。不確定讓人害怕。再怎麼努力根據理性行事，情緒還是會逼迫我們規避令人不快的意外，我們會採取各種違反理性規則的避險措施。正如康納曼指出：「理性模型之所以失效，與邏輯無關，而是人腦的問題。誰能設計一個照這模型亦步亦趨的大腦？每個人都想馬上**了解**所有的細節。」康納曼不是第一個發現理性模型限制過於嚴格的人，但他卻是第一個解釋嚴格所造成的後果以及正常人如何犯規的人。

如果投資人有違反理性模型的傾向，它就不是一個解釋資本市場行為的可靠模型。這麼一來，就必須擬定因應投資風險的新策略。

想一下以下的情境。經過好幾個星期的遲疑，你終於在上個星期以每股八十美元賣出了持股很久的ＩＢＭ股票。今天早晨，你一看到報紙卻發現ＩＢＭ已漲到每股九十美元，你買來取代ＩＢＭ的股票跌了一些。你對這令人失望的消息有何反應？

你的第一個念頭或許是，該不該告訴另一半發生了什麼事。或者你會罵自己沉不住氣。你一定會下定決心，將來再脫手長期投資時，一定要三思而後行。你甚至可能巴不得你一脫手，IBM這檔股票就從市場上消失，免得再聽到它以後的任何表現。

心理學家貝爾（David Bell）指出，「決策悔意」（decision regret）會出現在你思考倘若做對決策，就可能擁有的財富時。貝爾舉的例子是，一張贏了可獲得一萬美元，但輸了一毛錢也拿不到的彩券，跟穩拿四千美元二擇一。如果你選擇彩券而輸了，你會怪自己貪心，被命運懲罰，然後就照常過你的日子。但如果你比較保守的拿了四千美元，卻發現彩券贏了一萬美元，你願意付多少代價不要知道這件事？

決策悔意引發不安

決策悔意不限於你賣出股票後，發現股價扶搖直上的情況。所有你沒買的股票，表現都比你買的股票好時，又是什麼滋味？儘管每個人都知道不可能選中表現最佳的股票，很多投資人還是為坐失發財良機懊惱不已。我相信這種情緒上的不安全感，對分散投資的決定有重大影響，遠超過馬科維茨用最動人的理論勸誘——你擁有的股票種類愈多，持有超級大贏家的機會愈大。

類似的動機促使投資人求助於積極型的投資組合經理人。雖然證據顯示，股票經理人長期下來的表現，大都落後大盤指數；偶爾成功的少數，每年的表現水準也不一致——我們在討論美國共同基金和AIM星座基金時，已經說明運氣和技巧很難區分❶。但平均律預測，今年約有半數的投資經理人的表現會超越大盤，**你**的經理人會是其中之一嗎？反正**總有人**會贏就是了。

某些人會覺得原本放棄掉的資產，愈想愈有魅力。以甘薇西（Barbara Kenworthy）為例，她在一九九五年五月管理保德信投資顧問公司（Prudential Investment Advisors）價值六億美元的債券投資組合。《華爾街日報》引述她的話說：「我們都為最近最想到手的東西神魂顛倒。」記者解釋她的意思說：「甘薇西小姐最近又買進長期債券，雖然她認為這筆投資不值得，但不投資卻會使她的資產暫時落後大盤。」這位記者諷刺的補充一句：「就目前時機上的前景，使這位三十年期債券的投資人心急如焚。」

假設你是一位投資顧問，你要決定向客戶推薦嬌生公司（Johnson & Johnson）或另一家剛起步的生物科技公司——如果一切順利，新公司的前景大有可為，但嬌生公司雖不那麼令人興奮，但目前的股價卻夠便宜，而且嬌生是「績優股」，管理團隊忠實可靠。如果選錯，你怎麼辦？你推薦新公司的第二天，它最有希望的新藥就宣告失敗。或你推薦嬌生不久，另一家藥廠就推出一種跟它最暢銷的藥品抗衡的新產品。哪一種結果產生的決策悔意較小，能降低你繼續伺候這位心懷不滿的客戶的難度？

凱因斯在《就業、利息與貨幣的一般理論》中，早已預期有這種問題。他刻畫一位有勇氣「干犯眾議，表現得怪僻、反傳統、衝動」的投資人，他指出這位投資人倘若成功，「只會讓人家更一口咬定他衝動；而……倘若他賠了錢……也不會有人同情他。世俗的觀念認為，寧可以傳統的方式失敗，也不要以反傳統的方式成功。」

展望理論預測你對上述情況的決策時，也跟凱因斯持同樣立場。首先，你選的股票的絕對表現，相對的不重要。以嬌生公司的表現為參考點，跟新公司的表現做比較才是最重要的。其次，對損失與焦慮的厭惡，會使投資新公司成功的快樂程度，低於失敗帶來的痛苦。因此，儘管嬌生表現落後，仍然比較值得「長期」持有。

績優股不見得是好股票

績優股不見得是好股票，但如果你迎合客戶，並承認它們的優點，日子就會比較好過，所以你應該建議客戶買進嬌生。

我不是憑空編故事。一九九五年八月二十四日的《華爾街日報》上有篇文章，不厭其詳的說明，自從寶僑公司（Procter & Gamble）和加州橘郡等事件後，專業投資經理人如何對所謂衍生性金融商品的理財工具，愈來愈存有戒心。這篇文章引用為GTE企業（GTE Corporation）管理一百二十億美元退休基金的卡羅爾（John Carroll）的話說：「如果正確利用衍生性金融商品，或許能多得一些報酬，但如果你犯錯，就可能失業，而且會在投資紀錄上留下一個大汙點。」在一家主要的投資法人顧問公司做研究主任的透納（Andrews Turner）補充道：「就算還能保住飯碗，貼上曾經上過投資金融機構當的標籤，也混不下去了。」波士頓一位知名的財務經理也同意：「買進可口可樂等安全的股票，對我的事業風險很小，因為如果不賺錢，客戶只會怪市場。」

行為財務學

塞勒打前鋒，一群學院派的經濟學家對理性模型的缺點發動攻勢，開拓了一個叫作「行為財務學」（behavioral finance）的研究新領域。行為財務學分析投資人如何在風險與報酬的得失之間，在冷靜計算與

❶ 一九九五年五月由先鋒集團出版的小冊子「The Triumph of Indexing」對這個問題有極出色的評論。這個有爭議的主題在本章後半會更詳細處理。

情緒衝動之間，找到適合自己的路。理性與不那麼理性的混合結果，就成為一個本身表現也未必符合理論模型的預測的資本市場。

「理論警察」查驗理性行為

在聖塔克拉拉大學任教的斯塔特曼（Meir Statman），把行為財務學描述為「不是正統財務學的分支；而是以較佳的人性模型取代財務學」。不妨稱這個學派的成員為「理論警察」（Theory Police），因為他們不斷在查驗投資人有沒有遵守伯努利、傑文斯、馮·紐曼、摩根斯頓、馬科維茨等人建立的理性行為法則。

一九七〇年代初期，塞勒在以強調理性理論著稱的羅徹斯特大學撰寫博士論文時，開始思考這些問題。他的題目是一條人命的價值——他試圖證明人命的價值就等於一般人為了救一條命願意付出的錢。在研究過採礦、伐木等高風險行業後，他決定暫時拋開他正在設計的、耗時費力的統計學模型，到處找人詢問，他們為自己的生命定什麼樣的價格。

他從兩個問題開始。你願意付多少錢打消一個千分之一立刻死亡的可能性？你又願意在收受多少錢之下，接受一個千分之一立刻死亡的可能性？他發現「這兩個問題的答案差距之大，令人大吃一驚」。典型的答案是：「我頂多願意付兩百美元，但至少要給我五萬美元，我才願意承擔額外的風險！」塞勒的結論是：「買與賣之間的差距**十分**有趣。」

然後他決定把他所謂的「異常行為」（anomalous behavior）——違反正統理性法則預測的行為——列一個清單。清單中包括一個人對同樣一件東西，買價和賣價相去頗遠的許多例子，也包括無法意識到的「沉沒成本」（sunk cost）——無法回收的成本，例如前一章提到的那張價值四十美元的戲票。他調查的對象很多都「選擇不後悔」。一九七六年，他以這份清單為基礎，寫了一份非正式論文，在親密友人和「我想惹惱的同事」之間傳閱。

不久，塞勒參加一次風險研討會時，遇到兩位年輕的研究者，他們受康納曼和特沃斯基影響，已接受所謂「異常行為其實是正常行為、遵守理性行為法則反而是例外」的觀念。其中一人後來寄給塞勒一篇康納曼和特沃斯基的論文，題目叫〈不確定條件下的判斷〉（Judgment Under Uncertainty）。塞勒讀完之後說：「我大喜若狂。」一年後，他見到康納曼和特沃斯基，就找到了嶄新的方向。

心理帳目

在斯塔特曼還是經濟系學生時，他就對非理性行為感興趣，並注意到一般人往往把問題拆解開來看，而不是看整體。甚至合格的學者刊登在權威學報上的文章，也因為沒有注意到，整體乃是各組成部分**互動**的產物，亦即馬科維茨所謂的「共變」，而不是一堆不相干的東西的總和，以致做出錯誤的結論。斯塔特曼不久就發現，「心理帳目」引起的歪曲現象，不只出現於一般大眾身上。

斯塔特曼引用他在期刊上看到的一個案例，文中討論購置自用住宅的人在辦理房屋貸款時，應選擇固定利率或浮動利率。這篇文章談的是償付貸款與貸款人收入的共變異數。結論指出，浮動利率適合收入跟得上通貨膨脹的人，固定利率適合收入幾乎為一常數的人。但斯塔特曼發現，作者忽略了房屋價格與上述兩種變數的共變異數：比方說，通貨膨脹導致房價上漲，可能就足以緩和浮動利率的負擔，不論屋主的收入有沒有變化。

一九八一年，斯塔特曼在聖塔克拉拉大學的同事薛佛林（Hersh Sherfrin），拿一篇他跟塞勒合寫的論文〈自制經濟理論〉（An Economic Theory of Self-Control）給斯塔特曼看。論文的主旨是，當故意對選擇設限時，一般人就很難做到自制。例如，需要減肥的人，總會避免手邊有蛋糕。這篇論文也指出，一般人對貸款與做為抵押品的房子價格之間的共變異數視若無睹；他們把房子當作存錢筒，誰也不准碰，雖然他們總是可以多抵押一點錢，但這麼做的人不多❷。讀完這篇論文，斯塔特曼也找到了嶄新的方向。

偏愛現金股利

一年後，薛佛林和斯塔特曼合作完成一篇頗富啟發性的行為財務學論文，叫作〈投資人為何偏愛現金股利〉（Explaining Investor Preference for Cash Dividends），一九八四年刊登在《財務經濟期刊》（*Journal of Financial Economics*）。

長期以來，經濟學家一直感到困惑，企業為何要發放現金股利？為何要把資產分給股東？尤其當企業本身還要向外借錢的時候？美國的非金融企業從一九五九年到一九九四年，一共借了二兆多美元的貸款，但付出的現金股利也高達一・八兆美元❸。如果不付股利，可以讓債務減少九〇%。

從一九五九年到一九九四年，包括金融業在內的各企業，一共配給股東二・二兆美元的股利，這筆鉅款的每一毛錢都要繳納所得稅。如果企業要用這筆錢在公開市場買回股票，而不把它當股利分配，每股報酬會更高，流通的股票數量會更少，股價也會上漲。股東自己賣出股票，再以增值利潤支付各種開銷，會比股利更實惠，並能享有這期間資本利得較低的稅率。結算下來，持股人會更富有。

薛佛林和斯塔特曼為解釋這謎團，應用到心理帳目、自制、決策悔意、厭惡損失等理論。投資人基於亞當・斯密「公正的旁觀者」（impartial spectator）和佛洛伊德「超我」（super-ego）的精神，採取這些背離理性的策略，因為他們認為，支付開銷應以股利收入為限，賣股票來支應開銷就犯了大忌。

薛佛林和斯塔特曼假設人類心理本來就有些分裂。我們一部分人格是目光長遠的內在規畫者，一個堅持所有決策應以未來為重的掌權者，但我們的另一面卻要求立即的滿足。兩者永遠在發生衝突。

只許花掉股利

有時候，做規畫的人只需強調克己，就能穩占上風。若情況有必要，做規畫的人也可以談股利。正如藏在壁燈後的酒瓶，能逃過嗜酒如命的酒鬼的醉眼，股利也把可供購買立即滿足的資金「藏」起來。一再複誦花股利可允許，花本金是罪惡的教訓，做規畫的人就可以對開支設定上限。

但是，一旦這個教訓深入人心後，投資人就會堅持，股票應付可靠的股利，而且股利應不斷增加——沒有股利，就沒有零用錢，沒有選擇。**理論上**，為支應開銷賣股票跟收股利應該可以代換——而且賣股票的稅金成本還更低——但自從設定「自制」這個機制後，它們在應用上的意義就大不相同了。

薛佛林和斯塔特曼要求讀者考慮兩種案例。第一種，你拿六百美元股利收入買了一台電視機。第二種，你賣掉六百美元股票，拿所得款項買了一台電視機。下一週，公司被人購併，股價一飛沖天。哪一種情況會使你懊惱不已？理論上，你應該無所謂。你可以用那六百美元股利收入買進更多股票，而不買電視機。所以這決定的成本跟賣股票買電視一樣高昂。不管怎麼做，你都花掉了股票增值的六百美元。

但是，唉呀，要是股利減少的話，那會多可怕啊！一九七四年，原油價格暴漲四倍，迫使聯合愛迪生

---

❷ 在一九九五年五月的全國房地產經紀人協會的演講中，時任聯準會主席葛林斯班正證實了存錢筒的比喻：「很難會高估房價走勢對消費者心理和行為的重要性……消費者認為他們的房屋淨值（home equity）是一個緩衝墊或安全毯，可消除未來的困難。」由於房屋淨值貸款增加，房屋淨值從一九八三年的房屋價值的七三%縮減到寫作時（一九九五年）的五五%，引起一九九五年七月十日《商業週刊》一篇文章的回應，稱其為「對看漲的支出的主要遏制」。

❸ 在此剔除金融機構以避免重複計算，因為金融機構會把絕大部分借來的錢，再度出借給非金融部門。

公司（Consolidated Edison）取消已持續支付八十九年、未曾有一年中斷的股利，這也讓股東在股東年會中集體爆發歇斯底里。一位股東對董事長提出的問題頗具代表性：「我們該怎麼辦？誰曉得股利什麼時候會恢復。誰來替我付房租？我丈夫不在了。現在聯合愛迪生就像我丈夫一樣。」這位持股人從來沒有考慮到，賠本還要付股利，會削弱公司的營運能力，最終導致破產，到時還說什麼丈夫不丈夫？她根本不允許自己考慮賣掉股票付房租這種可能性，在她心目中，股利收入和股本是兩個不同的口袋。正如美滿婚姻，不用談離婚。

在芝加哥大學任教的諾貝爾獎得主米勒（Merton Miller），向來捍衛理性理論不遺餘力，他評論薛佛林和斯塔特曼的作品時，對於不聽信專業顧問忠告的投資人，有這麼一番評語：「對於這種投資人，股票通常不只是經濟模型所界定出來的抽象『整筆報酬』。每筆持股背後可能都有一則涉及家族企業、家族紛爭、遺產、離婚協議等的故事……跟我們選擇投資組合的理論幾乎全然無關。我們建立模型時，對這類故事一律略過不談，並不是因為這些故事無聊，而是因為它們可能太有趣，會轉移我們的注意力，使我們忽略了應做為主要考慮的市場力量。」

高估新資訊

我在第十章曾提到一篇叫作〈股市是否反應過度？〉的論文，由塞勒跟一名他指導的研究生德邦特合寫，在美國財務學會（American Finance Association）一九八五年十二月的年會中發表。我把它當作均值回歸的實例，但也可以做為理性行為法則與事實不符的例證。

當時我也在會場參加討論，我開口就說：「學術界終於有一點要趕上投資人從一開始就知道的事實了。」他們對題目提出的問題的答案，是個斬釘截鐵的「是」。

塞勒與德邦特根據「展望理論」證明，在新資訊出現時，投資人並沒有依照貝葉斯提出的客觀方法調整他們的信念，而是高估新資訊的重要性，低估舊有的與較長期的資訊。換言之，他們對結果的機率評估是根據「印象」，而不是基於歷史機率所做的客觀計算。結果股價不是漲過頭就是跌過頭，不論報酬、股利其他客觀因素發生什麼變化，反彈都必然可期。

這篇論文舉出的非理性定價使聽眾大感震驚，同時備受批評。爭議持續了好幾年，主要集中於塞勒與德邦特收集和測試數據的方法。有個問題與日期有關：賣出賺錢股票和買進賠本股票的行為，有相當比例都集中於元月這個月之中，其他十一個月則分布相當平均。但是，不同人主持的不同實驗卻持續出現互相矛盾的結論。

一九九三年五月，一篇相關的名為〈反向投資、外插法與風險〉（Contrarian Investment, Extrapolation, and Risk）的論文，在頗孚眾望的國家經濟研究局（National Bureau of Economic Research）贊助下發表。出身學術界的作者拉格尼沙克（Josef Lakonishok）、許萊法（Andrê Shleifer）、韋斯尼（Robert Vishny）等三人，經由詳盡的統計分析，確認所謂的「超值股」（value stock）——即相對於公司的報酬、股利、資產而言，股價偏低的股票——即使在根據波動性及其他風險因素校正後，表現仍優於高價股。

這篇論文的結論雖然毫無新意，統計資料的呈現也不夠完整或精美，但還是有甚多可圈可點之處。它的重要性在於，對塞勒與德邦特提出的行為模式解釋予以肯定：一部分出於擔心決策悔意，一部分出於短視；投資人在短時間內，把出問題的公司的股票價格壓得太低，這時均值回歸很可能出面干預，花較長時間使它們恢復健全狀態。同樣的，新資訊顯示有大幅進步的公司，也會被忘記事態不可能無限改善的投資人訂出過高的價格。

拉格尼沙克、許萊法、韋斯尼對自己的論文倒是深信不疑。一九九五年，他們聯合成立一家公司，用自己設計的「反向模型」管理金錢。

稟賦效應

塞勒始終對一般人買進和賣出同一件東西、所訂價格的差距深為著迷。他發明了一個名詞「稟賦效應」（endowment effect），指的是我們給本來擁有的東西定的價格，遠高於如果未曾擁有時，願意為購買同樣東西付出的價格之傾向❹。

一九九〇年塞勒在與康納曼和另一位名叫克榮齊（Jack Knetsch）合作的論文中，報導一系列教室中的實驗——這些實驗是用來測試稟賦效應的普遍性。其中有個實驗是給某些學生康乃爾大學的咖啡杯，並告訴他們可以把杯子帶回家；他們也會拿到一張列有多種價格的單子，問他們至少要多少錢才肯把杯子賣掉？另一組學生則被問到，願付多少錢買一個像這樣的杯子？已擁有杯子的人，至少要五．二五美元才肯賣掉杯子，而買主充其量願意出二．二五美元。一連串實驗做下來，結果都一致。

稟賦效應對投資決策有重大影響。正統理論預測，既然理性的投資人對一筆投資的價值已有共識，可見他們對股票這樣的風險性資產，應該都會持有完全相同的投資組合。如果有一位投資人覺得，這個投資組合的風險過大，他可以保留部分現金，而願意冒險的投資人，可以用這個投資組合當抵押品，借更多錢擴張同一套組合。

很難輕言放棄

現實世界不是這個樣子。沒錯，主要法人機構確實持有很多同種類的股票，因為光是他們必須投資的龐大金額，就迫使他們只能購買市場價值最高的股票——諸如奇異、埃克森石油（Exxon）等公司的股票。但小額投資人的選擇範圍較廣，他們幾乎不可能持有全然相同的投資組合，或甚至在持股比例上有明顯的重疊。一般人一旦擁有某種東西，不論客觀價值如何發展，都很難輕言放棄。

比方說，從發行公司國籍中產生的稟賦效應，就會對價值產生極大的影響。雖然近年來，投資組合朝國際分散的趨勢已有增加，但大部分美國公司的股票還是由美國人持有，日本公司的股票大都也還掌握在日本人手中。不過，在本書撰寫期間，美國股市只占全球股市的三五%，而日本僅占三〇%。

這種趨勢的一個解釋就是，取得外國有價證券市場的資訊，其成本高於國內證券市場。但是，這種解釋不足以說明持股上的驚人差距，其中一定還有更重要的因素，導致投資人不願持有占有投資世界另外六五%到七〇%的市場中的股票。

一九八九年，後來轉往耶魯大學任教的芝加哥大學教授弗蘭奇（Kenneth French）和麻省理工學院的波特巴（James Poterba），合作研究稟賦效應對國際投資的影響，成績斐然。他們研究的主要目標是，日本和美國投資人為何不互買對方國家的股票。當時日本投資人持有的美國股票僅略高於一%，而美國投資人持有的日本股票還略低於東京市場的一%。兩國股市互動頻繁，日本股票在美國股市上和美國股票在日本股市上都有買賣。但雙方的淨購買值卻極少。

結果發現，股價在外國市場遭到嚴重的扭曲。根據弗蘭奇和波特巴的計算，從美國投資人持有日本股票的小額度來看，美國人預期中每年的真實（已根據通貨膨脹率做過調整）報酬，在美國應為八．五%，在

❹ 一如往常，莎士比亞捷足先登。在《雅典的泰門》第一幕第一場，一六八至一七一行，珠寶商對泰門說：「大爺，它的價格／是按市價估的；可您也知道／同樣價值的東西若主人不同／價格是由主人訂定。」

日本則應為五・一％。從日本投資人持有美國股票的小額度來看，日本人預期日本每年的真實投資報酬率應為八・二％，而在美國僅三・九％。賦稅或其他制度方面的限制，都不足以解釋這種會讓馮・紐曼從墳墓裡跳出來的龐大差距❺。而理性投資決策理論也無法解釋這現象。所以稟賦效應可能是唯一的答案❻。

「真正算數的地方」

理論警察不遺餘力地捉拿觸犯理性行為觀的人，本章介紹的事證不能發揚他們公忠勤懇熱情之萬一。有關這方面的文獻為數龐大，尚在不斷增加之中，而且涵蓋各種不同的領域。

現在要談一個最反常的現象。雖然數以百萬計的投資人都會承認曾違反理性行事，但從市場——這才是真正算數的地方——行為觀之，理性**卻似乎果真**占了上風。

「真正算數的地方」（where it really counts）是什麼意思？而如果市場確實講理性，管理風險會有什麼效果？

凱因斯對「真正算數的地方」有精確的定義。在《就業、利息與貨幣的一般理論》中，他形容股市「……就像玩『捉烏龜』、『大風吹』等遊戲，贏家總是把烏龜牌丟給別人、總是在騷亂中搶到位子」。

從凱因斯的比喻可知，不論市場的表現是否理性，真正算數的是：到處充斥的非理性行為，將使理性的投資人，有機會搶在那些被理論警察趕得到處逃跑的人之先，把烏龜牌丟給別人，或在騷亂中搶到位子。即使這些機會沒出現，或出現的時間太短，以致我們無法從中獲利，我們還是可以假設，市場其實是有理性的，只不過也有許多非理性的力量穿插其間運作。「真正算數的地方」的意義是，跟非理性的投資人對賭，獲利的機會並不多——雖然市場上有很多這類型機會存在的證據，但「真正算數」的時機出現時，市場的行為會符合理性的模型。

如果所有投資人都經過相同的理性思考程序，那麼凡是在同一時間、持有相同資訊的人，其預期報酬以及根據風險所做的調整也都相同。除非在幾乎不可能發生的狀況下，少數投資人屈服於非理性行為的誘惑，才會有高買低賣的行為，否則一般握有較佳資訊的投資人，都會通力合作使股價符合基於理性的標準，股價就只有在新資訊釋出時，或新資訊以隨機方式出現時，才會有變動。

這才是純然理性的市場運作方式——不會有超越大盤的表現，所有機會都被充分利用。在任何風險水準下，所有投資人的報酬都相等。

在現實世界裡，投資人似乎很難用令人信服的方式持續超越任何人。今天的英雄到明天就變成狗熊。長期以來，投資經理人——以選股專家自居，且設計的投資組合結構也與整體市場有異——似乎都落後標準普爾五百指數，或其他涵蓋面更廣的指數，例如威爾夏五千（Wilshire 5000）或羅素三千（Russell 3000）。過去十年來，七八%有專人管理的股票型基金的績效，都落後先鋒指數五百（Vanguard Index 500）共同基金，後者緊抓著標準普爾五百指數不放；更早期的數據不那麼明確，但標準普爾五百指數長期以來始終是贏家。

這不是什麼新模式。早在一九三三年，業餘從事學術研究的股市大戶考爾斯（Alfred Cowles），就出版了一本涵蓋多家財金服務機構，以及二十家最大的火險保險公司，四年來所有買賣行為的研究。考爾斯結

❺事實上，塞勒曾於一九八七年發表的〈選擇心理學與經濟假設〉（The Psychology of Choice and the Assumption of Economics）一文中宣稱，馮．紐曼與摩根斯頓的效用學說未能通過心理測試。該文收於塞勒在一九九一年出版的《準理性經濟學》（*Quasi-Rational Economics*）。

❻這種說法可能過於簡單。跨文化的問題以及對股市國家經濟是否健全的顧慮，都會讓國內的有價證券在跟外國的證券比較下，變得更有價值。

論認為，類似從一副紙牌中任意抽牌、隨機選股，跟這些機構最高明的實際預測不相上下，而保險公司的投資業績，就是「隨便亂挑幾種股票，也可以達成」。發展至今，市場活動都由規模更大、經驗更豐富、資訊更可靠的投資機構主導，要超前大盤並保持領先，就比從前更加困難了。

如果投資人無法正確的預測其他投資人的下一步行動，或許可以靠電腦從市場的非理性行為中獲利，機器沒有稟賦效應、短視、決策悔意等人性的缺點。截至目前為止，電腦模型指點投資人在其他人卻步不前時買進，在其他人信心滿滿時賣出，效果好壞參半，非常不穩定。投資人往往比電腦預測的更害怕，或信心更高得過頭，有時他們的行為甚至超出電腦所能辨識的模式。但下面接著就要談到，電腦交易還是個值得發展的研究領域。

時勢造贏家

投資人確實不時拿出出色的績效。但即使我們將這些成果歸功於技巧而非運氣，仍然存在兩個問題。首先，透過績效觀察未來，並不是很好的指標。回顧時會發現，誰會成為贏家，早有蛛絲馬跡可循，但我們並沒有可靠的工具可以辨認有本事制勝未來的投資人。時機也很重要。即使像葛拉漢或巴菲特這樣的一流投資專家，也有過長期灰頭土臉、令任何經理人掩鼻而過的時候。而很多仗著一、兩次表現優異而聲名大噪的人，一旦追隨者增多，往往就跌得鼻青眼腫——沒有人知道他們還會不會大發，要等多久才能重見出頭天。

無人管理的指數基金表現良好，也會面臨同樣的批評，因為根據過去的績效所提供的指引並不比主動管理高明。事實上，指數比任何投資組合都更強烈的彰顯市場中的流行趨勢和非理性行為。但一種設計來迎合主要指數（如標準普爾五百指數）的投資組合，仍然比專人管理的投資組合占有若干優勢。由於股票只在指數有變動時才周轉，所以手續費和交易稅的開銷都減至最低。更進一步，指數基金的管理費只約需資產總值的〇．一％；一般專業管理的費用往往超過一％。這種先天的優勢不靠運氣，也不受特定的時機影響，投資人隨時都可享用。

過分依賴管理技巧還有第二個問題，那就是，制勝的策略通常壽命極短。像今天的股市這麼活潑、流動性高的資本市場，具有高度競爭性，所以測試過去數據獲得的靈感，在現實世界裡很難複製，也不持久。很多聰明人發不了財，就是因為不久就會有一大群不及他們聰明的人尾隨而來，沖淡了他們的策略創造的利益。

正因為所有成功的策略都會吸引搶搭便車的人，可想而知會有一批經常凌駕大盤、運氣之佳超乎機率的投資人，堅持隱姓埋名。捍衛市場理性說的主將、諾貝爾經濟獎得主薩繆爾森也承認有這種可能：「每個人的身高、美醜、尖酸都不一樣，『表現商數』（performance quotient）當然也可以有高下之分。」他還說，擁有高表現商數的少數人，不大可能出賣他們的天賦「給福特基金會（Ford Foundation）或當地銀行的信託部門。他們的智商太高，不會做這種蠢事」。你不會在《華爾街週刊》（*Wall $treet Week*）、《時代》（*Time*）的封面上看到他們，他們也不會在學術期刊上發表論文，闡釋投資組合理論。

相反的，他們會私下幫合夥人管理資金；他們對夥伴嚴格設限，並要求起碼七位數的投資。由於除了操作的報酬外，資本增加時，他們自己也分得到好處。因此，對他們來說，結合他人資金的力量，讓表現商數發揮更大的威力，何樂而不為。

我們會在十九章討論這些投資人試圖做到些什麼事。他們的策略引用的各種理論與實務觀念，可追溯到機率起源與德米爾本人。但這些策略綜合的市場理性觀念，比我所能說明的更複雜。如果能證明風險等於機會，這一小撮人就是開路先鋒。

儘管如此，私人合資仍不是市場主流。大多數投資人不是資金太少，沒有資格參與，就是像那些超大型的退休基金一樣，每個投資人只能分到微不足道的比例。何況大基金還得擔心，萬一這些反傳統的投資嘗到敗績，就要面臨決策悔意的牽制。總而言之，大投資客嘗試離經叛道的量化觀念時，最好小心別擋了彼此的財路。

投資組合仍有風險

這對管理有何影響？非理性行為是否增加了投資的風險？要回答這問題，必須從歷史的角度考慮。

資本市場總是變化多端，因為所有的交易無非是賭一個未來，而未來總是充滿了意外。買股票，沒有到期日，風險永遠存在。投資人把資產變現唯一的方法就是互相出售股份：每個人都受制於其他人的預期與購買力。同樣的情況也適用於債券，只不過後者會在未來某個指定日期，以現金的方式歸還本金給投資人。

這樣的環境是非理性行為的溫床：不確定感令人害怕。如果一齣戲裡的非理性演員，無論人數或財富都壓倒理性演員，資產的價格就會長時間跟平衡點脫節——這段時間往往長得足以耗盡絕大多數理性投資人的耐心。所以，在大多數情況下，當市場遠比所有人都理性、逼得康納曼和特沃斯基非得另覓飯碗時，就具有更大的波動性。

不過，把投資風險個別考量，並且把風險與報酬等量齊觀，還是相當新的觀念。馬科維茨直到一九五二年才提出最基本的觀念，這段時間說來似乎不短，但就市場史而言，確實是初來乍到。而一九五〇年代初正值大多頭市場，馬科維茨著重選擇投資組合的風險，幾乎沒人注意。這理念一直到一九六〇年代，才在學術界引起興趣，直到一九七四年以後，才逐漸有實務工作者採納。

此一延後的反應與股市波動性的變化有關。從一九二六年到一九四五年——期間發生過股市大崩盤、經濟大蕭條、第二次世界大戰——股票市場每年總報酬率（收入加資產價值的變動）的標準差高達三七%，而平均報酬率僅七%。玩股票的風險確實高得驚人！

一九四〇年代末和一九五〇年代的投資人，對這些數據記憶猶新。一朝被蛇咬，十年怕井繩。投機熱和無限樂觀的心態恢復得很慢，儘管道瓊工業平均指數從一九四五年的不到二百，增加至一九六六年的一千。從一九四六年到一九六九年，每年雖有超過一二%的可觀報酬，一九六一年也曾爆發短暫的投機熱潮，但更值得注意的是，標準差僅是一九二六年到一九四五年的三分之一。

這就是金融界投資人在一九七〇年代的記憶。在這樣一個市場裡，誰會擔心風險？事實上，每個人都應該要擔心。從一九六九年底到一九七五年底，標準普爾五百指數的報酬只有一九四六年到一九六九年的一半，但每年標準差卻增加將近一倍，成為二二%。這期間，二十四季中有十二季，投資人買股票還不如買國庫券。

專業投資人在一九六九年把客戶投資組合的七〇%用於購買一般股票，這使他們自覺像個傻瓜。客戶當然更加不滿。一九七四年秋季，《投資組合管理期刊》（*The Journal of Portfolio Management*）創刊號，以一篇富國銀行（Wells Fargo Bank）一位高級主管寫的文章為主題，他在文中坦承苦澀的事實：「專業投資管理及從事這行業的人，態度前後不一致、行為變化莫測、問題重重……客戶害怕我們，也生怕我們管理股票的方式會導致更大的損失……業界迫切需要改變這種閉門造車的作業方式。」

風險管理首度成為最熱門的遊戲。先是大肆強調分散投資，不僅持股要分散，而且整個投資組合要包括股票、債券、現金。分散投資也迫使投資人探索新領域，設法培養適當的管理技巧。例如，傳統上，在購買長期債券後，就一直持有到滿期為止的策略，被更活潑、以電腦操作的固定收入資產管理方式取代。分散的壓力也使投資人注意到美國以外的市場。他們發現國際投資不但有分散效益，還有牟取高報酬的良機。

災難接二連三

不過，隨著風險管理研究日益普遍，一九七〇和一九八〇年代，這些以戰後良性經驗塑造世界觀的人，卻又遇上前所未見的不確定性。災難接二連三降臨，包括油價飛漲、水門案與尼克森辭職引發的憲法危機、德黑蘭人質危機、車諾比核電廠爆炸。這些震撼造成認知不協調，跟第一次世界大戰造成維多利亞時代的人心動盪，非常類似。

除了財務違法事件層出不窮，隨時虎視眈眈的通貨膨脹造成利率、匯率、期貨價格的波動，都是前三十年間做夢也想不到的。傳統的風險管理完全無法因應這麼新、這麼不穩定、這麼嚇人的世界。

種種因素產生了艾斯伯格所謂「模糊趨避」的一個完美例證。我們唯有在類似經驗發生次數夠頻繁、趨近機率遊戲的模式時，才能依現實數據計算機率。陰天不帶雨傘出門有風險，但我們碰到過夠多個陰天，也聽過足夠的氣象預報，多多少少可以正確算出下雨的機率。但是，當事件是獨一無二，當雲層的形狀與顏色都是我們前所未見，就由模糊接管，而風險的估價會漲得比天高。你要麼就待在家裡，要麼出門就得帶雨傘，不論這給你多大不便，一九七〇年代就是這個樣子，股票和債券的價格跟一九六〇年代相比，被壓縮到極點。

變通對策就是發掘可以消弭出乎意料的衝擊、管理未知風險的方法。雖然分散投資不曾喪失它的重要性，但專業投資人已經發現，它在管理風險上仍嫌不足，面對新環境的波動與不確定也失之於粗淺。

引進電腦

或許是幸運吧，技術上的驚人進展及時趕上，紓解了對風險控制新方法的急切需求。對風險的憂慮水漲船高之際，投資管理界引進了電腦。這個工具的新鮮感與非比尋常的力量，一方面增加了疏離感，一方面也大幅擴充了處理數據和執行複雜策略的能力。

如果投資人的大敵正是如展望理論所言的，比決策悔意、短視、稟賦效應更有意義的相關保護策略，正在研究發展之中。風險管理的新時代即將開展，它的觀念、技術、方法仍沿用財務系統，但它的顧客卻遠布到狹小的資本市場之外。

我們即將踏出決定性的一大步，擺脫迷信，邁向超級電腦。

第18章

衍生性金融商品趕搭發財列車

衍生性金融商品是理財工具中最成熟的一種。不僅如此，它也最複雜、最神祕難懂，甚至風險最大。它堪稱一九九〇年代一大特色，但在很多人心目中，它是個壞字眼。

一九九四年四月，《時代》雜誌的封面故事報導：「這一妙不可言的『插花系統』（side bets），完全不依賴人類古老的直覺，而是根據電腦鬼才以深奧的數學方程式設計與監視的計算……由一般通稱的『量化分析師』（quants，寬客）發展出來。」

現在我們的討論就從依賴古老直覺的「插花系統」，轉到量化分析師設計的神奇系統。

近年關於投資工具的神話雖然迭有所聞，但其實沒什麼特別的現代化。衍生性金融商品發明的年代久遠，發明者的身分已湮沒：也沒有出過卡達諾、伯努利、葛朗特、高斯這種大師。應用衍生性金融商品主要是為了減少不確定，這件事一點也不新鮮。

衍生性金融商品本身是一種沒有價值的理財工具。這聽來或許有點奇怪，但這就是它發揮作用的地方。被稱為衍生，正因為它的價值來自其他資產價值的延伸，也因為如此，用來避免價格意外波動帶來的風險，收效宏大。它可以緩和持有小麥、法郎、政府債券、普通股票——所有價格會波動的資產——的風險。

奈特曾說：「生產活動，從貨幣和製成產品的相對價值來看，都是投機。」衍生性金融商品不能減少持有波動性資產的風險，但可以決定誰要投機，誰避免投機。

今天的衍生性金融商品有幾方面跟過去不一樣：以數學方式定價，絲毫不仰賴直覺；要因應的風險更加複雜；由電腦設計與管理；其存在有嶄新的目標。但這些特徵都不是衍生性金融商品快速擴張，並登上報章頭條的根本原因。

衍生性金融商品只在變動的環境中才有價值，它的蓬勃發展適足以說明我們所處的時代。過去二十年內，長期以來始終保持穩定的領域也出現了變動與不確定。截至一九七〇年代初，法定匯率還算合法，油價只出現過小幅波動，物價指數每年頂多漲個三％到四％。突如其來的新風險激發了尋求更新、更有效的風險管理工具的研究。衍生性金融商品只是反映經濟和金融市場的症狀，不是備受關注的變動的起因。

期貨和選擇權

衍生性金融商品可分兩大類：期貨（以契約訂定，在未來某個日期以約定的價格交貨）和選擇權，賦與一方以事先議定的價格向另一方買或賣的機會。衍生性金融商品今天的包裝或許亮麗耀眼、發展成熟，但在風險管理上扮演的角色，卻可上溯到數世紀前的農場。細節或許已隨時間改變，但農人控制風險的基本需求卻還是老樣子。農人長年負債，禁不起波動。他們在土地、農具、種子、肥料上的龐大投資，勢必得向銀行貸款。農夫還沒看到任何進帳，就必須投入資金、播種農作物，然後朝夕擔心水災、旱災、蟲災，直到收成為止。他最大的不確定在於，等他終於可以把農產品運往市場時，價格會是多少。如果收到的價金低於他的生產成本，他可能就無法償債，進而失去所有的一切。

農人面對氣候與害蟲全然無助，但他至少能避免售價的不確定。他可以在播種時就把農作物賣掉，承諾將來依約定價格把收成交給買主。如果價格上漲，他或許會少賺些利潤，但期貨契約能保護他免受跌價之苦——他已把跌價的風險轉嫁給別人。

這個「別人」通常是食品加工商——面臨另一種風險，如果農作物在收成前價格下跌，他就賺到了；但如果尚未收成的農產品價格上漲，導致成本增加，他就麻煩大了。加工商跟農夫訂約，其目的是把農產漲價的風險轉嫁到農夫身上。事實上，雙方都在這個交易裡承擔了風險，實際則**降低**了經濟的總體風險。

有時，交易的一方是投機客——承擔別人的風險，因為他們自以為充分了解事態發展的方向。至少就理論上而言，期貨投機長期下來會賺錢，因為有太多人靠物價波動的風險為生。結果波動的標價往往過低，這情形在期貨市場上尤其明顯。生產者對損失的厭惡給予投機者先天的優勢，這種現象稱為「現貨貼水」（backwardation）。

十二世紀時，中世紀市集上的賣方會簽一種叫作「承諾書」（lettres de faire）的合約，承諾他們賣出的貨品會在以後交貨。一六〇〇年代，日本的封建領主在「帳合米」（cho-ai-mai）市場上，出售將來才交貨的米——合約中言明，若遇天候不佳或戰爭，他們享有保障。許多年來的金屬、外匯、農產品，近年甚至包括股票和債券，都普遍採用期貨契約來預防價格波動的風險。芝加哥交易所從一八六五年開始，就有小麥、豬肉、銅的期貨交易。

炒作鬱金香

選擇權同樣歷史悠久。亞里斯多德在《政治學》（*Politics*）第一部，就定義選擇權是「建立在舉世皆準的原則上的理財工具」。著名的十七世紀荷蘭鬱金香投資熱潮，真正的交易對象是鬱金香選擇權，而不是鬱金香本身——當時的交易方式，都已跟現代一樣成熟。鬱金香盤商為了確保價格上揚時，手頭有足夠的存貨，就購買稱為**買權**（calls）的選擇權；這種選擇權賦與盤商要求賣方依照事先約定的價格，提供鬱金香商品的權利，但沒有購買的義務。希望在花價下跌時獲得保障的花農，可以購買**賣權**（puts），屆時就有權要求對方依照約定價格買下貨物。購買選擇權的人必須付「權利金」（premium）給賣出選擇權的人，以做為承擔風險的代價——這筆錢是用來在價格上漲時補貼出售「買權」的風險，或在價格下跌時補貼「賣權」的風險。

順道提一句，有關十七世紀的荷蘭因濫用選擇權，爆發弊端而惡名在外的鬱金香狂熱的研究，近年來有很多新發現。事實上，選擇權似乎讓更多人有機會進入一個原本對他們封閉的市場。鬱金香投資泡沫使選擇權蒙上汙名，其實是既得利益者排斥外人介入瓜分利益，別有所圖的刻意渲染。

美國也早就出現選擇權。早在一七九〇年代，紐約證券交易所根據著名的「梧桐樹協議」（Buttonwood Tree Agreement）成立後不久，經紀人就開始出售股票的買權和賣權。

一八六三年六月一日，陷於南北戰爭泥淖，需款孔急的美利堅諸州聯盟（Confederate States of America）❶，發行「利率七%的棉花貸款」。這筆貸款有若干不尋常的條款，倒與衍生性金融商品頗為類似。

這批債券還本不以南方聯盟的貨幣償還，償還地點也不在南方聯盟首都維吉尼亞州的里奇蒙市（Richmond）。它的總值訂為「三百萬英鎊或七千五百萬法郎」，每半年一次，分四十次，任由債券持有人選擇在巴黎、倫敦、阿姆斯特丹、法蘭克福取款——持有人還可以在「交戰雙方和約生效日起，滿六個月之前隨時指定」，選擇以棉花代替現金，每磅棉花定價為英鎊六便士。

❶譯注：美國南北戰爭時期，脫離聯邦的南方十一個州所組成的政府，簡稱南方聯盟。

棉花貸款引進外匯

作戰中的南方聯盟使用相當成熟的風險管理方法，引誘英、法兩國投資人提供購買外國軍火急需的外匯。同時，還能爭取到一批大發國難財的支持者。用英鎊或法郎付款，消弭了南方聯盟貨幣貶值的風險❷。用棉花代替現金還款，不僅可避免通貨膨脹的風險，價格更是低得誘人，當時歐洲棉花價格每磅都在二十四便士左右。更有甚者，「隨時指定」以棉花還款，心思靈活的借款人可利用這個選擇權來避開戰況勝負的影響，趁南方聯盟垮台前就把棉花拿到手。

南方聯盟之所以賣出這些選擇權，願意承擔不確定的風險，是因為它別無選擇。承諾用南方聯盟貨幣償債，會被信用市場當成笑柄，要不至少也要把利率提高到兩位數。現在南方聯盟從借款人獲得的好處是，利率非常低：七%的利率只比當時美國政府的長期利率約高一個百分點。使用選擇權可讓**不確定性本身成為交易的一部分**。

債券的歷史引人入勝。從一八六三年三月開始接受訂購，但按照當時的作風，價款要到九月才收齊。三月上市後有一段短暫的時間，行情高於票面價格，但自從有戴維斯（Jefferson Davis）❸涉及密西西比州若干遭到拒絕償還債券的傳言後，債券行情就一落千丈。南方聯盟財政部擔心訂購者會在九月付款時棄權，於是介入市場，將三百萬英鎊的債券買回了一百四十萬英鎊，以支撐價格。南方聯盟政府在九月順利取得價款，一八六四年的兩次分期還款也順利達成，但一切就到此為止。只有約三十七萬英鎊的票面金額是以棉花償還。

很多人買了選擇權卻不自知

借貸有提前清償權的房屋貸款就是一種選擇權。借款人——屋主——有權決定還款的條件。這種選擇權的價格是多少？通常借款人付給銀行的利率會比沒有清償選擇權的略高。如果貸款利率下跌，屋主可以還清貸款，再以較低的利率重借，而銀行就面臨用高利率貸款換低利率貸款的損失。因為這種選擇權目前幾乎已成為房屋貸款必備的條款，所以很多自用住宅屋主根本沒發現自己為這項權益多付了錢——甚至很多銀行也沒注意到❹！

棉花債券、農夫的期貨契約、鬱金香選擇權，以及房屋貸款提前清償權，都不是看起來很簡單的設計。商業交易都是一場賭博，買方希望低價買進，而賣方希望高價賣出。總有一方要失望。風險管理產品則非如此。它們存在未必是為了牟利，而是做為把風險從厭惡風險者轉嫁給願意承擔風險者的工具。以棉花債券為例，南方聯盟政府承擔外匯的風險、甚至戰勝的風險，為的是節省下若不給選擇權，需付的利率和七％利率之間的差額；甚至還可能爭取到其他條件下不可能借到的錢。購買債券的人則買到減低風險的選擇權，以彌補較低的利率，以及南方聯盟打敗仗的可能性。拿不確定性做交易的雙方都是贏家。

---

❷ 債券甚至還提供英鎊對法郎匯率高於或低於一比二十五的屏障。法國在一八七〇年金元短缺，當時英鎊可兌換二十五塊以上的法郎。

❸ 譯注：南方聯盟的總統。

❹ 這裡有個簡化過的基本觀點。大多數個人住房抵押貸款是與其他抵押貸款包在一起，並在公開市場上賣給各種投資人。實際上，銀行業者已經將預付款的風險轉嫁給更願意承擔風險的市場，這些由抵押貸款支持的證券複雜、不穩定，而且對於業餘投資人而言風險太大。

選擇權利潤無上限

選擇權值多少？從事鬱金香選擇權交易的人，如何決定花多少錢買「買權」或「賣權」，它們的價格又如何隨時間改變？借錢給南方聯盟政府的人如何決定用法郎、英鎊或棉花取款，足以保障他們的風險？房屋貸款人又為提前清償選擇權多付給銀行多少錢？

我們先看股市的選擇權，或許就能對這些問題的答案有較清楚的概念。一九九五年六月六日，美國電話電報公司（AT&T）的股票每股五十美元，AT&T的股票有選擇權，持有人可以在一九九五年十月十五日以前，以每股五十又四分之一美元的價格購買AT&T股票。現在的股票價格還不到五十又四分之一美元——「履約價格」（strike price）；如果股價在選擇權存續期間內始終低於履約價格，選擇權就毫無價值，持有人會損失所有權利金。但這筆權利金就是購買者蒙受的全部損失，也是出售者可望賺到的全部金額。如果AT&T的股票在十月十五日之前，漲到比履約價格加上選擇權買價更高的價位，這個選擇權才有利可圖。事實上，選擇權的潛在利潤可說沒有上限。

一九九五年六月六日，AT&T股票選擇權的當日價格是二．五美元。為什麼？

帕契歐里未比完的骰子遊戲跟這比起來根本是小孩的兒戲！我們不知道巴斯卡和費瑪這兩個「量化分析師」是否能回答這問題，而他們為何不曾做過類似的嘗試。荷蘭的鬱金香熱是一個用「直覺的老辦法」來主導選擇權定價，將會發生什麼慘痛後果的實例，而這事件也只不過比巴斯卡和費瑪奠定機率理論的原則早了二十年；他們改變歷史的研究展開時，記憶一定還很鮮明。或許他們沒注意到選擇權定價的問題，因為這問題的關鍵在於如何設定不確定性的價格，但他們的時代裡還沒有這樣的觀念。

第一個用數學方法而非直覺為選擇權定價的人，是一九〇〇年的巴舍利耶。一九五〇和六〇年代，又有幾個人嘗試，包括薩繆爾森在內。

問題終於在一九六〇年代末，由三個未滿三十的年輕人組成的奇怪搭檔找到答案。擁有哈佛博士學位的物理數學家布萊克，從來沒上過經濟學或財務學。他不久就覺得純學術的科學研究太過抽象，不合口味，於是到總部設於波士頓的利特管理顧問公司（Arthur D. Little）工作。休斯（Myron Scholes）是芝加哥大學企管研究所的財政學新科博士，他讀書是為了逃離家族經營的出版企業，剛開始在麻省理工學院任教。默頓（Robert C. Merton）❺的第一篇論文是〈斯威夫特飛島的「不動」之動〉（The "Motionless" Motion of Swift's Flying Island）❻，他擁有哥倫比亞大學的數學工程學士學位，雖然沒有博士學位，卻已開始以薩繆爾森助教的身分，在麻省理工學院教經濟學。

布萊克在一九九五年去世，得年五十七歲。他頭腦冷靜，沉默寡言；一九八五年，他在美國經濟學會做的會長演講，題目只有兩個字「噪音」（Noise），而且只講了十五分鐘。休斯皮膚黝黑，神經緊繃，講起話來滔滔不絕。默頓很友善，但不受壓制。除了選擇權理論外，三人在財務學上都有很多創新建樹。

故事從一九六五年開始，布萊克跟一位名叫崔諾（Jack Treynor）的同事交上朋友；他日後成為財務學界一位創意十足的理論家，這時事業剛起步，正跟著任教於麻省理工學院、後來贏得諾貝爾經濟學獎的莫迪利阿尼（Franco Modigliani）副修經濟學。崔諾拿自己解釋「市場如何用風險交換報酬」的初步研究模型給

---

❺ 譯注：一九九七年諾貝爾經濟學獎得主。

❻ 譯注：Jonathan Swift為十七世紀英國諷刺作家，傳世之作包括《格列佛遊記》（*Gulliver's Travels*），飛島即這部書中介紹的一個奇幻之境。作者強調這篇早期論文，應是為了凸顯默頓是個興趣廣泛、旁徵博引的人，也曾涉足文學的領域。

布萊克看，布萊克聽得興味盎然，決定嘗試用崔諾的觀念為選擇權估價。他也接受崔諾的建議，加入麻省理工學院每週四晚間的財務研討會，以培養進一步的知識。

三年後，布萊克還瞪著算不出名堂的方程式發呆。崔諾關於市場波動對個別有價證券影響的分析，也跟事實兜不攏。布萊克回憶道：「這時我開始跟休斯合作。」他們每週四晚上在研討會碰頭。布萊克發現休斯也在以同樣方式處理同樣的問題，一樣沒有進展。他們鑽研這方程式愈久，就愈能確定，答案與崔諾的模型無關。

一九七〇年春季，休斯把他跟布萊克碰到的麻煩告訴默頓。默頓立刻也發生了興趣。他不久就指出，他們的研究方向並沒錯，可是連他們自己都沒弄清楚對在哪裡。模型不久後就大功告成。

波動決定價值

這模型雖然有非常複雜的代數演算，但基本觀念很容易了解。選擇權的價值決定於四種因素：時間、價格、利率、波動性。這些因素同時適用於買權和賣權，下面只用買權解釋，即持有人有權用指定價格購買某種股票。

第一種因素是買權的到期期限；期限長的選擇權比期限短的選擇權有價值。第二種因素是當前股價跟選擇權契約所訂持有人買或賣股票價格的差距——即履約價格；選擇權在實際價格高於履約價格時，比低於履約價格時更值錢。第三，價格也決定於買方在等候執行選擇權期間，所付款項可以賺取的利息，或賣方在同一期間，可從議定資產獲得的收入。不過最重要的首推第四種因素：標的資產的波動性。如上個例子談到的AT&T股票，這種股票的市價是五十美元，持有選擇權的人有權利在一九九五年六月六日至十月十五日之間，以五十又四分之一美元買進。

AT&T的股票上漲或下跌的機率無關緊要。唯一重要的是股價變動的幅度有多大，而不在於它的變動方向。價格變動的方向跟選擇權的價值無關，這個觀念完全違反直覺，也說明了布萊克和休斯為何要花那麼多時間，才能找到他們追尋的答案——雖然它一直明明白白攤在他們眼前。問題的核心在於選擇權的本質本來就不對稱：投資人的損失局限於選擇權的權利金，但潛在的利潤卻沒有上限。

在選擇權有效期間內，如果AT&T的股票變成四十五美元、四十美元，甚至二十美元，持有選擇權的人充其量損失兩塊五毛。當股價介於五十又四分之一與五十二又四分之三美元之間，持有人就賺不回他的兩塊五毛。但股價如果超過五十二又四分之三美元，至少在理論上，利潤可達無限大。將所有變數納入考慮後，布萊克與休斯的模型顯示，AT&T選擇權在一九九五年六月的價值，遠超過兩塊五毛，因為投資人預期，這檔股票的波動幅度在選擇權有效的未來四個月內為一〇%。

波動性永遠是最重要的決定因素。我們用軟體業領袖微軟的股票跟AT&T做對照。AT&T同一天的股價是五十美元，它的選擇權價格為二．五美元；微軟的股價是八十三又八分之一美元，四個月內以九十美元買進一口微軟股票的選擇權，定價為四．五美元。這個選擇權的價格比AT&T選擇權高了八〇%，但微軟股票的價格只比AT&T高六〇%。微軟的履約價格跟市價的差距將近七美元，而AT&T的兩者差距僅四分之一美元。市場很明顯的預期微軟波動性會高於AT&T。根據布萊克—休斯模型，市場預期未來四個月內，微軟的波動性正好是AT&T的兩倍。

微軟的股票風險遠比AT&T大。一九九五年，AT&T的營收將近九百億美元，有兩百三十萬名股東，幾乎全美的住家與企業都是它的客戶——即使其壟斷地位和未曾間斷的股利發放政策都已經開始衰退。微軟的股票在一九八二年才公開上市，當時它的營收僅六十億美元，客戶層也遠比AT&T狹窄，還有精明的競爭對手虎視眈眈，等著突破它對軟體市場的箝制——這家公司也從沒有付過股利。

跌得快也漲得快

買賣選擇權的人都了解這些差異。但唯一重要的就是股價會動，因為跌得快的股票，漲得也快。買入選擇權的人追求的是行動；賣出選擇權的投資人卻巴不得股價原地踏步。如果微軟漲到一百美元，持有選擇權的人會向賣出選擇權的人要求以九十美元買進，後者就損失了十美元。但如果選擇權交易後，微軟的股價一直停留在八十三美元附近，賣出選擇權的一方，就輕輕鬆鬆有四．五美元入袋。同樣的道理，在利率上下波動時提前清償住宅貸款的權利，也比利率穩定時更有價值。

選擇權跟保險雷同處甚多，就像是表親，一般人買賣的理由也大致相同。事實上，若把保險換成可交易的有價證券，定價的方式也會跟選擇權如出一轍。在保障期限內，買保險的人有權提出物件——燒掉的房屋、撞壞的汽車、醫療帳單，甚至他自己的屍首——要求保險公司依照事先議定的價格履行收購，保險公司就有責任要付給他雙方就損失約定的價格。如果房屋未燒毀，汽車未發生意外事故，被保險人一輩子健健康康，活過平均壽命，他的保費就算白繳，什麼也拿不回來。保費的擬定跟每一事件不確定的程度有關——房屋的結構、車齡與駕駛人的年齡、被保險人的病歷、他從事的行業是礦工或電腦操作員等。我們稱作選擇權的衍生性金融商品，擴充了可保險的風險種類，使阿羅理想中各式風險都可以投保的世界，距離實現更近了一步。

衍生性金融商品交易的不是股票、利率、人命、易起火燃燒的房屋或房屋貸款，**衍生性金融商品交易的標的物就是不確定性**。所以微軟的選擇權會比AT&T的選擇權貴，在加州保地震險會比緬因州貴，借錢給南方聯盟的人可以享有那麼優惠的附加條件，銀行家會在意房屋貸款的利率下跌。

芝加哥交易所開張

布萊克和休斯將他們有關選擇權定價的觀念寫成一篇文章，並在一九七〇年十月交寄給《政治經濟學期刊》（*The Journal of Political Economy*）——這是芝加哥大學出版的一份極具聲望的學術期刊。編輯立刻拒絕了這篇論文，理由是布萊克和休斯光談財務，不談經濟❼。哈佛大學的《經濟與統計評論》（*Review of Economics and Statistics*）也以同樣的速度退回論文。兩種刊物甚至懶得找人審核這篇文章。這篇論文直到兩位芝加哥大學頗具影響力的教授出面，才終於刊登在一九七三年五、六月號的《政治經濟學期刊》上，這是一篇現在公認為經濟學與財務學領域極其重要的研究。

或許是奇妙的巧合，芝加哥選擇權交易所（Chicago Board Options Exchange）也在一九七三年四月開張，剛好是布萊克與休斯的論文出版的前一個月。這個一般習稱為CBOE的交易所，最早是在老牌期貨交易中心的芝加哥期貨交易所（Chicago Board of Trade）的吸菸室營業。有史以來第一次，CBOE提供買賣股票選擇權的人標準化的契約，選擇權可隨時買賣，具有變現能力。CBOE也承諾嚴格管理交易行為，及時公開所有交易內容。

第一個交易日就有十六種選擇權做成九百一十一筆交易。到了一九七八年，每天平均有十萬筆契約。一九九五年中，每天有一百萬筆選擇權交易。此外，全國四個交易所每天共約經手三十萬筆交易，每筆交易代表一百股的股票，可見相對於股市，選擇權市場的規模已相當可觀。

CBOE如今也已躍居全球最先進的交易中心，有寬敞的交易大廳，占地一英畝半的地下室擺滿電

❼布萊克懷疑情況不這麼簡單，而是因為他沒有經濟學位，所以遭到編輯基於門戶之見的排斥。

腦，線路長度足夠繞地球赤道兩圈，電話系統足供五萬人口的城市使用。

還有一個巧合。布萊克與休斯的論文發表在《政治經濟學期刊》而CBOE也開始營業時，掌上型電子計算機也同時問世。布萊克與休斯的論文出版半年內，德儀公司（Texas Instruments）就在《華爾街日報》上刊登了一幅半頁廣告，宣稱：「你現在可以靠……我們的計算機，用布萊克—休斯公式算價格了。」不久，買賣選擇權的人就都使用布萊克與休斯論文中的術語，諸如避險比率（hedge ratio）、戴爾塔值（deltas）、隨機微分方程式（stochastic differential equations）。風險管理一躍進入了新時代。

投資組合保險

一九七六年九月，加州大學柏克萊分校三十五歲的財政學教授李蘭德（Hayne Leland）徹夜未眠，擔心家中生計。照他自己的說法：「生活方式瀕臨危機，必須另起爐灶。」

需要為發明之母：李蘭德正絞盡腦汁。處於一九七三年至七四年債市與股市相繼崩盤的災難餘波中，他必須赤手空拳克服資本市場瀰漫的厭惡風險的心態。他設計出一種類似保險，可確保意外發生時，投資組合不致蒙受損失的系統。投保的投資人，可以投注大部分——甚至全部的——資金購買股票。跟所有選擇權持有人一樣，他們享有獲利的無限上綱，而損失不過是一筆保費。李蘭德愈想愈樂不可支。

天明時分，他確信自己想通了。他嚷道：「我找到了！現在我知道該怎麼辦了！」但下了床，他還得解決一大堆理論與技術上的難題。他立刻跑到柏克萊同事魯賓斯坦（Mark Rubinstein）的辦公室。魯賓斯坦是一位出色的理論家兼嚴肅的學者，曾在太平洋股票交易所（Pacific Stock Exchange）做過營業員，賣過選擇權。

李蘭德疲憊而狂熱的說明他的構想。魯賓斯坦的第一個反應是：「我很意外我從來沒想到這個點子。」他熱心贊助，兩人甚至就在第一次討論中，同意一起成立一家公司來賣他們的產品——這產品理所當然就叫作「投資組合保險」（portfolio insurance）。

照李蘭德的形容，投資組合保險模擬持有賣權的投資組合——有資格在一段固定時間內，以特定價格將一筆資產賣給某人。假設一位投資人以每股五十美元買進一百股AT&T的股票，同時買進履約價格為四十五美元的AT&T賣權。那麼不論AT&T股價跌到什麼程度，這位投資人充其量只會賠掉五美元。AT&T股價如果在選擇權到期前跌成四十二美元，投資人還是可以把股票賣還給賣他選擇權的人，並收回四千五百美元。然後再回到市場上，以四千二百美元買回股票。在這個情形下，賣權的價值是三百美元，投資人的損失絕不超過五百美元。

李蘭德的觀念是，用他稱之為「動態規畫系統」（dynamically programmed system）的方式來模擬賣權，指點客戶在股價下跌時拋出，增加手頭持有的現金比例。股價跌至客戶設定的停損點時——上例中即為AT&T的四十五美元——投資組合就百分之百變現，不再蒙受損失。如果股價回升，投資組合會再以類似的規畫，投入現金。如果股票從未跌至買進價格之下，投資組合享有所有增值的好處。就如同最基本的選擇權，動態規畫的細節需視起始價格至停損點的距離、投資時間的長度、投資組合預期的波動幅度而定。

起始點與停損點的距離，與保險的自付額類似：這部分的損失必須由投保人自行負擔。保險的成本是逐步發展的。當市價走下坡時，投資組合逐漸變現，但仍保有若干股票；在市價上揚時，投資組合就開始買進，但仍保留若干現金。結果是，投資組合不論在空頭或多頭市場的表現，都會稍微落後大盤；這種績效的差距就等於保險費。市場波動性愈強，績效落後的費用就愈高，正如同傳統保險，保費的高低決定於投保項目的不確定程度。

在李蘭德與魯賓斯坦那場決定性的會晤後，又隔了兩年，他們確信已排除一切困難，決心出發。他們一路行來，有不少次驚心動魄的經驗，包括電腦程式設計上的一次重大錯誤，差點讓他們以為整個觀念都不可行。魯賓斯坦開始時用自己的錢投資，在大獲成功後，連《財星》（*Fortune*）雜誌都來做專訪。一九七九年，他們積極從事行銷，但結果顯示，兩位學者推銷這觀念實在力有未逮。他們拉來精通投資組合理論的專業行銷家歐布萊恩（John O'Brien）入夥；一九八〇年秋季，歐布萊恩拉到第一位客戶。不久，各界對投資組合保險的需求就吸引到許多大公司加入競爭，包括舊金山富國銀行的投資組合管理群。一九八七年，購置投資組合保險的資產多達六百億美元，大部分是大型退休基金。

在一開始的執行上也有相當困難，因為同時處理幾百種股票的買單與賣單，手續複雜且成本高昂。此外，管理退休基金的投資組合經理人，都不願意在不假思索的時間限制下，聽命於外人買進或賣出任何股票。

開放標準普爾五百指數期貨交易

好在這些問題在標準普爾五百指數的期貨指數市場於一九八三年開放後就迎刃而解。期貨指數契約跟前面介紹過的農產品期貨契約類似，但有兩點不同：標準普爾五百指數期貨是有組織、有法律規範的交易，不是個人或業者的個別行為：五百指數中的股票也不像具體的商品，無法在契約到期時實際交貨。因為契約價款是依指數在簽約日至到期日之間的變動而定，所以投資人每天的交易都要用現金補足差價的變動，也使契約都有足夠的擔保（fully collateralized）。因此，投資人不論何時要買賣指數期貨契約，交易所都可接手。

標準普爾期貨指數還有一點吸引力，它提供投資人一種有效而價廉的方式來買賣整個市場的股票——相對於在有限的時間內買賣大量股票。這實在太方便了。投資人的投資組合和管理經理人都不需更動，期貨指數大大簡化了投資組合保險的執行機制。

對簽約的客戶而言，投資組合保險真如同所有投資人夢寐以求、管理風險的理想形式——在無虞損失的環境中追求財富。它的運作跟實際的賣權只有一點不同，跟真正的保險也只有一點不同。

然而，這些不同之處茲事體大，而且有關鍵性的影響。賣權就是一種契約：賣出AT&T賣權的人，在持有人決定出售股票時有買進的法律義務。芝加哥期貨交易所要求賣方提存保證金，以確保買方的權益。保險公司也簽合約，保證履行理賠責任，此外也會存一筆準備金，以應付可能發生的事件。

當股價下跌時，用於清償有保險的投資組合的現金從哪兒來？從股市來——來自被保險的投資人想要把股票賣給其他投資人。但是，手上沒有準備金或抵押，又怎麼能確保有需要時可以立刻變現？市場沒有法律義務保障李蘭德、魯賓斯坦，或其他投了保的投資組合不受損失。其他投資人甚至對他們扮演的角色渾然不覺。在李蘭德的假設中，買主非出現不可，但他沒有辦法保證他們真的會挺身而出。

黑色星期一崩盤

李蘭德和魯賓斯坦的紙上談兵，終於在一九八七年十月十九日星期一嘗到了苦果。前一週是場大災難。道瓊工業平均指數狂瀉二百五十點，下跌將近一〇%，幾乎一半的指數是前一個星期五一天之內跌掉的。週末就醞釀了大量賣單，並等著在週一開市時拋出。指數在中午時分已跌了一百點，接下來兩小時內，又跌了二百點，收盤前一小時又十五分，又跌了將近三百點。掌管投資組合保險的經理人，費盡九牛二虎之力執行早已規畫好的拋售行動，但他們的行動只是讓早已瀰漫整個市場的賣壓，變得更加無法遏止。

塵埃落定後，持有保險的投資人的處境比大多數其他投資人都好。他們在十月十九日之前那個星期，已經拋售了一些股票，大多數人在停損點或略低於停損點的價位就已脫身。但是，股票的售價遠低於預期。

推動投資組合保險的「動態規畫」低估了市場的波動性，也高估了它本身的變現能力。實際狀況就如同採取浮動費率，而非固定費率的人壽保險，保險公司有權在被保險人體溫上升，早夭的機率也隨之逐步升高時，調高保費。在發燒的市場裡，投資組合保險的成本遠比紙上計算的高。

避險商品

投資組合保險這場不愉快的經驗，並未使對投資管理產品愈來愈大的胃口稍減，只不過投資組合保險卻在市面上銷聲匿跡。一九七〇與八〇年代，到處充滿了波動性，甚至原先波動性不存在或不明顯的地方，也能看見它蠢蠢欲動。一九七一年，美元不用再跟黃金連動，可以自由浮動之後，外匯市場也出現波動；一向風平浪靜的債券市場，隨著利率在一九七九年到一九八〇年代中期大幅波動，也開始動盪不安；油價在一九七三年和一九七八年兩度大幅調升，也帶動期貨市場大起大落。

油價在這些意料之外的波動，不久就殺得企業界屍橫遍野，惴惴不安的企業主管已預見，驚天動地的變故即將翻轉整個經濟環境。例如，接駁大西洋兩岸的湖人航空（Laker Airlines），一開始經營得非常成功，卻在訂購麥道公司（McDonnell-Douglas）新飛機，以迎合快速增加的乘客群後，宣告破產；主要因為該公司大部分收入都是英鎊，美元匯率不斷攀高，湖人航空就無法賺到足夠的錢，以美元償還新DC-10飛機的價款。信譽良好的儲貸機構在應付給存款人的利率上漲，而來自固定利率房貸的收入原地踏步後，紛紛不支倒地。波斯灣戰爭期間，油價飛漲，大陸航空（Continental Airlines）也沒能撐下去。

結果金融市場出現一批新的顧客：企圖把匯率、利率、期貨價格等新風險，轉嫁給更有能力承擔的企業。企業界的反應果不出康納曼和特沃斯基所料，不過又加了一點小花樣。我們或許會預期，潛在損失的痛苦會大於潛在收益的滿足，所以厭惡風險的心態會影響策略性的決策。但是波動在始料未及的領域出現，企業經理人就像從前的農夫，開始為公司的生存機會擔憂，而不只是考慮收益不夠穩定，會引起股東不滿而已。

企業也可以進入流通性大、本質活潑的選擇權與期貨市場——現在還包括利率、匯率、期貨與股價指數等——避險，這些市場上的商品以盡可能吸引更多的投資人為目標。大多數企業的風險管理在保障範圍與時間上，都有特殊的要求，很難在公開市場上立刻找到買主。

名目價值數以兆計

華爾街一直是理財新點子的溫床，每當市場有新需求，證券商總是奮勇爭先，不肯後人。擁有全球商業網絡的各大銀行、保險公司、投資公司（investment banking firm），立刻由專業經紀人、財務工程師組成新單位，為企業界量身定做風險管理產品，包括利率、貨幣、原物料、價格。不久，這些契約的潛在資產價值——通稱「名目價值」（notional value）——就高達數以兆計的美元；不了解運作方式的人，對這麼龐大的數字感到既震驚又害怕。

如今雖然有大約兩百家公司從事這行業，但主要業務都集中在大公司手中。一九九五年，僅商業銀行就擁有名目價值十八兆美元的衍生性金融商品，其中十四兆美元由六家銀行瓜分：美華銀行（Chemical）、花旗銀行（Citibank）、摩根銀行（Morgan）、銀行家信託（Bankers Trust）、美國銀行（Bank of America）、大通銀行（Chase）❽。

這些理財商品運作的方式，幾乎都跟期貨交易的現金付款條件類似。各方的付款義務只限於潛在價值

❽編按：摩根與大通銀行已在二〇〇〇年合併。

的**零頭**，而不是龐大的名目價值的總金額。同一家銀行或同一家企業跟另一方有契約生效時，付款通常涵蓋全部的合約，並不視為個別的交易。結果相關的債務就比名目價值小很多。根據國際清算銀行（Bank of International Settlements）一九九五年做的一項調查，全球流通在外的衍生性金融商品的名目價值，不包括在正規交易所交易的衍生性金融商品，就高達四十一兆美元，但如果持有人都毀約不付款，債權人的總損失僅一・七兆美元，亦即名目價值的四・三％而已。

這些新商品基本上都是傳統選擇權或期貨的混合，但最成熟的版本卻已結合了所有我曾介紹過的風險管理的創見；從巴斯卡三角到高斯的常態分配，從高爾頓的均值回歸到馬科維茨對共變異數的強調，從伯努利的抽樣觀念到阿羅追尋的萬能保險。為如此複雜的組合訂立價目，其難度已超出布萊克、休斯、默頓絞盡腦汁設計的公式所能及。事實上，他們三人也曾協助華爾街設計新式風險管理產品，並訂定它們的價值。

但一種因範圍特殊以致不能在公開市場上交易，而需要另做設計的衍生性金融商品，到底要賣給誰呢？承擔企業避之唯恐不及的波動性，誰有那麼大的投機癮呢？實際上，很少投機客投入這些量身定做的交易中。

在某些情形下，對方恰好是有相反需求的另一家公司。例如，一家尋求油價下跌屏障的石油公司，可以跟一家需要規避油價上漲風險的航空公司搭配。一家需要美元供應美國分公司的法國公司，可以幫助一間設有法國分公司的美國公司，分擔法郎方面的風險，以交換美國公司照顧它的分公司在美元上的需求。

需求各異降低波動性

但完美的搭配可遇不可求。大多數情況下，都由銀行或提供特殊服務的證券商來扮演搭配的角色，以賺取費用或差額。這些銀行或證券商可視為保險公司的化身：透過為一大群各自迎合不同需求的服務分散風險，所以有能力承擔企業千方百計規避的波動性。如果帳目無法平衡，還可以利用公開市場中交易的選擇權和期貨消除一部分的風險。金融市場綜合分散投資以降低風險的方法，巧妙的將現代社會波動性的模式，轉變為管理起來更方便的風險，這是其他情形下做不到的。

大公司在避險工具跌跤

一九九四年，看起來相當健全、明智、講理性、高效率的風險管理產品，忽然出了問題，使原本靠風險管理業者抵擋風險的客戶損失慘重。令人意外的還不止事件本身：真正令人震驚的是，受害者中還有幾家聲望頗著的大公司，包括寶僑、吉卜森卡片公司（Gibson Greetings）、德國金屬公司（German Metallgesellschaft AG）等。

避險工具反而給人帶來麻煩，但問題不能怪它。相反的，公司若在避險工具上賠錢，通常代表稍早已經賺了一票。如果石油公司在防範油價下跌的避險措施上賠錢，在此之前，油價一定曾高漲，讓它大賺而種下避險失靈的因；如果航空公司在防範油價上漲的避險措施上蒙受損失，也必然是因為油價曾經下跌而降低過營運成本。

衍生性金融商品為知名大公司帶來災難，原因很簡單：主管增加這些企業暴露在波動風險下的機會，而沒有設法減少。他們把公司的財務部門變成營利中心，把機率低的事件當作永遠不會發生。每逢在承擔定額損失或賭博之間做選擇，他們總是決定賭一把。他們忽略了投資最基本的原則：**要賺大錢就必須承擔賠大錢的風險**。

吉卜森卡片公司跟銀行家信託公司的一連串衍生交易中發生的嚴重問題，可視為展望理論的絕佳實例。銀行家信託公司在一九九四年就通知吉卜森的財務長，該公司的損失已達一千七百五十萬美元——這位財務長還透露，銀行家信託公司也告訴他，損失「可能沒有上限」。吉卜森立刻簽了新約，把停損上限訂為二千七百五十萬美元，另一方面，如果諸事順利，損失則可減少為三百萬美元。展望理論預測，輸了錢的人寧可繼續賭下去，也不願認賠了結。吉卜森原本可以認賠一千七百五十萬美元了結，但他選擇了賭博。另一家公司的主管形容這現象說：「它非常像賭博。你總是想，我只要賭最後一把就歇手。」但吉卜森賭了一把又一把；直到損失累積為二千零七十萬美元才歇手：它控告銀行家信託公司「違反信託關係」。

《財星》雜誌記者盧米絲（Carol Loomis）報導，寶僑公司「在一九九四年被槓桿額度驚人、又複雜得令人昏頭轉向的衍生性金融商品蠶食鯨吞、元氣大傷」。這也是銀行家信託公司提供，該行在商業財務刊物上的全頁廣告宣稱：「風險有許多種偽裝。銀行家信託公司擅長幫助你看穿它的面具。」

寶僑的主管像吉卜森的一樣，亦步亦趨追隨展望理論。財務長梅因斯（Reymond Mains）稱不稱職，不是根據他為公司爭取到的貸款絕對利率高低，而是問：「你最近為公司做了些什麼事？」換言之，高層主管只在乎梅因斯讓公司今年比去年少付多少錢。

導致這些問題的交易，細節非常複雜——分析起來會像哈佛管理學院的個案研究一樣有趣。貸款契約於一九九三年秋季簽訂，這之前的一連四年，短期利率年年都下降，從一〇%減至不到三%；這筆交易顯示寶僑以為，經過如此長期的下跌後，利率大幅回升的可能性微乎其微，幾近於不可能。很明顯的，這群主管誰也沒讀過高爾頓——他們從未聽說過均值回歸。

利率大地震

他們為了一筆不過是省點小錢的賭注而孤注一擲。寶僑向銀行家信託公司借貸一筆為期五年、面額兩億美元的貸款。這筆借款若與商業票據借貸相較，寶僑可省下七百五十萬美元的利息。但《財星》指出，如果出紕漏——利率不再下跌，反而向上攀升——寶僑就得「收拾利率大地震的後果」。

一九九四年二月四日，距簽約還不到四個月，聯邦準備理事會宣布調高短期利率，整個市場為之譁然。盧米絲報導：「猛烈的大地震開始了。」很明顯，寶僑的主管也沒聽過康納曼和特沃斯基，因為在損失浮現後，該公司還在二月十四日又借了第二筆錢，這次是借九千四百萬美元，為期四年三個月，他們還是賭利率會下跌。

利率沒有跌。商業票據利率二月是三・二五%，十二月已漲至六・五%，而基本利率從六%調高成八・五%。這對寶僑是場大災難，因為根據最初的貸款契約，他們必須付給銀行家信託公司高達一四・五%的利率，直到一九九八年年底為止；而他們還得在同一期間內，為第二筆借款付一六・四%的利率。

寶僑在這次事件中，也控告了銀行家信託公司。截至一九九六年為止，寶僑都還沒還過一毛錢，不過梅因斯已離開了寶僑。

犯錯就血本無歸

我們如何解釋這一切？衍生性金融商品是魔鬼誘人自尋死路的發明，或是風險管理的最終出路❾？像寶僑和吉卜森這樣的公司惹上一身麻煩，已經夠糟了，但這麼多人都要規避風險並把風險轉嫁給別人，是否代

---

❾討論關於衍生性金融商品的文獻數量非常多，我特別推薦一九九四年秋季號的《應用公司財務期刊》（*Journal of Applied Corporate Finance*），整本雜誌都討論這個題目，以及史密森（Charles W. Smithson）與斯密斯（Clifford W. Smith, Jr.）合著的《管理財務風險：衍生性金融商品、財務工程、價值最大化指南》（*Managing Financial Risk: A Guide to Derivative Products, Financial Engineering, and Value Maximization.* New York: Irwin）。

表整個金融體系都面臨危機了呢？別人又能把這份責任處理得多好？從更基本的層面來看，二十世紀已接近尾聲，衍生性金融商品備受歡迎，是否告訴我們社會上的風險觀以及未來有多麼不確定？我會在下一章，亦即最後一章回答這個問題。

《金融時報》（*Financial Times*）的專欄作家莫根（James Morgan）曾說：「衍生性金融商品就像剃刀，你可以用它刮鬍子……也可以用它自殺。」但每個人都有選擇，沒有必要自殺。

諸如寶僑等公司，到底誰說服誰？真相難明，但災難的原因卻很清楚：他們選擇去面對波動的風險，而不是逃避。他們對利率的判斷，挾持了周轉的穩定性，亦即長程發展的完整性。銀行家信託公司及其他衍生性金融商品業者，根據巴斯卡三角、高斯的鐘形曲線、馬科維茨的共變異數來管理帳目時，這班企業冒險家只依賴凱因斯的信心度。但是，這卻不是拿企業孤注一擲或展現「不變性的失效」的時機。

自以為對未來一清二楚的投機者，總是冒一犯錯就血本無歸的風險。漫長的理財史充斥著豪賭而傾家蕩產的故事。我們沒有必要為了快點破產而買入衍生性金融商品，也不需要為了衍生性金融商品已成為廣泛使用的理財工具而加快破產的速度。工具只是信差；投資人才是訊息。

一九九四年，幾家企業的虧損成為轟動一時的報紙頭條，但對所有其他人都不構成威脅。但假設事態朝反方向發展——假設企業大賺其錢，而不是虧本。這些交易的對方又付得出錢嗎？衍生性金融商品的提供者，大都是金融中心型態的大銀行，或頂尖的投資公司與保險公司。這些大玩家在一九九四年的驚奇風暴中，都比一九九三年少賺了錢，卻**都完全沒惹上麻煩**。以銀行家信託公司為例，其報告上寫明，所有損失「都在資本限度之內，我們隨時掌握風險的程度……風險管制步驟運作良好」。

這些機構是全球經濟體系財務清償能力的支柱。每一天經手數百萬件交易，複雜的脈絡牽涉數以兆計的美元。錯誤的容許度極小。一旦發生問題，絕非任一家機構所能獨力承擔，所以基於衍生性金融商品潛在的波動性，對風險規模和分散風險的控制，絕不能有任何缺失。

系統風險頓成焦點

從各機構的管理階層到政府的監管單位，人人都知道這個危機。「系統風險」（systemic risk）一詞已成為圈內的流行語，也是全球各國中央銀行和金融部門注意的焦點。對系統內整體受風險影響程度的評估方法，日趨廣泛與成熟[10]。

但是，絕對安全的保障與扼殺能夠減少企業周轉波動的經濟改革，僅一線之隔。對周轉波動預做防範的企業，有本錢投資高層次研發，並承擔來自內部的風險。金融機構本身對利率或匯率波動很敏感；所以只要能規避這些方面的波動，就能提供更多的貸款給更多合格的借貸者。而社會也能從中受益。

一九九四年十一月，時任聯邦準備理事會主席的葛林斯班（Alan Greenspan）宣稱：「有人以為銀行主管的職責是使銀行的缺失減至最少，甚至完全不犯錯；但在我看來，這觀念是錯誤的。承擔風險的意願，對自由市場的經濟成長不可或缺……如果所有存款人和他們的財務中間人，都只投資無風險的資產，企業永無發揮成長潛力的可能。」

[10] 一九九五年七月，美國聯邦準備理事會、財政部、聯邦儲蓄保險公司，聯合提出一份要求商業銀行控制交易風險的提案，涵蓋外匯、期貨、負債與資產工具的交易等，徵求各界評議。這份密密麻麻的文件，長達一百三十頁。另外，由各大經濟國央行代表組成的「巴塞爾委員會」（Basel Committee），曾提出一個監督銀行與證券公司衍生性金融商品活動的架構；這份資料於一九九五年五月十六日，由聯邦準備理事會出版。

第19章 等待紊亂

統計學大師甘德爾曾說：「人類不是從上帝那兒取得社會控制權……然後交由機率操縱。」前瞻新千禧年的來臨，我們對於控制風險，追求進步，有什麼樣的展望？

萊布尼茲在一七〇三年提出的警告：「自然界很多事都會循一定的模式再度發生，但並非每件事都如此。」這番話在今天仍跟當年他寫信給伯努利時一樣適用。我在導言中已指出，這就是關鍵。沒有它，就不會有風險，因為每件事就都可以預測。沒有它，就不會有改變，因為每件事都會跟原先一模一樣。沒有它，生命就不再神祕。

本書人物所追求的，都是以了解自然自我重複傾向中含有什麼意義為出發點，但他們的努力尚未臻於完美。儘管創造了許多別出心裁的工具，這謎團還有很多未解之處。不連續、不規則，波動似乎非但沒有減少，還愈來愈多。理財世界裡，新工具以令人目不暇給的速度湧現，新市場比舊市場成長更快，全球的互相依賴使風險管理愈發複雜。經濟（尤其就業市場）的不安全感是每天的頭條新聞。環境、保健、個人安全，甚至地球，都遭到前所未遇的敵人進攻。

讓社會不再受機率宰制的目標仍然無法達成。為什麼？

上帝不玩骰子

對萊布尼茲而言，從樣本資訊推究通則的難處在於自然界本身太過複雜，而不是因為它善變且難以捉摸。他相信，因為自然界的事件太多，所以光靠一組有限的實驗是不可能得知全貌的。但是，他跟同時代大多數人一樣，他也相信這整個過程背後有一種由上帝主導的潛在秩序。他用「並非每件事都如此」暗示這秩序中有某些部分從缺，但並不是說，這部分就交給隨機擺布，而是在大結構上有個看不見的元素。

三百年後，愛因斯坦也有類似的觀點。他寫給物理學同行玻恩（Max Born）的一封信中，有段名言：「你相信一個會玩骰子的上帝，我卻相信一個完全規律、有秩序的客觀存在的世界。」

伯努利與愛因斯坦都說，上帝不玩骰子。他們也許是正確的。但總而言之，不論我們怎麼努力，人類並不見得能了解與界定客觀存在於世界秩序的所有法則。

伯努利和愛因斯坦都是研究自然法則的科學家，但人類還要跟自然之外的自己奮鬥。事實上，隨著文明進步，大自然不可測的影響變小，人類決策的影響卻變大了。

但在二十世紀的奈特與凱因斯之前，人類之間互相依賴的程度日增的現象，從未受到本書列舉的創新者所重視，這些人出生於文藝復興時代晚期、啟蒙時代、維多利亞時代，所以慣於從自然的角度思考機率，認為大自然的規律性與可預測性也適用於人類。

行為模式不在這些人的考慮之列。他們強調的是機率遊戲、疾病、預期壽命等，完全取決於自然秩序，與人類的決定無關。人類一直被當成理性的動物（丹尼爾．伯努利說，理性是「人類的本性」），這簡化了很多事，以為人類行為就像自然一樣容易預測——說不定還更容易。根據這個觀點，自然科學術語被引用來解釋經濟與社會現象。量化偏好與厭惡風險程度等主觀觀念被視為理所當然，不容異議。在他們舉出的例子裡，個人的決定對其他人的福利沒有任何影響。

情況到了奈特與凱因斯才有改變，兩人都在第一次世界大戰後開始立論著述。他們對不確定性「激進而明確的觀念」，跟大自然或愛因斯坦與玻恩的辯論都無關。在奈特與凱因斯看來，不確定性源於「人類本性」中的非理性，換言之，決策與選擇，不再局限於像漂流荒島的魯賓遜那種處於孤立環境中的人。甚至連堅持人類理性的馮·紐曼也承認，所有人的決策都會影響其他人，每個人都必須把別人對他所做決定的可能反應列入考慮，再做決策分析。此後不久，康納曼和特沃斯基研究「不變性的失效」，理論警察對人類行為的調查就相繼出爐。

雖然二十世紀已經把萊布尼茲心目中的自然之謎解決了大半，但我們還在試圖了解一個更可望而不可即的神祕，那就是「人類如何做選擇與因應風險」。非科學家出身的小說家兼散文家卻斯特頓（G. K. Chesterton）回應萊布尼茲的觀點，並對這個現代觀念做了以下的描述：「我們這世界真正的問題，不在於它是個不講理的世界，也不在於它是個講理的世界。最常見的麻煩是，它似乎有點講理，但又不完全講理。人生也不是那麼不邏輯；但它絕對是個邏輯家的陷阱。它看起來比實際上更符合數學，更有規律性；它一副很精準的模樣，但它的不精準你看不見；它是待機而噬的紊亂。」

處在這麼一個世界裡，機率、均值回歸、分散風險，難道都沒有用武之地嗎？甚至有沒有可能利用解釋自然變異的有力工具，找出不精準的根源呢？紊亂是否永遠在虎視眈眈呢？

鐘形曲線無法反映現實

混沌理論取代巴斯卡等人的學說，是較晚近的觀念。主張混沌說的人宣稱，他們已揭開不精確潛在的來源。混沌理論家說，不精確源自「非線性」（nonlinearity）現象。非線性現象意指，果與因沒有比例的關係，但混沌理論也堅持**所有的果必然有個因**——例如平衡倒立的錐形體會因「一陣輕微的震動」而傾倒——這種說法又與拉普拉斯、龐加萊、愛因斯坦等人殊途同歸。

主張混沌理論的學者認為，對稱的鐘形曲線並沒有反映現實。他們瞧不起線性統計，諸如「報酬與風險大小成正比」，或一般而論，「結果與付出的努力呈系統化的關係」，他們都嗤之以鼻。他們也反對機率、財務學、經濟學的傳統理論。在他們眼裡，巴斯卡的數學三角形只是孩子的玩具。高爾頓是個傻瓜，凱特爾心愛的鐘形曲線則是對現實拙劣而可笑的模仿。

激烈批評混沌理論的考拉法斯（Dimitris Chorafas），把混沌形容為「……對初始狀況極為敏感且與時俱進的演化」。這個觀念最常為人稱道的例子，就是夏威夷的一隻蝴蝶拍一下翅膀，最終會引起加勒比海一場颶風。根據考拉法斯的說法，混沌理論家眼中的世界「永遠精力十足……充滿混亂與變動」。在那個世界裡，偏離常態的現象不會像高斯的常態分配所預測的一樣，對稱的集中在平均值兩側；在這個崎嶇的世界裡，高爾頓的均值回歸也毫無意義可言，因為均數本身也不斷在變。混沌理論中根本沒有均數的觀念。

混沌理論把龐加萊提出的「自然界裡因果無所不在」的觀念發揮到極致，它也駁斥不連續的觀念。乍看不連續的現象，其實根本沒有與過去斷然決裂，而是稍早事件的合理結果。在混沌的世界裡，紊亂隨時等著現身。

應用混沌理論又是另一回事。考拉法斯說：「混沌時間系列的特徵……在於經過的時間愈久，預測的準確性愈低。」這個觀點把應用混沌理論的人困在瑣碎細節充斥的世界裡，訊息都纖小難察，一切都無非是噪音。

正如金融市場的預測員著重波動性，應用混沌理論的人也累積了大量交易的數據，以預測股價、匯率、風險變異等在不久的將來會有什麼變化。他們甚至發現，輪盤轉出的結果也不是完全隨機，雖然這種發現帶來的優勢太小，不足以讓任何賭徒發財。

到目前為止，混沌理論實際的成就跟它的自吹自擂頗有一段距離。應用混沌理論的人把蝴蝶抓在手掌心，但卻追蹤不到牠拍動翅膀帶起的小氣流。不過他們還在努力。

近年來，預測未來的創新方法陸續出現，取的都是「基因演算法」、神經網絡等怪異的名字。這些方法強調波動；在應用上擴充強大的電腦處理資訊的能力。「基因演算法」的目標是模擬基因代代相傳的機制。獲得生存的基因，創造出能活得最久、效率最高的後裔模型❶。神經網絡的設計模擬人腦，並根據經驗，從程式中篩選出處理下次類似經驗最有用的推理邏輯。應用這種方法的人，能夠從一個系統找出可用於預測另一個截然不同的系統，其在未來發展的行為模式；它背後的理論認為，諸如民主制度、科技發展、股票市場等，所有複雜系統都有共同的模式與反應。

現實並無因果關係

這些模型使我們對現實的複雜性有重要的洞察。但是，在金融市場出現其他模型前就已獲得認知的模型中，或輪盤的轉動之間，都沒有因果關係存在的證據。蘇格拉底與亞里斯多德碰到混沌理論和神經網絡，一定會充滿懷疑，正如同支持這套理論的理論家也會對傳統理論滿腹猜忌一樣。

「似真理」跟真理不一樣。沒有一套足以解釋「為何同樣模型會在不同時間、不同系統中重複出現」的理論結構做後盾，這些創新方法無法擔保：今天的信號一定是明天事件的因。威力強大的電腦只能告訴我們一連串意義不明的數據。於是，基於非線性模型或電腦操作的預測工具，依舊難逃傳統機率理論的衝擊：建立模型的材料仍然是過去的數據。

紊亂在不完美之中

告訴我們紊亂會在未來的何時何刻爆發，不是過去的責任。戰爭、經濟蕭條、股市暴漲暴跌、種族大屠殺，這些事件來了又去，但每次的出現都依然讓我們大感驚奇。研究事件的歷史之後，紊亂的來源昭然若揭，但讓我們百思不解的是，當事人為何對即將來臨的事一無所覺？

金融市場本就充滿驚奇。例如，投資人一九五〇年代末期發現，有史以來頭一遭，若將一千美元投資於低風險、高品質的債券，利潤會超過以同樣金額購買一般股票❷。一九七〇年代初，長期利率自南北戰爭以來，首度高於五%，而且此後就一直**停留**在五%以上的水準。

以債券報酬和股票報酬之間如此穩定的關係，以及長期利率那麼多年都一成不變的紀錄，簡直沒有人會想到事態會有所改變。在反循環貨幣制度與預算政策還沒有出現，一般人也不曾有過物價一直上漲，而不是漲一陣、跌一陣的經驗前，也沒有理由做這種考慮。換句話說，改變或許不是無法預測，而是根本匪夷所思。

如果這些事無法預測，那我們又如何能期待用以預測風險管理的精密量化方法即將問世？我們自己的

---

❶名字被用來表示「阿拉伯數字計算法則」的數學家阿爾－花拉子米（參見第二章），若發現他一千兩百年前的發明傳至如今，產生多少子孫，一定也會大吃一驚。

❷從一八七一年到一九五八年，股票報酬平均高於債券報酬一．三個百分點，只有三次過渡性的反轉，最後一次出現在一九二九年。一九五九年三月，柏克（Gilbert Burke）在《財星》雜誌一篇報導中宣稱：「好股票的報酬必須高於好債券，已成為美國的信條，若非如此，股價就會下跌。」（見《銀行信用分析家》〔*Bank Credit Analyst*〕一九九五年號。）我們有理由相信，即使在一八七一年之前，股票報酬也比債券報酬高，但這之前沒有可靠的股市數據。一九五八年以後，債券報酬平均高過股票報酬三．五個百分點。

腦子裡都完全想像不到的觀念，又如何設計出電腦程式？

我們不能把未來輸入電腦，因為拿不到這種數據，所以我們灌進一大堆過去的數據——以做為創造決策機制的燃料。但這兒有個邏輯家的陷阱：擷取自現實生活的過去數據——管它是線性或非線性——構成的是一系列的事件，而不是一組獨立的觀察，而機率法則需要的卻是後者。歷史只提供一種經濟與資本市場的樣本，而不是幾千種各自獨立、隨機分布的數字。即使有很多變數分布在類似鐘形的曲線上，也絕對算不上完美。再一次，「似真理」並不等於真理。紊亂就埋伏在這些偏離與不完美之中。

最後，風險管理的科學即使能控制舊的風險，有時卻會創造出新的風險。我們對風險管理的信心更鼓勵我們冒本來不會冒的險。在大多數情況下，這麼做是有益的，但我們必須提高警覺，不可增加系統承受的風險。研究顯示，安全帶反而會鼓勵駕駛人開車更橫衝直撞。結果是意外次數增加，雖然重傷害是減少了❸。做為避險工具的衍生性金融商品，會引誘投資人變成一味追求報酬的投機飛車大王，涉足企業界的風險經理人根本不予考慮的冒險行為。一九七〇年代末引進「投資組合保險」，鼓勵了前所未見的資產投機。同樣的，保守的投資法人進入未曾嘗試的領域時，都會採取廣泛的分散投資以降低風險——但分散投資並不保證不會賠錢，只能防範不至於一下子就輸個精光。

數字比直覺更可靠

電腦螢幕上羅列的一串串數字、花花綠綠的顏色、精美的圖表，最能讓人安心，也最具說服力。我們全神貫注看著畫面，卻常忘記電腦只會回答問題；它不會提問題。每當我們忽略這個真相，電腦就會助長我們在觀念上所犯的錯誤。只根據數字生活的人或許會發現，電腦已取代古代神諭的地位，指導一般人如何管理風險和做決策。

然而，當數字明顯的比直覺更可靠時，我們也不可排斥。正如康納曼和特沃斯基告訴我們的，直覺常攙雜前後矛盾和短視的成分。曾任英國皇家天文台長的傑出數學家愛里（G. B. Airy）在一八四九年寫道：「我崇拜理論、假設、公式，以及所有能在單調乏味的觀察所產生的絆腳石與泥淖中，幫助犯錯的人尋回正途的東西。」

本書的中心議題就是，書中介紹的傳奇人物，承先啟後，塑造出過去四百五十年來，人類文明進步的方向。無論在工程、醫藥、科學、理財、商業，甚至公共行政方面，至今影響卓著的決策都遵守一套秩序井然的程序，比從前全憑直覺的做法完善得多。這麼做不僅避免也掩飾因判斷錯誤所造成的大災難。

從文藝復興時代的賭聖卡達諾算起，幾何學家巴斯卡、律師費瑪、波爾羅亞修道院的僧人、紐恩登的牧師、賣縫紉用品的葛朗特、大腦不靈光的高爾頓、丹尼爾・伯努利與他的伯父傑可伯、不喜人群的高斯與口若懸河的凱特爾、愛開玩笑的馮・紐曼與深思的摩根斯頓、虔誠的棣美弗與持不可知論的奈特、黝黑的布萊克與喋喋不休的休斯、阿羅與馬科維茨——這些人都改變了風險觀念，使它從「蒙受損失的可能」變成獲利的良機，從**命運**與**原初設計**變成以機率為根據、面面俱到的未來預測，從無助中找到做選擇的方向。

凱因斯雖然反對機械化的應用機率和量化不確定性，但他也承認這一脈思潮對人類有深遠的影響：「大家都認為採取行動時，接受機率的指導符合**理性**，可見它的重要性；公認行動時**應**把機率列入考慮，也足證它值得依賴。因此，機率成了『生活指南』，正如十七世紀英國教育哲學家洛克（John Locke）所說：『就我們思慮所及，上帝只提供了非常含糊的機率。我想，這也滿符合祂安排給我們的，平庸而尚處試用的地位吧。』」

❸ 有關這類案例的詳盡分析，可參考亞當斯（John Adams）所著《風險》（*Risk.* London: UCL Press）一書。

致謝

建議我寫本書來探討風險的是已故的前Free Press出版公司總裁Erwin Glickes。Erwin是深具影響力、說服力和魅力的人物。雖然他認為我長期擔任專業投資人的資歷足以承擔他心目中的重任，但我很快發現，正如我所憂慮，風險不是從紐約證券交易所開始，也不是在紐約證券交易所終止。

這個主題涵蓋的範圍太遼闊、令人望而生畏。風險涉及心理學、數學、統計學和歷史最深刻的層面。文獻龐大無比，而每一天的頭版都會帶來許多引人矚目的新事物。我必須取捨。但我相信，如有遺漏任何重要資料，都是出於我本身的決定，而非疏忽的結果。

為此計畫，我遠比前幾次嘗試寫書時更仰賴其他人的幫助。老朋友，以及許多素昧平生、來自各行各業的陌生人，都提供彌足珍貴的協助、批評和深具創造力的建議。就這件事而言，「廚師」顯然愈多愈好。我對他們感激不盡。沒有他們，就完全不可能有這本書。

照慣例，對另一半和編輯表達的感謝該放在謝詞的尾聲，但在這本書，我選擇先向我的妻子和編輯致謝。他們理應在這裡。

芭芭拉，我的妻子兼事業夥伴，提供了無數創意十足的想法、概念方面的貢獻及有建設性的批評，都是這項任務所不可或缺；書中沒有一頁見不到她的影響。此外，她圓滿地安排我們的生活配合這項計畫，更是我能取得進展、避免混亂的功臣。

John Wiley出版公司的Myles Thompson對這項計畫至關重要。我非常榮幸能得到他老練的編輯建議、享受他熱情的領導、獲益於他專業的管理。從計畫開始到結束，Myles的同事都盡可能面面俱到地和我合作。Everett Sims的文字編輯協助我釐清令人困惑之處，他卓越的解剖功力，更是悉數驅除了原稿一大堆蓬亂贅物，底下的內容完好如初。

感謝幾位雖非職責所在，仍鼎力相助的人士。Peter Dougherty給我無數寶貴的評論和建議，我虧欠他最多。Mark Kritzman不厭不倦地引領我涉過數學和統計學的淺灘。 Richard Rogalski和他在達特茅斯貝克圖書館（Baker Library at Dartmouth）的同事，讓我遠距離使用他們的設備，省下數不清的時間；除了大方協助，Richard的幽默和熱心更是教人歡喜。Martin Leibowitz贈與非常珍貴的資料，豐富了本書的內涵。Richard和Edith Sylla是不屈不撓的研究者，情況再艱難也不放棄。Stanley Kogelman在機率分析上給我珍貴的指導。Leora Klapper是完美的研究助理：努力不懈、熱情洋溢、行事縝密、反應靈敏。

感謝優秀的Molly Baker、Peter Brodsky、Robert Ferguson、Richard Geist和William Lee審閱初稿。有他們助我起跑，我才能把粗糙的草稿轉變為精緻的原料。

下列人士也對我的作品貢獻卓著，在此致上最深的謝意：阿羅、Gilbert Bassett、鮑莫爾、Zalmon Bernstein、Doris Bullard、Paul Davidson、Donald Dewey、David Durand、Barbara Fotinatos、James Fraser、Greg Hayt、Roger Hertog、Victor Howe、Bertrand Jacquillat、康納曼、Mary Kentouris、Mario Laserna、Dean LeBaron、Michelle Lee、馬科維茨、Morton Meyers、James Norris、Todd Petzel、薩繆爾森、Robert Shiller、史密森、Robert Solow、斯塔特曼、Marta Steele、塞勒、James Tinsley、Frank Trainer、特沃斯基和Marina von N. Whitman。

感謝八位人士賜閱完整原稿，並提供專業的評論和建議，讓我受益匪淺。其中每一位都以自己的方式，對內容的品質和本書的風格厥功甚偉，而與本書的缺點無關。這八位是：Theodore Aronson、Peter Brodsky、Jay Eliasberg、海爾布洛納、金德、Charles Kindleberger、Mark Kritzman和史蒂格勒。

最後我要謝謝我已故的父母，Allen M. Bernstein和Irma L. Davis，謝謝他們激發了我投入於創作本書的熱情。

彼得・伯恩斯坦

參考書目

Adams, John, 1995. *Risk.* London: UCL Press.

Alderfer, C. P., and H. Bierman, Jr., 1970."Choices with Risk: Beyond the Mean and Variance." *Journal of Business*, Vol. 43, No. 3, pp. 341–353.

American Academy of Actuaries, 1994. *Fact Book.*

American Demographics, 1995. February.

Ansell, Jack, and Frank Wharton, eds., 1992. *Risk Analysis, Assessment and Management.* Chichester, England: John Wiley & Sons.

Arrow, Kenneth J., 1951. "Alternative Approaches to the Theory of Choice in Risk-Taking Situations." In Arrow, 1971, pp. 1–21.

Arrow, Kenneth J., 1971. *Essays in the Theory of Risk-Bearing.* Chicago: Markham Publishing Company.

Arrow, Kenneth J., 1992. "I Know a Hawk from a Handsaw." In M. Szenberg, ed., *Eminent Economists: Their Life Philosophies.* Cambridge and New York: Cambridge University Press, pp. 42–50.

Arrow, Kenneth, and Frank Hahn, 1971. *General Competitive Analysis.* San Francisco: Holden-Day.

Baker, H. K., and J. A. Haslem, 1974. "The Impact of Investor Socio-Economic Characteristics on Risk and Return Preferences." *Journal of Business Research*, pp. 469–476.

Ball, Douglas B., 1991. *Financial Failure and Confederate Defeat.* Urbana: University of Illinois Press.

Bank Credit Analyst, 1995. Special Supplement, December. Montreal, Canada.

Barnett, A., and A. J. Lofasco, 1983. "After the Crash: The Passenger Response to the DC-10 Disaster." *Management Science*, Vol. 29, No. 11, pp. 1225–1236.

Bassett, Gilbert W., Jr., 1987. "The St. Petersburg Paradox and Bounded Utility." *History of Political Economy*, Vol. 19, No. 4, pp. 517–522.

Bateman, W. Bradley, 1987. "Keynes's Changing Conception of Probability." *Economics and Philosophy*, pp. 97–119.

Bateman, W. Bradley, 1991. "Das Maynard Keynes Problem." *Cambridge Journal of Economics*,Vol. 15, pp. 101–111.

Baumol, William J., 1966."Mathematical Analysis of Portfolio Selection." *Financial Analysts Journal*,Vol.22,No.5 (September–October),pp.95–99.

Baumol, William J., 1986. "Productivity Growth, Convergence, and Welfare: What the Long-Run Data Show." *American Economic Review*, Vol. 76, No. 5 (December), pp. 1072–1086.

Baumol, William J., and Hilda Baumol, 1994. "On the Economics of Musical Composition in Mozart's Vienna." *Journal of Cultural Economics*, Vol. 18, No. 3, pp. 171–198.

Baumol, William J., and J. Benhabib, 1989. "Chaos: Significance, Mechanism, and Economic Applications." *Journal of Economic Perspectives*, Vol. 3, No. 1, pp. 77–106.

Baumol, William J., Richard R. Nelson, and Edward N. Wolff, 1994. *Convergence of Productivity: Cross-National Studies and Historical Evidence.* Oxford and New York: Oxford University Press.

Bayes, Thomas, 1763. "An Essay Toward Solving a Problem in the Doctrine of Chances." *Philosophical Transactions*, Essay LII, pp. 370–418. The text also appears in Kendall and Plackett, 1977, with Price's transmission letter, pp. 134–150.

Bell, David E., 1983. "Risk Premiums for Decision Regret." *Management Science*, Vol. 29, No. 10 (October), pp. 1156–1166.

埃里克・坦普爾・貝爾（Eric Temple Bell）著，李源譯，〈數學王子高斯〉（Gauss, the Prince of Mathematics），《數學大師：從芝諾到龐加萊》（*Men of Mathematic*），上海科技教育出版社，二〇一二年。

Bernoulli, Daniel, 1738."Specimen Theoriae Novae de Mensura Sortis (Exposition of a New Theory on the Measurement of Risk)." Translated from the Latin by Louise Sommer in *Econometrica*,Vol.22,1954,pp.23–36.

Bernoulli, Jacob, 1713. *Ars Conjectandi*. Abstracted in Newman, 1988, pp. 1425–1432.

Bernstein, Peter L., 1986. "Does the Stock Market Overreact?" *Journal of Finance*, Vol. XL, No. 3, pp. 793–807.

Bernstein, Peter L.,1992.*Capital Ideas: The Improbable Origins of Modern Wall Street*. New York: The Free Press.

Besley, Timothy, 1995. "Nonmarket Institutions for Credit and Risk Sharing in Low-Income Countries." *Journal of Economic Perspectives*, Vol. 9, No. 3 (Summer), pp. 115–127.

Blaug, Mark, 1994. "Recent Biographies of Keynes." *Journal of Economic Literature*, Vol. XXXII, No. 3 (September), pp. 1204–1215.

Blinder, Alan S., 1982."Issues in the Coordination of Monetary and Fiscal Policies." In *Monetary Policy Issues in the 1980s*. Kansas City, Missouri: Federal Reserve Bank of Kansas City, pp. 3–34.

茲維・博迪（Zvi Bodie），亞歷克斯・凱恩（Alex Kane），艾倫・J・馬科斯（Alan J. Marcus）著，何文榮，王永昌，林丙輝審閱，《投資學精要》（*Essentials of Investments*），普林斯頓國際有限公司，二〇〇四年。

Boge, Steve, 1988. *Exploration into the Lives of Athletes on the Edge*. Berkeley, California: North Atlantic Books.

Bolen, Darrell W., 1976. "Gambling: Historical Highlights and Trends and Their Implications for Contemporary Society." In Eadington, 1976.

Brenner, Reuven, 1987. *Rivalry: In Business, Science, Among Nations*. New York: Cambridge University Press.

Breyer, Stephen, 1993. *Breaking the Vicious Circle: Toward Effective Risk Regulation*. Cambridge, Massachusetts: Cambridge University Press.

Bühler, Walter, 1981. *Gauss: A Biographical Study*. New York: Springer-Verlag.

Cardan, Jerome, 1930. *De Vita Propria Liber: The Book of My Life*. Translated from the Latin by Jean Stoner. New York: E. F. Dutton & Co.

柴斯特頓（G. K. Chesterton）著，莊柔玉譯，楊秀儀編，《回到正統》（*Orthodoxy*），校園書房，二〇〇九年。

Chichilnisky, Graciela, and Geoffrey Heal, 1993. "Global Environmental Risks." *Journal of Economic Perspectives*, Vol. 7, No. 4 (Fall), pp. 65–86.

Chorafas, Dimitris N., 1994. *Chaos Theory in the Financial Markets*. Chicago: Probus.

Cohen, John, and Mark Hansel, 1956. *Risk and Gambling: The Study of Subjective Probability*. New York: Philosophical Library.

Cone, Carl, 1952. *Torchbearer of Freedom: The Influence of Richard Price on Eighteenth Century Thought*. Lexington, Kentucky: University of Kentucky Press.

尼可拉斯・達華斯（Nicholas Darvas）著，陳儀譯，《我如何在股市賺到二百萬美元》（*How I Made $2 Million in the Stock Market*），經濟新潮社，二〇一七年。

David, Florence Nightingale, 1962. *Games, Gods, and Gambling*. New York: Hafner Publishing Company.

Davidson, Paul, 1991. "Is Probability Theory Relevant for Uncertainty? A Post Keynesian Perspective." *Journal of Economic Perspectives*, Vol. 5, No. 1 (Winter), pp. 129–143.

Davidson, Paul, 1996. "Reality and Economic Theory." *Journal of Post Keynesian Economics*, Summer. Forthcoming.

DeBondt, Werner, and Richard H. Thaler, 1986. "Does the Stock Market Overreact?" *Journal of Finance*,Vol.XL,No.3,pp.793–807.

Dewey, Donald, 1987. "The Uncertain Place of Frank Knight in Chicago Economics." A paper prepared for the American Economic Association, Chicago, December 30, 1987.

Dewey, Donald, 1990. "Frank Knight before Cornell: Some Light on the Dark Years."In *Research in the History of Economic Thought and Methodology*,Vol.8,pp. 1–38. New York: JAI Press.

Dewey, Donald, 1997. "Frank Hyneman Knight." *Dictionary of American National Biography*. Forthcoming. New York: Oxford University Press.

Dixon, Robert, 1986."Uncertainty, Unobstructedness, and Power." *Journal of Post Keynesian Economics*, Vol. 8, No. 4 (Summer), pp. 585–590.

Durand, David, 1959. "Growth Stocks and the Petersburg Paradox." *Journal of Finance*, Vol. XII, No. 3 (September), pp. 348–363.

Eadington,W. R., 1976. *Gambling and Society: Interdisciplinary Studies on the Subject of Gambling*. London: Charles C Thomas.

Edwards, W., 1953. "Probability Preferences in Gambling." *American Journal of Psychology*, Vol. LXIV, pp. 349–364.

Ellsberg, Daniel, 1961."Risk,Ambiguity, and the Savage Axioms." *Quarterly Journal of Economics*, Vol. LXXV, pp. 643–669.

Environmental Protection Agency (EPA), Office of Research and Development, Office of Health and Environmental Assessment, 1992. *Respiratory Health Effects of Passive Smoking: Lung Cancer and Other Disorders.*

Environmental Protection Agency (EPA), Office of Research and Development, Office of Health and Environmental Assessment, 1994. *Setting the Record Straight: Secondhand Smoke Is a Preventable Health Risk.*

Eves, Howard, 1983. *Great Moments in Mathematics (Before 1650)*. The Mathematical Association of America.

Finney, P. D., 1978. "Personality Traits Attributed to Risky and Conservative Decision Makers: Cultural Values More Than Risk." *Journal of Psychology*, pp. 187–197.

Fischoff, Baruch, Stephen R.Watson, and Chris Hope, 1990."Defining Risk." In Glickman and Glough, 1990, pp. 30–42.

Flower, Raymond, and Michael Wynn Jones, 1974. *Lloyd's of London: An Illustrated History*. Newton Abbot, England: David and Charles.

Focardi, Sergio, 1996. "From Equilibrium to Nonlinear Dynamics in Investment Management." Forthcoming. *Journal of Portfolio Management.*

Forrest,D.W.,1974. *Francis Galton: The Life and Work of a Victorian Genius*. New York: Taplinger.

Fox, Craig R., and Amos Tversky, 1995. "Ambiguity Aversion and Comparative Ignorance." *Quarterly Journal of Economics*, Vol. CX, Issue 3, pp. 585–603.

Frankfort, Henri. *The Birth of Civilization in the Near East*. Garden City, New York: Doubleday, 1956, p. 9.

French, Kenneth, and James Poterba, 1991. "International Diversification and International Equity Markets." *American Economic Review*, Vol. 81, No. 1, pp. 222–226.

Friedman, Milton, and Leonard J. Savage, 1948. "The Utility Analysis of Choices Involving Risk." *Journal of Political Economy*, Vol. LVI, No. 4 (August), pp. 279–304.

Galton,Francis,1869.*Hereditary Genius: An Inquiry into Its Laws and Consequences*. London: Macmillan. Abstracted in Newman, 1988a, pp. 1141–1162.

Galton, Francis, 1883. *Inquiries into Human Faculty and Its Development*. London: Macmillan.

Garber, Peter M., 1989. "Who Put the Mania in Tulipmania?" *The Journal of Portfolio Management*, Vol.16, No.1 (Fall), pp. 53–60.

Garland,Trudi Hammel, 1987. *Fascinating Fibonaccis: Mystery and Magic in Numbers*. Palo Alto, California: Dale Seymour Publications.

Georgescu-Roegen, Nicholas, 1994. "Utility." In *The McGraw-Hill Encyclopedia of Economics*, 2nd Ed., Douglas Greenwald, ed. New York: McGraw-Hill, pp.

998–1010.

Glickman, Theodore S., and Michael Gough, 1990. *Readings in Risk*. Washington, DC: Resources for the Future.

Graunt, John. "Natural and Political Observations Made upon the Bills of Mortality." Abstracted in Newman, 1988, pp. 1399–1411.

Greenspan, Alan, 1994. "Remarks before the Boston College Conference on Financial Markets and the Economy." Boston, Massachusetts, September. (Published by Federal Reserve Board,Washington, DC.)

Groebner, David F., and Patrick Shannon, 1993. *Business Statistics: A Decision- Making Approach*, 4th Ed. New York: Macmillan.

Guilbaud, G.Th., 1968. *Éléments de la théorie mathématique des jeux*. Paris: Dunod.

Hacking, Ian, 1975. *The Emergence of Probability: A Philosophical Study of Early Ideas about Probability, Induction, and Statistical Inference*. London: Cambridge University Press.

Hald, Anders, 1990. *A History of Probability & Statistics and Their Applications Before 1750*. New York: John Wiley & Sons.

Hancock, J. G., and Teevan, R. C., 1964. "Fear of Failure and Risk-Taking Behavior." *Journal of Personality*, Vol. 32, No. 2, pp. 200–209.

Hayano, David M., 1982. *Poker Face: The Life and Work of Professional Card Players*. Berkeley and Los Angeles: University of California Press.

Heilbroner, Robert L., 1995. *Visions of the Future*. New York: New York Public Library/Oxford University Press.

Herrnstein, Richard J., 1990. "Rational Choice Theory: Necessary But Not Sufficient." *American Psychologist*, Vol.45, No. 3, pp. 356–367.

Herrnstein, Richard J., and Drazen Prelec, 1991. "Melioration: A Theory of Distributed Choice." *Journal of Economic Perspectives*, Vol. 5, No. 3 (Summer), pp. 137–156.

Hodgson, Godfrey, 1984. *Lloyd's of London: A Reputation at Risk*. London: Allen Lane.

Hoffer, William, 1975. "A Magic Ratio Recurs Through Art and Nature." *Smithsonian*, Vol. 6, No. 9 (December), pp. 111–124.

Hogben, Lancelot, 1968. *Mathematics for the Millions: How to Master the Magic Art of Numbers*. New York: Norton. Originally published 1937.

Howard, R. A., 1984. "On Fates Comparable to Death." *Management Science*, Vol. 30, No. 3, pp. 407–422

Howey, Richard S., 1983. "Frank Hyneman Knight and the History of Economic Thought." In *Research in the History of Economic Thought and Methodology*, Vol. 1, pp. 163–186. New York: JAI Press.

Hsieh, David A., 1995. "Nonlinear Dynamics in Financial Markets: Evidence and Implications." *Financial Analysts Journal*, Vol. 51, No. 4 (July–August), pp. 55–62.

Huff, Daniel, 1959. *How to Take a Chance*. New York: Norton.

Ignatin, George, and Robert Smith."The Economics of Gambling." In Eadington, 1976.

Jackson, Norma, and Pippa Carter. "The Perception of Risk." In Ansell and Wharton, 1992.

Jeffrey, Robert H., 1984. "A New Paradigm for Risk." *Journal of Portfolio Management*, Vol. 11, No. 1 (Fall), pp. 33–40.

史丹利・傑逢斯（Jevons,W.Stanley）著，郭大力譯，《政治經濟學理論》（*The Theory of Political Economy*），商務印書館，一九九七年。

Johnson, Dirk, 1995. "More Casinos, More Players Who Bet Until They Lose All." *The New York Times*, September 25, p. A1.

Jones, Charles P., and Jack W. Wilson, 1995. "Probability Estimates of Returns from Common Stock Investing." *Journal of Portfolio Management*, Vol. 22, No. 1 (Fall), pp. 21–32.

Kagel, John H., and Alvin E. Roth, eds., 1995. *The Handbook of Experimental Economics*. Princeton, New Jersey: Princeton University Press.

Kahneman, Daniel, and Amos Tversky, 1979. "Prospect Theory: An Analysis of Decision under Risk." *Econometrica*, Vol. 47, No. 2, pp. 263–291.

Kahneman, Daniel, and Amos Tversky, 1984. "Choices, Values, and Frames." *American Psychologist*, Vol. 39, No. 4 (April), pp. 342–347.

Kahneman, Daniel, Jack L. Knetsch, and Richard H. Thaler, 1990."Experimental Tests of the Endowment Effect and the Coase Theorem." *Journal of Political Economy*, Vol. 98, No. 6, pp. 1325–1348.

Kaplan, Gilbert Edmund, and Chris Welles, eds. 1969. *The Money Managers*. New York: Random House.

Kelves, Daniel J., 1985. *In the Name of Eugenics*. New York: Knopf.

Kemp, Martin, 1981. *Leonardo da Vinci: The Marvellous Works of Nature and Man*. Cambridge, Massachusetts: Harvard University Press.

Kendall, Maurice G., 1972."Measurement in the Study of Society." In Kendall and Plackett, 1977, pp. 35–49.

Kendall, Maurice G., and R. L. Plackett, eds., 1977. *Studies in the History of Statistics and Probability*, Vol. II. New York: Macmillan.

Keynes, John Maynard, 1921. *A Treatise on Probability*. London: Macmillan.

Keynes, John Maynard, 1924. *A Tract on Monetary Reform*. New York: Harcourt Brace. In Moggridge, 1972, Vol. IV.

Keynes, John Maynard, 1931. *Essays in Persuasion*. London: Macmillan & Co.

Keynes, John Maynard, 1933. *Essays in Biography*. London, Macmillan. This work also appears as Vol. X of Moggridge, 1972.

Keynes, John Maynard, 1936. *The GeneralTheory of Employment, Interest and Money*. New York: Harcourt, Brace.

Keynes, John Maynard, 1937. "The General Theory." *Quarterly Journal of Economics*, Vol. LI, February, pp. 209–233. Reprinted in Moggridge, 1972, Vol. XIV.

Keynes, John Maynard, 1971. *Two Memoirs*. New York: Augustus M. Kelley.

Knight, Frank H., 1964. *Risk, Uncertainty & Profit*. New York: Century Press. Originally published 1921.

Kogelman, Stanley, and Barbara R. Heller, 1986. *The Only Math Book You'll Ever Need*. New York: Facts on File.

Kritzman, Mark, 1995. *The Portable Financial Analyst*. Chicago, Illinois: Probus.

Kruskal, William H., and Stephen M. Stigler. "Normative Terminology: 'Normal' in Statistics and Elsewhere." Unpublished manuscript, September 15, 1994.

Lakonishok, Josef, André Shleifer, and Robert Vishny, 1993."Contrary Investment, Extrapolation, and Risk." Cambridge, Massachusetts: National Bureau of Economic Research.

Laplace, Pierre Simon, 1814. "Concerning Probability." In Newman, 1988a, pp.1301–1309.

Lease, Ronald C., Wilbur G. Lewellen, and Gary G. Schlarbaum, 1974. "The Individual Investor, Attributes and Attitudes." *Journal of Finance*, Vol. XXIX, No. 2 (May), pp. 413–433.

Leinweber, David J., and Robert D. Arnott,1995. "Quantitative and Computational Innovation in Investment Management." *Journal of Portfolio Management*, Vol. 22, No. 1 (Winter), pp. 8–16.

Leonard, Robert J., 1994. "Reading Cournot, Reading Nash: The Creation and Stabilisation of Nash Equilibrium." *Economic Journal*, Vol. 104, No. 424 (May), pp. 492–511.

Leonard, Robert J.,1995."From Parlor Games to Social Science: Von Neumann, Morgenstern, and the Creation of Game Theory." *Journal of Economic Literature*, Vol. XXXIII, No. 2 (June), pp. 730–761.

Loomis, Carol J., 1995. "Cracking the Derivatives Case." *Fortune*, March 28, pp. 50–68.

Macaulay, Frederick R., 1938. *Some Theoretical Problems Suggested by the Movements of Interest Rates, Bond Yields and Stock Prices in the United States since 1856.* New York: National Bureau of Economic Research.

Macaulay, Thomas Babington, 1848. *The History of England.* Reprint. New York: Penguin Books, 1968.

諾曼・麥克雷（Norman Macrae）著，范秀華、朱朝暉譯，《天才的拓荒者：馮・諾伊曼傳》（*John von Neumann*），上海科技教育出版社，二〇〇八年。

Markowitz, Harry M., 1952a."Portfolio Selection." *Journal of Finance*, Vol.VII, No. 1 (March), pp. 77–91.

Markowitz, Harry M., 1952b. "The Utility of Wealth." *Journal of Political Economy*, Vol. LIX, No. 3 (April), pp. 151–157.

McCusker, John J., 1978. *Money and Exchange in Europe and America, 1600–1775.* Chapel Hill, North Carolina: The University of North Carolina Press.

McKean, Kevin, 1985. "Decisions." *Discover*, June, pp. 22–31.

Miller, Edward M., 1995. "Do the Ignorant Accumulate the Money?" Working paper. University of New Orleans, April 5.

Miller, Merton H., 1987. "Behavioral Rationality in Finance." *Midland Corporate Finance Journal* (now *Journal of Applied Corporate Finance*), Vol. 4, No. 4 (Winter), pp. 6–15.

Millman,Gregory J.,1995.*The Vandals' Crown: How Rebel Currency Traders Overthrew the World's Central Banks.* New York: The Free Press.

Mirowski, Philip, 1991. "When Games Grow Deadly Serious: The Military Influence on the Evolution of Game Theory." *History of Political Economy*, Vol. 23, pp. 227–260.

Mirowski, Philip, 1992. "What Were von Neumann and Morgenstern Trying to Accomplish?" *History of Political Economy*, Vol. 24, pp. 113–147.

Moggridge, Donald, ed., 1972. *The Collected Writings of John Maynard Keynes*, Vols. I–XXX. New York: St. Martin's Press.

Moorehead, E. J., 1989. *Our Yesterdays: The History of the Actuarial Profession in North America, 1809–1979.* Schaumburg, Illinois: Society of Actuaries.

Morgan, M. Granger, and Max Henrion, 1990. *Uncertainty: A Guide to Dealing with Uncertainty in Quantitative Risk and Policy Analysis.* Cambridge, Massachusetts: Cambridge University Press.

Morley, Henry, 1854. *Jerome Cardan: The Life of Girolamo Cardano of Milan, Physician.* London: Chapman and Hall.

Morningstar Mutual Funds. Chicago, Illinois. Bi-weekly.

Muir, Jane, 1961. *Of Men and Numbers: The Story of the Great Mathematicians.* New York: Dodd, Mead.

Nasar, Sylvia, 1994. "The Lost Years of a Nobel Laureate." *The New York Times*, November 13, 1994, Section 3, p. 1.

Newman, James R., 1988a. *The World of Mathematics: A Small Library of the Literature of Mathematics from A'h-mosé the Scribe to Albert Einstein.* Redmond, Washington: Tempus Press.

Newman, James R., 1988b. "Commentary on an Absent-Minded Genius and the Laws of Chance." In Newman, 1988a, pp. 1353–1358.

Newman, James R., 1988c. "Commentary on Lord Keynes." In Newman, 1988a, pp. 1333–1338.

Newman, James R., 1988d. "Commentary on Pierre Simon de Laplace." In Newman, 1988a, pp. 1291–1299.

Newman, James R., 1988e. "Commentary on Sir Francis Galton." In Newman, 1988a, pp. 1141–1145.

Newman, James R.,1988f. "Commentary on the Bernoullis." In Newman,1988a, pp. 759–761.

Newman, James R., 1988g. "Comment on an Ingenious Army Captain and on a Generous and Many-Sided Man." In Newman 1988a, pp. 1393–1397.

Oldman, D., 1974. "Chance and Skill: A Study of Roulette." *Sociology*, pp. 407–426.
Ore, O., 1953. *Cardano, The Gambling Scholar*. Princeton, New Jersey: Princeton University Press.
Osborne, Martin J., and Ariel Rubinstein, 1994. *A Course in Game Theory*. Cambridge, Massachusetts: MIT Press.
Passell, Peter, 1994. "Game Theory Captures a Nobel." *The New York Times*, October 12, p. Dl.
Phillips, Don, 1995. "A Deal with the Devil." *Morningstar Mutual Funds*, May 26, 1995.
Poincaré, Henri, date unspecified. "Chance." In Newman, 1988a, pp. 1359–1372.
Poterba, James M., and Lawrence H. Summers, 1988. "Mean Reversion and Stock
Prices." *Journal of Financial Economics*, Vol. 22, No. 1, pp. 27–59.
Pratt, John W., 1964. "Risk Aversion in the Small and in the Large." *Econometrica*, Vol. 32, No. 1–2 (January–April), pp. 122–136.
Rabinovitch, Nachum L., 1969. "Studies in the History of Probability and Statistics: Probability in the Talmud." *Biometrika*, Vol. 56, No. 2. In Kendall and Plackett, 1977, pp. 15–19.
Raiffa, Howard, 1968. *Decision Analysis: Introductory Lectures on Choice Under Uncertainty*. New York: McGraw-Hill.
Redelmeier, Donald A., and Eldar Shafir, 1995. "Medical Decision Making in Situations That Offer Multiple Alternatives." *Journal of the American Medical Association*, Vol. 273, No. 4, pp. 302–305.
Redelmeier, Donald A., and Amos Tversky, 1990. "Discrepancy Between Medical Decisions for Individual Patients and for Groups." *New England Journal of Medicine*, Vol. 322 (April 19), pp. 1162–1164.
Redelmeier, Donald A., D. J. Koehler,V. Z. Lieberman, and Amos Tversky, 1995. "Probability Judgment in Medicine: Discounting Unspecified Alternatives," *Medical Decision-Making*, Vol. 15, No. 3, pp. 227–231.
Reichenstein, William, and Dovalee Dorsett, 1995. *Time Diversification Revisited*. Charlottesville, Virginia: The Research Foundation of the Institute of Chartered Financial Analysts.
Rescher, Nicholas, 1983. *Risk: A Philosophical Introduction to the Theory of Risk Evaluation and Management*. Washington, DC: University Press of America.
Rubinstein, Mark, 1991. "Continuously Rebalanced Investment Strategies." *Journal of Portfolio Management*, Vol. 18, No. 1, pp. 78–81.
Sambursky, Shmuel, 1956. "On the Possible and Probable in Ancient Greece." *Osiris*, Vol. 12, pp. 35–48. In Kendall and Plackett, 1977, pp. 1–14.
Sanford C. Bernstein & Co., 1994. *Bernstein Disciplined Strategies Monitor*, December.
Sarton, George, 1957. *Six Wings of Science: Men of Science in the Renaissance*. Bloomington, Indiana: Indiana University Press.
Schaaf, William L., 1964. *Carl Friedrich Gauss: Prince of Mathematicians*. New York: Franklin Watts.
Seitz, Frederick, 1992. *The Science Matrix: The Journey, Travails, and Triumphs*. New York: Springer-Verlag.
Shapira, Zur, 1995. *Risk Taking: A Managerial Perspective*. New York: Russell Sage Foundation.
Sharpe, William F., 1990. "Investor Wealth Measures and Expected Return." In Sharpe,William F., ed., 1990. *Quantifying he Market Risk Premium Phenomenon for Investment Decision Making*. Charlottesville, Virginia: The Institute of Chartered Financial Analysts, pp. 29–37.
Shefrin, Hersh, and Meir Statman, 1984. "Explaining Investor Preference for Dividends." *Journal of Financial Economics*, Vol. 13, No. 2, pp. 253–282.
Shiller, Robert J., 1981. "Do Stock Prices Move Too Much?" *American Economic Review*, Vol. 71, No. 3 (June), pp. 421–436.

Shiller, Robert J., 1989. *Market Volatility*. Cambridge, Massachusetts: Cambridge University Press.

傑諾米·席格爾（Jeremy J. Siegel）著，吳書榆譯，《長線獲利之道：散戶投資正典》（*Stocks for the Long Run: A Guide to Selecting Markets for Long-Term Growth*），美商麥格羅希爾，二〇一五年。

Siskin, Bernard R., 1989. *What Are the Chances?* New York: Crown.

Skidelsky, Robert, 1986. *John Maynard Keynes*. Vol. 1: *Hopes Betrayed*. New York: Viking.

Slovic, Paul, Baruch Fischoff, and Sarah Lichtenstein, 1990. "Rating the Risks." In Glickman and Gough, 1990, pp. 61–75.

Smith, Clifford W., Jr., 1995. "Corporate Risk Management: Theory and Practice." *Journal of Derivatives*, Summer, pp. 21–30.

Smith, M. F. M., 1984. "Present Position and Potential Developments: Some Personal Views of Bayesian Statistics." *Journal of the Royal Statistical Association*, Vol. 147, Part 3, pp. 245–259.

查爾斯·史密森（Charles W. Smithson）等著，寰宇證券投資顧問公司譯，《金融風險管理：衍生性產品－金融工程－價值最大化》（*Managing Financial Risk: A Guide to Derivative Products, Financial Engineering, and Value Maximization*），寰宇，一九九九年。

Sorensen, Eric, 1995. "The Derivative Portfolio Matrix—Combining Market Direction with Market Volatility." Institute for Quantitative Research in Finance, Spring 1995 Seminar.

Statman, Meir, 1982. "Fixed Rate or Index-Linked Mortgages from the Borrower's Point of View: A Note." *Journal of Financial and Quantitative Analysis*, Vol. XVII, No. 3 (September), pp. 451–457.

Stigler, Stephen M., 1977. "Eight Centuries of Sampling Inspection: The Trial of the Pyx." *Journal of the American Statistical Association*, Vol. 72, pp. 493–500.

Stigler, Stephen M., 1986. *The History of Statistics: The Measurement of Uncertainty before 1900*. Cambridge, Massachusetts: The Belknap Press of Harvard University Press.

Stigler, Stephen M., 1988. "The Dark Ages of Probability in England: The Seventeenth Century Work of Richard Cumberland and Thomas Strode." *International Statistical Review*, Vol. 56, No. 1, pp. 75–88.

Stigler, Stephen M., 1993. "The Bernoullis of Basel." Opening address to the Bayesian Econometric Conference, Basel, April 29, 1993.

Stigler,Stephen M.,1996. "Statistics and the Question of Standards." Forthcoming. *Journal of Research of the National Institute of Standards and Technology*.

Thaler, Richard H., 1987. "The Psychology of Choice and the Assumptions of Economics." In Thaler, 1991, Ch. 7, p. 139.

Thaler, Richard H., 1991. *Quasi-Rational Economics*. New York: Russell Sage Foundation.

理查·塞勒（Richard H. Thaler）著，高翠霜譯，《贏家的詛咒：不理性的行為，如何影響決策？》（*The Winner's Curse: Paradoxes and Anomalies of Economic Life*），經濟新潮社，二〇〇九年。

Thaler, Richard H., 1993. *Advances in Behavioral Finance*. New York: Russell Sage Foundation.

Thaler, Richard H., 1995. "Behavioral Economics." *NBER Reporter*, National Bureau of Economic Research, Fall, pp. 9–13.

Thaler, Richard H., and Hersh Shefrin, 1981. "An Economic Theory of Self-Control." *Journal of Political Economy*, Vol. 89, No. 2 (April), pp. 392–406. In Thaler, 1991.

Thaler, Richard H., Amos Tversky, and Jack L. Knetsch, 1990. "Experimental Tests of the Endowment Effect." *Journal of Political Economy*, Vol. 98, No. 6, pp. 1325–1348.

Thaler, Richard H., Amos Tversky, and Jack L. Knetsch, 1991. "Endowment Effect, Loss Aversion, and Status Quo Bias." *Journal of Economic Perspectives*, Vol. 5, No. 1, pp. 193–206.

Todhunter, Isaac, 1931. *A History of the Mathematical Theory of Probability from the Time of Pascal to That of Laplace*. New York: G. E. Stechert & Co. Originally published in Cambridge, England, in 1865.

Townsend, Robert M., 1995. "Consumption Insurance: An Evaluation of Risk-Bearing Systems in Low-Income Economies." *Journal of Economic Perspectives*, Vol. 9, No. 3 (Summer), pp. 83–102.

Tsukahara, Theodore, Jr., and Harold J. Brumm, Jr. "Economic Rationality, Psychology and Decision-Making Under Uncertainty." In Eadington, 1976, pp. 92–106.

Turnbull, Herbert Westren, 1951. "The Great Mathematicians." In Newman, 1988a, pp. 73–160.

Tversky, Amos, 1990. "The Psychology of Risk." In Sharpe, 1990, pp. 73–77.

Tversky, Amos, and Daniel Kahneman, 1981. "The Framing of Decisions and the Psychology of Choice." *Science*, Vol. 211, pp. 453–458.

Tversky, Amos, and Daniel Kahneman, 1986. "Rational Choice and the Framing of Decisions." *Journal of Business*, Vol. 59, No. 4, pp. 251–278.

Tversky, Amos, and Daniel Kahneman, 1992. "Advances in Prospect Theory: Cumulative Representation of Uncertainty." *Journal of Risk and Uncertainty*, Vol. 5, No. 4, pp. 297–323.

Tversky, Amos, and Derek J. Koehler, 1994. "Support Theory: A Nonextensional Representation of Subjective Probability." *Psychological Review*, Vol. 101, No. 4, pp. 547–567.

Urquhart, John, 1984. *Risk Watch: The Odds of Life*. New York: Facts on File.

Vertin, James, 1974. "The State of the Art in Our Profession." *Journal of Portfolio Management*, Vol. I, No. 1, pp. 10–12.

Von Neumann, John, 1953. "Can We Survive Technology?" *Fortune*, June 1955.

Von Neumann, John, and Oskar Morgenstern, 1944. *Theory of Games and Economic Behavior*. Princeton, New Jersey: Princeton University Press.

Wade, H., 1973. *The Greatest Gambling Stories Ever Told*. Ontario: Greywood Publishing Ltd.

Waldrop, M. Mitchell, 1992. *Complexity: The Emerging Science at the Edge of Order and Chaos*. New York: Simon & Schuster.

Wallach, M. A., and C. W. Wing, Jr., 1968. "Is Risk a Value?" *Journal of Personality and Social Psychology*, Vol. 9, No. 1 (May), pp. 101–106.

Warren, George F., and Frank A. Pearson, 1993. *The Price Series*. New Jersey: The Haddon Craftsmen.

Whitman, Marina von Neumann, 1990. "John von Neumann: A Personal View." *Proceedings of Symposia in Pure Mathematics*, Vol. 50, 1990.

Wildavsky, Aaron, 1990. "No Risk Is the Highest Risk of All." In Glickman and Gough, 1990, pp. 120–128.

Willems, E. P., 1969. "Risk Is a Value." *Psychological Reports*, Vol. 24, pp. 81–82.

Williams, John Burr, 1938. *The Theory of Investment Value*. Cambridge, Massachusetts: Harvard University Press.

Wilson, R., 1981. "Analyzing the Daily Risks of Life." *Technology Review*, pp. 40–46.

Winslow, E. G., 1986. "'Human Logic' and Keynes's Economics." *Eastern Economic Journal*, Vol. XII, No. 4 (October–December), pp. 413–430.

風險之書：看人類如何探索、衡量，進而戰勝風險

作者	彼得．伯恩斯坦
譯者	張定綺
商周集團執行長	郭奕伶
視覺顧問	陳栩椿
商業周刊出版部	
總編輯	余幸娟
責任編輯	林雲
封面設計	Bert
內頁排版	林婕瀅
出版發行	城邦文化事業股份有限公司-商業周刊
地址	104台北市中山區民生東路二段141號4樓 電話 ：(02)2505-6789　傳真：(02)2503-6399
讀者服務專線	(02)2510-8888
商周集團網站服務信箱	mailbox@bwnet.com.tw
劃撥帳號	50003033
戶名	英屬蓋曼群島商家庭傳媒股份有限公司城邦分公司
網站	www.businessweekly.com.tw
香港發行所	城邦（香港）出版集團有限公司 香港灣仔駱克道193號東超商業中心1樓 電話：（852）25086231　傳真：（852）25789337 E-mail： hkcite@biznetvigator.com
製版印刷	中原造像股份有限公司
總經銷	聯合發行股份有限公司 電話：（02）2917-8022
初版1刷	2019年 4 月
初版8.5刷	2023年 6 月
定價	台幣450元
ISBN	978-986-7778-61-1（平裝）

國家圖書館出版品預行編目資料

風險之書：看人類如何探索、衡量，進而戰勝風險/ 彼得.伯恩斯坦(Peter L. Bernstein)著；張定綺譯. -- 初版. -- 臺北市：城邦商業周刊, 2019.04

面；　公分.

譯自：Against the gods : the remarkable story of risk

ISBN 978-986-7778-61-1（平裝）

1.風險管理　2.決策管理

494.1　　108004710

藍學堂

學習・奇趣・輕鬆讀